住房城乡建设部土建类学科专业“十三五”规划教材
高 等 学 校 工 程 管 理 专 业 系 列 教 材

# BIM 理论与工程应用

姜韶华　亓立刚　主　编
苏亚武　陈滨津　副主编

中国建筑工业出版社

**图书在版编目（CIP）数据**

BIM理论与工程应用 / 姜韶华，亓立刚主编；苏亚武，陈滨津副主编. — 北京：中国建筑工业出版社，2021.9

住房城乡建设部土建类学科专业“十三五”规划教材 高等学校工程管理专业系列教材

ISBN 978-7-112-26584-8

Ⅰ. ①B… Ⅱ. ①姜… ②亓… ③苏… ④陈… Ⅲ. ①建筑设计—计算机辅助设计—应用软件—高等学校—教材 Ⅳ. ①TU201.4

中国版本图书馆CIP数据核字(2021)第188851号

本书是住房城乡建设部土建类学科专业“十三五”规划教材，书中系统介绍了建筑信息模型（BIM）的基础理论及其工程应用。全书共分9章，主要内容包括：BIM的概念与发展现状、BIM标准与指南、BIM设计工具与参数化建模、互操作性、BIM的核心技术体系、工程总承包企业BIM应用体系建设、工程总承包管理BIM应用、运维管理BIM应用、未来已来——BIM+数字建造技术探索与实践等内容。

本教材是在既介绍BIM的相关基础理论知识，又紧密结合BIM工程应用的基础上所编写的一本较为全面系统的图书。本教材可作为工程管理、土木工程等相关专业本科生、研究生参考教材，亦可供水利工程、交通工程、建筑环境与能源应用工程、房地产开发与管理、工程造价、物业管理等有关专业的师生以及BIM相关技术人员和感兴趣的读者学习、参考。

为更好地支持相应课程的教学，我们向采用本书作为教材的教师提供教学课件，有需要者可与出版社联系，邮箱：jckj@cabp.com.cn，电话：（010）58337285，建工书院 http://edu.cabplink.com。

责任编辑：张　晶　牟琳琳
责任校对：芦欣甜

住房城乡建设部土建类学科专业“十三五”规划教材
高等学校工程管理专业系列教材
**BIM理论与工程应用**
姜韶华　亓立刚　主　编
苏亚武　陈滨津　副主编
*
中国建筑工业出版社出版、发行（北京海淀三里河路9号）
各地新华书店、建筑书店经销
北京红光制版公司制版
天津画中画印刷有限公司印刷
*
开本：787毫米×1092毫米　1/16　印张：12½　字数：307千字
2021年12月第一版　2021年12月第一次印刷
定价：**35.00**元（赠教师课件）
ISBN 978-7-112-26584-8
(38127)

# 序　　言

全国高等学校工程管理和工程造价学科专业指导委员会（以下简称专指委），是受教育部委托，由住房城乡建设部组建和管理的专家组织，其主要工作职责是在教育部、住房城乡建设部、高等学校土建学科教学指导委员会的领导下，负责高等学校工程管理和工程造价类学科专业的建设与发展、人才培养、教育教学、课程与教材建设等方面的研究、指导、咨询和服务工作。在住房城乡建设部的领导下，专指委根据不同时期建设领域人才培养的目标要求，组织和富有成效地实施了工程管理和工程造价类学科专业的教材建设工作。经过多年的努力，建设完成了一批既满足高等院校工程管理和工程造价专业教育教学标准和人才培养目标要求，又有效反映相关专业领域理论研究和实践发展最新成果的优秀教材。

根据住房城乡建设部人事司《关于申报高等教育、职业教育土建类学科专业“十三五”规划教材的通知》（建人专函［2016］3号），专指委于2016年1月起在全国高等学校范围内进行了工程管理和工程造价专业普通高等教育“十三五”规划教材的选题申报工作，并按照高等学校土建学科教学指导委员会制定的《土建类专业“十三五”规划教材评审标准及办法》以及“科学、合理、公开、公正”的原则，组织专业相关专家对申报选题教材进行了严谨细致地审查、评选和推荐。这些教材选题涵盖了工程管理和工程造价专业主要的专业基础课和核心课程。2016年12月，住房城乡建设部发布《关于印发高等教育　职业教育土建类学科专业“十三五”规划教材选题的通知》（建人函［2016］293号），审批通过了25种（含48册）教材入选住房城乡建设部土建类学科专业“十三五”规划教材。

这批入选规划教材的主要特点是创新性、实践性和应用性强，内容新颖，密切结合建设领域发展实际，符合当代大学生学习习惯。教材的内容、结构和编排满足高等学校工程管理和工程造价专业相关课程的教学要求。我们希望这批教材的出版，有助于进一步提高国内高等学校工程管理和工程造价本科专业的教育教学质量和人才培养成效，促进工程管理和工程造价本科专业的教育教学改革与创新。

高等学校工程管理和工程造价学科专业指导委员会

# 前　　言

建筑信息模型（BIM）的应用能够有效地提升管理能力、降低工程成本、改进管理效率、提高决策水平。因此，近些年来BIM在建筑行业得到了快速发展和广泛采用，大大加快了行业的现代化进程。工程建设领域对于既掌握BIM基础理论知识又熟悉BIM实际工程应用的人才有着越来越大的需求，本教材正是为满足培养这类人才的需求而撰写的。

本书是住房城乡建设部土建类学科专业“十三五”规划教材，作者们在编写时力求能够反映BIM理论及其工程应用的最新进展。在结合多年来在BIM领域的理论研究与教学及工程实践经验的基础上，作者们拟定了本教材编写大纲，由大连理工大学的教师以及中国建筑第八工程局有限公司的专家共同撰写。

本教材特色体现在如下几个方面：

（1）内容全面，结构合理。本教材在阐述BIM的概念与发展现状、BIM标准与指南、BIM设计工具与参数化建模、互操作性、BIM的核心技术体系等必要的BIM相关基础理论知识的基础上，结合工程实践介绍了工程总承包企业BIM应用体系建设，工程总承包管理BIM应用、运维管理BIM应用、未来已来——BIM+数字建造技术探索与实践等多种BIM工程应用，内容涵盖了BIM理论与实际应用的主要方面，具有科学性、系统性和先进性。

（2）校企合作共同编写。编写团队成员来自大连理工大学以及中国建筑第八工程局有限公司，所有成员均长期工作在BIM教学、科研或工程实践第一线，具有丰富的经验，力求本教材能够反映出BIM在相关理论与工程应用方面的最新成果，把BIM的主要理论与成功实践结合得更好。

（3）兼顾教材适用范围的广泛性。本教材既可作为工程管理、土木工程、房地产开发与管理、工程造价、物业管理、水利工程、交通工程、建筑环境与能源应用工程等相关专业的教学用书，亦可供从事与BIM相关的工程技术与管理人员和感兴趣的读者学习、参考。

本教材由大连理工大学姜韶华、中国建筑第八工程局有限公司亓立刚任主编，中国建筑第八工程局有限公司苏亚武、陈滨津任副主编，中国建筑第八工程局有限公司蒋绮琛、卢闪闪、陈云浩、张林、于鑫等参加编写。具体分工如下：第1章、第2章、第3章、第4章、第5章由大连理工大学姜韶华编写，第6章由中国建筑第八工程局有限公司陈滨津编写，第7章由中国建筑第八工程局有限公司蒋绮琛、陈云浩编写，第8章由中国建筑第八工程局有限公司卢闪闪、于鑫、张林编写，第9章由中国建筑第八工程局有限公司苏亚武编写，最后由主编、副主编统稿、定稿。

本教材的撰写和出版与多方面的支持与帮助密不可分。本教材作者的工作得到了“十三五”国家重点研发计划项目（2016YFC0702107）、国家自然科学基金项目（52078101）、大连理工大学教育教学改革专项项目（JC2021016）的资助，在此表示感谢。特别感谢中国建筑工业出版社的领导和责任编辑的大力支持。对于教材中所引用文献的众多作者表示诚挚的谢意！本教材采用的BIM工程应用的实例绝大多数来自于所在章节执笔人单位的实际工程项目，在此对所有资料提供者和原创者表示感谢。另外，大连理工大学建设工程学部工程管理专业以及建筑与土木工程专业工程管理方向的研究生张博、石晶婷、王萌、毛羽丰、蒋希晗、冯雪、管航等参与了部分章节的材料收集、整理、撰写与校核工作，在此一并表示感谢！

由于编者水平所限，加之编写时间仓促，书中难免有不当之处，敬请读者批评指正。

编者

2021年8月

# 目 录

# 1　BIM的概念与发展现状

**本章要点及学习目标**

本章主要介绍了BIM的概念、起源、特点、发展动力和挑战、BIM在国内外的发展现状以及BIM在建筑全生命期和不同类型工程中的应用，并对LOD与BIM的成熟度进行了详细介绍。

本章学习目标主要是了解BIM的基本概念、发展现状以及应用价值体系，理解LOD与BIM成熟度的定义和分级。

## 1.1　BIM的概念与起源

### 1.1.1　BIM的基本概念

BIM（Building Information Modeling）的概念是伴随多维度信息建模技术的研究在建设领域的应用和发展而产生的。BIM的概念最早起源于20世纪70年代，由美国乔治亚理工大学建筑与计算机学院的查克·伊斯特曼博士（Dr. Chuck Eastman）提出并给出定义："建筑信息模型综合了所有的几何性信息、功能要求和构件性能，将一个建筑项目整个生命期内的所有信息整合到一个单独的建筑模型当中，并包括施工进度、建造过程、维护管理等的过程信息。"这一理念在提出之后，逐渐得到了全世界建筑行业的接纳和重视。国内外很多学者和研究机构等都对BIM的概念进行过定义。目前相对比较完整的定义是由美国国家BIM标准（National Building Information Modeling Standard，NBIMS）给出的："BIM是设施（建设项目）物理和功能特性的数字表达；BIM是一个共享的知识资源，是一个分享有关这个设施的信息，为该设施从概念到拆除的全生命期中的所有决策提供可靠依据的过程；在项目不同阶段，不同利益相关方通过在BIM中插入、提取、更新和修改信息，以支持和反映各自职责的协同作业。"

综合国内外对BIM的各种定义，将BIM技术详解如下：

（1）BIM不仅仅提供了多维的建筑模型，更是一种观念和一个过程。BIM强调的是建筑模型信息化，将所有的信息整合在3D模型内，让不同的使用单位针对各自的需求使用。BIM技术可以为工程项目提供3D建筑模型，从外观到室内，从结构到装饰，建筑的每一个细节都能够直观地展示在人们面前。但是，BIM所提供的建筑模型与传统的3D模型有着本质上的区别。BIM提供的建筑模型包含了建筑的物理性质和功能特性。在设计阶段，建筑模型囊括了建筑的结构选型、材料特性、管道排列和造价等详细信息；在施工阶段，建筑模型能够随着施工进度实时更新，及时展示施工现场的材料堆放、人员安排、机械布局等情况；在建筑投入使用后，建筑模型的信息可以更新，及时提供建筑的设备维护、安全监控等方面的有效数据。因此，通过BIM可以对建筑从设计、施工、运维，甚至回收利用提供全生命期的过程管理。

（2）BIM提供一个实时更新的资源共享平台。BIM为建筑工程项目提供了庞大的数据库，该数据库存储了工程项目所有的相关信息。在建筑的整个生命期内，建筑的设计、施工、管理等各方人员都可以随时补充、更新和调取工程项目的相关数据。这样不但减少了工程项目各方人员相互沟通的时间，而且降低了数据在各方之间传递时产生错误的概率。数据库的信息随工程项目的开展而实时更新，更便于人们对项目的监控，确保工程项目顺利进行。

（3）BIM的应用范围广阔。虽然被称为“建筑信息模型”，但是BIM的应用范围不仅仅局限于建筑，而是涵盖了各种土木工程项目。美国国家BIM标准规定的BIM的适用范围包括了三种设施或建造项目：

1）建筑物，如一般办公楼房、民用楼房等；

2）构筑物，如厂房、水电站、大坝等；

3）线性结构设施，如道路、桥梁、隧道、管线等。

BIM概念图解如图1-1所示。

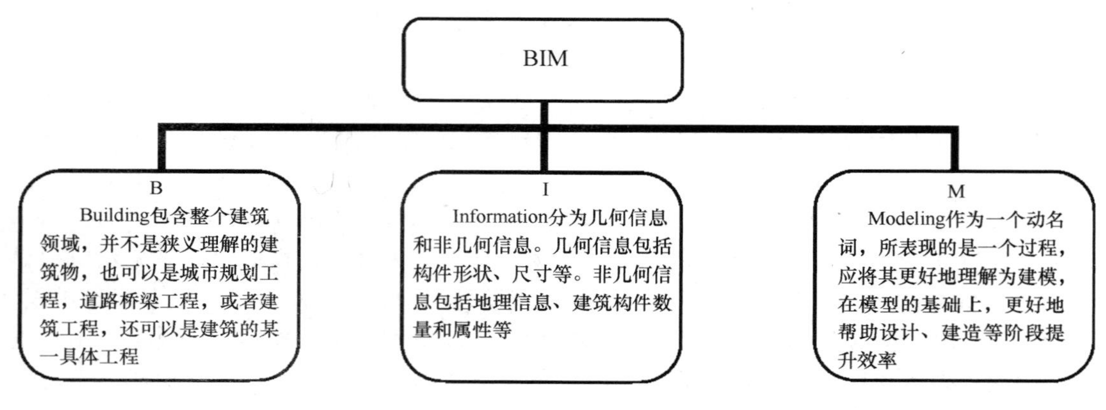


图1-1　BIM概念图解

值得注意的是，BIM不仅仅是一个软件，还是一个过程，一种思维方式。使用BIM技术可以构建精确的数字化的建筑虚拟模型，该模型被称为建筑信息模型，可用于设施的规划、设计、施工和运营。它有助于建筑师、工程师和施工人员在模拟环境中将要建造的东西可视化，以便找出潜在的设计、施工或运营问题。BIM代表了建筑、工程和施工（Architecture，Engineering & Construction，AEC）行业的一种新模式，它支持项目中所有利益相关者共享信息，协同工作，是AEC行业中最有前景的发展之一。

### 1.1.2　BIM的起源

1973年，全球爆发第一次石油危机，由于石油资源的短缺和提价，美国全行业均在考虑节能增效的问题。

1975年，“BIM之父”——美国乔治亚理工大学的Chuck Eastman教授提出了“Building Description System”（建筑描述系统），以便于实现建筑工程的可视化和量化分析，提高工程建设效率。

1999年，Eastman将“建筑描述系统”发展为“建筑产品模型”（Building Product

Model)，认为建筑产品模型从概念、设计、施工到拆除的建筑全生命期过程中，均可提供建筑产品丰富、整合的信息。

2002 年，欧特克（Autodesk）公司收购了三维建模软件公司 Revit Technology，首次将 BIM（Building Information Modeling）的首字母连起来使用，成了今天众所周知的“BIM”。

### 1.1.3 BIM 的特点

1. 可视化

可视化的真正运用对建筑业的作用是非常大的，例如过去拿到的施工图纸只是各个构件的信息在图纸上采用线条绘制表达，是二维的平面图，其真正的构造形式需要自行想象。随着近几年建筑复杂程度不断增加，单靠人脑想象不仅提高了对从业人员的要求，而且容易出错，导致项目返工甚至失败。而 BIM 可以构建一种三维的立体实物图形，实现建筑模型的所见即所得，呈现不同构件之间的互动性和反馈性，大大提高工程项目的工作效率。

2. 协调性

协调是工程项目管理的重要工作之一，而 BIM 可以持续即时地提供项目设计范围、进度以及成本等信息，这些信息完整可靠并且完全协调。BIM 能够在综合数字环境中保持信息不断更新并可提供访问，使建筑师、施工人员以及业主可以清楚全面地了解项目。这些信息在建筑设计、施工和管理的过程中能加快决策进度、提高决策质量，从而使项目质量提高，成本降低，工期缩短。

3. 模拟性

BIM 不仅可以模拟建筑物的模型，还可以在各阶段对可能发生的事件进行模拟，例如在设计阶段进行节能模拟、紧急疏散模拟、日照模拟等模拟实验；在招标投标和施工阶段可以根据施工组织设计模拟实际施工，确定合理的施工方案指导施工；运维阶段可以模拟日常紧急情况的处理，如地震逃生模拟及消防疏散模拟等。

4. 优化性

建筑工程项目从设计到施工乃至运营是一个不断优化的过程，每一个建筑物都可以说是优化的结果。但是，优化的程度与建筑工程的信息量、复杂程度、时间等因素有直接关系。随着现今建筑物复杂程度的提高，建筑物所包含的信息量也迅速膨胀，但建筑工程的建筑工期却需要不断缩减。在这种情况下，单凭各参与方人员人工进行优化已经不能满足工程项目的需求，必须借助科学的技术和工具。采用 BIM 所提供的工程信息配合与其配套的优化工具，便可以通过计算机进行快速、精准的优化作业，提高项目的优化程度；亦能够提供多种优化方案供项目管理者斟酌，从中选择最能满足业主需求的优化方案。

5. 可出图性

BIM 呈现给大家的不仅仅是单纯的建筑设计图纸或构件加工图纸，还包括了在可视化展示、协调、模拟、优化后可呈现的综合管线图；综合结构留洞图（预埋套管图）；碰撞检查侦错报告和建议改进方案。

### 1.1.4 BIM 的应用价值

（1）设计可视化方面。在早期进行可视化，以便科学决策并加快决策进程。

（2）设计验证方面。整合所有专业的 3D 模型，以便在现场出现干扰和可施工性问题之前进行识别。

(3) 成本估算和价值工程方面。将项目范围与价格挂钩，以便更有效的管理范围变更。

(4) 计划验证方面。可视化施工流程，以便对施工顺序和进度进行审查和优化。

(5) 进度监控方面。运用摄像测量技术、无线射频识别（Radio Frequency Identification，RFID）等技术对施工现场进度进行实时可视化检测，以便进行进度管理。

### 1.1.5 BIM的发展动力及面临的挑战

1. 发展动力

有许多经济、技术和社会因素可能会推动BIM的未来发展。

国际贸易壁垒的消除导致全球化。在建筑施工中，建筑部件的生产可以转移到更具成本效益的地点，所以对高度准确和可靠的设计信息的需求增加，确保部件能以高度可靠的方式进行长距离运输，安装时能够正确安装。

设计服务的专业化和商品化是另一个有利于BIM的经济驱动力。随着诸如制作效果图等得到更好的定义和发展，远程协作得到更多的认可，BIM将能够提供更好的服务。

可持续性将建筑施工的成本和价值引入新的维度。使所有住宅的净能源零消耗，以及使大型设施成为能源生产者而不是消费者的趋势，都将影响材料的价格、运输成本以及建筑的运营方式。在可持续发展条件下，建筑师和工程师的任务是建造更多使用可回收材料的节能建筑，这意味着需要更精确和更广泛的分析。BIM系统能够提供这方面的技术支持。

设计—建造总承包项目和使用集成项目交付（Integrated Project Delivery，IPD）合同交付的项目要求设计和施工部门之间密切合作，这种合作将推动BIM的采用和发展。另外，软件供应商的商业利益及其之间的竞争是推动BIM系统发展的根本动力。

BIM的信息质量对建筑客户的内在价值可能是BIM系统及其应用最重要的经济驱动力。改进的信息质量、建筑产品、可视化工具、成本估算和分析有助于设计过程中的科学决策，减少施工过程中的浪费，降低建筑生命期成本。

计算能力、遥感技术、计算机控制的生产机器、分布式计算、信息交换技术和其他技术方面的技术进步将为软件供应商利用这些技术来提高自身竞争力开辟新的可能。此外人工智能技术也可能影响BIM系统的进一步发展。另外BIM工具还是开发专家系统的便利平台。

信息标准化是BIM发展的另一个驱动力。建筑类型、空间类型、建筑元素和其他术语的定义一致性将促进电子商务发展和日益复杂和自动化的工作流程。它还可以驱动内容创建，并有助于私有的及公共的参数化建筑构件库的管理和使用。对构件库等信息的访问，使得可计算模型的使用变得更加有吸引力。

移动计算、定位、识别和遥感技术（全球定位系统、射频识别、激光扫描等）日益增长的能力将促进建筑领域更多地使用建筑信息模型，使建造过程更加快速和精准。全球定位系统导航已经是自动化土方工程设备控制系统的重要组成部分，相似的发展也将在施工中得到体现。

2. BIM实施面临的挑战

(1) 协作和分组的挑战

虽然BIM提供了新的协作方法，但它也带来了与团队效率相关的新挑战。如何使项目团队成员充分共享模型信息是一个非常重要的问题。如果建筑师等仍提供传统的纸质图，那么承包商（或第三方）则必须建立BIM模型以便用于施工规划、估价和协调。即使设计师使用BIM进行设计及共享模型，所建成的模型也可能没有足够满足施工要求的细节信息，同样需要创建一个新的模型用于施工。如果项目团队的成员使用不同的建模工具，则需要工具将模型从一个环境转移到另一个环境或者将这些模型集成起来，这会增加复杂性并可能给项目带来潜在的风险和时间的浪费。

（2）文档所有权和文档制作上的法律变化

BIM使用中产生了关于哪一方拥有多个设计、制造、分析和施工的数据集，哪一方为其付费，以及哪一方来负责准确性的法律问题。这些问题已由从业人员通过项目中的BIM应用解决了，如美国建筑师协会（AIA）和美国总承包商协会（AGC）等专业团队已经制定了合同语言的指南以涵盖因使用BIM技术而引起的问题。

（3）实践和信息使用的变化

BIM的使用鼓励在设计过程的早期整合施工知识。若综合型的设计—建造公司能够在一开始协调设计的所有阶段且整合施工知识，公司将会获得最大的受益。当使用BIM时，能够促进良好合作的IPD合同安排将为业主提供更大的优势。但在使用BIM技术时，公司面临的一个重大变化是要在设计阶段频繁使用共享的建筑模型，在施工和制造阶段使用一套协调好的建筑模型，用以作为所有工作流程和协作的基础，而这种转变需要足够的时间和教育。

（4）执行问题

用建筑模型系统取代2D或3D CAD环境所涉及的远不止购买软件、培训和升级硬件。想要有效使用BIM，企业几乎每一方面的业务都要进行更改（不仅是以新方式做同样的事情）。而且在转换开始之前，需要对BIM技术和相关流程有所了解，制定一套实施计划。

## 1.2 BIM在国内外的发展现状

### 1.2.1 BIM在国外的发展现状

BIM起源于美国并逐步发展起来，随着全球化的进程，目前在欧洲、日本、新加坡等国家和地区已得到迅速发展和广泛应用。

1. 美国

美国是较早开启BIM研究和实践的国家，因而BIM应用也较为成熟。根据McGraw-Hill Construction（MHC）提供的一系列SmartMarket Report统计，北美建筑行业BIM技术的使用率从2007年的28%和2009年的49%上升至2014年的71%，目前仍在稳步增长。美国建筑业BIM的发展和推广依托市场，采用政府示范引导结合业界自主发展的创新扩散模式。目前，在美国存在着各种BIM协会，同时国家也出台了各种BIM标准。美国总务管理署（General Services Administration，GSA）作为美国发展和推广BIM的先驱，于2003年推出了全国3D-4D-BIM计划，旨在协助与支持所有对3D-4D-BIM技术感兴趣的项目团队全面推广BIM，最终引导BIM成为建设工程全生命期的管理技术。美国总务管理署自2007年起要求所有大型招标项目应用BIM，并向这些项目提供不同程度的资金支持以推动 BIM 的发展。2006 年，美国施工规范协会（Construction Specifications Institute，CSI）完成了构件分类标准 Omniclass 的编制，同年，美国陆军工程兵团（the U. S. Army Corps of Engineers，USACE）制定并发布了为期 15 年的 BIM 发展路线规划（图 1-2），以提升规划、设计及施工质量和效率。buildingSMART 联盟（buildingSMART alliance，bSa）是美国建筑科学研究院（National Institute of Building Science，NIBS）在信息资源和技术领域的一个专业委员会，于 2007 年发布了美国国家 BIM 标准（NBIMS）第一版，随后于 2012 年发布了 NBIMS 第二版，于 2015 年更新至第三版。目前，美国的 Autodesk 公司、Bentley 公司是 BIM 设计软件市场的主流软件开发公司，Revit 系列软件和 MicroStation 软件作为核心建模软件，在全球范围有着较广泛的应用。

| 初始操作能力 | 建立全生命期数据互用 | 全面操作能力 | 全生命期任务自动化 |
| --- | --- | --- | --- |
| 2008年前建立8个具备BIM生产力的标准化中心 | 90%符合美国国家BIM标准；所有地区具备符合美国国家BIM标准的BIM生产能力 | 在所有项目的招标公告、发包、提交中必须使用美国国家BIM标准 | 利用美国国家BIM标准数据大幅降低建设项目的成本与工期 |
| 2008年 | 2010年 | 2012年 | 2020年 |

图 1-2　USACE 的 BIM 应用发展路线

2. 欧洲

英国的 BIM 应用增长迅速且成效显著。英国建筑规范组（National Building Specification，NBS）提供的 2018 年建造技术报告（Construction Technology Report 2018）显示，从 2011 年至 2018 年，英国使用 BIM 的整体趋势已经从 13%增长到 74%。英国政府在 BIM 发展与推广过程中一直发挥着重要作用。1997 年，英国首次推出 BIM 数据分类标准 Uniclass，目前已更新至 Uniclass 2015。2007 年，英国建筑业 BIM 标准委员会（AEC (UK) BIM Standard Committee）发布了行业推荐标准，随后于 2011 年 6 月和 9 月分别发布了基于 Revit 和 Bentley 平台的 BIM 标准。2011 年 5 月，英国政府发布了《政府建设战略》(Government Construction Strategy)，明确要求到 2016 年实现全面协同的 3D—BIM 应用，推动 BIM Level 2 的发展。2013 年，英国推出了 PAS（Publicly Available Specification）1192-2 标准，以加强工程交付阶段的信息管理，后续发布的 PAS 系列标准还有：PAS 1192-3、PAS 1192-4、PAS 1192-5。目前，英国正在推进本国 BIM 标准向 ISO 19650 国际标准过渡。英国于 2015 年提出了数字建造英国（Digital Built Britain，DBB）战略，致力于将数字化技术引入建设全生命期。为了协助 DBB 战略的实施，英国政府在 2017 年底启动数字建设英国中心（Center of Digital Built Britain，CDBB），由商务部、能源产业部、剑桥大学合作，旨在发展数字化建筑及基础设施，推进英国建筑业的可持续发展。2017 年 3 月，英国政府发布了新版《政府建设战略 2016—2020》（Government Construction Strategy 2016—2020），要求在未来 5 年强制实现 BIM Level 2，并逐步向 BIM Level 3 过渡。此外，建筑业委员会（Construction Industry Council，CIC）分别于 2013 年和 2018 年发布了 BIM 协议第一版和第二版，第二版与 PAS 1192-2 的结合更为紧密，受到了业界好评。

德国是欧洲国家中继英国之后强制推行BIM应用的国家之一。buildingSMART德国分部（buildingSMART Germany）创建于1995年，旨在结合德国建筑业发展规划编制本土BIM标准，同时还研究开展BIM培训的标准。2014年，德国发布了《德国BIM指南》。2016年，德国联邦政府交通和数字基础设施部（BMVI）发布了数字化设计施工路线图（Road Map for Digital Design and Construction），明确描述了迈向数字化设计、施工和运维的路径。同年，德国发布了《BIM实践指南》1.0版，旨在为跨公司的BIM建设项目架构提供指导和参照，明确分配角色和责任，清晰梳理项目架构。同时，实践指南提供了规范的信息格式规格、详细程度和交换方式。

匈牙利的Graphisoft公司作为BIM设计软件市场的主流软件开发公司之一，致力于开发三维建筑设计软件，其推出的ArchiCAD软件是目前的主流建模软件之一。北欧各国的BIM发展也较为迅速。丹麦于2006年发布了《Digital Construction》。芬兰于2007年发布了《BIM Requirements》，在此基础上于2012年发布了《Common BIM Requirements》（COBIM）系列（01—13），此外，芬兰的Tekla系列软件在全球范围内有着广泛的应用。2009年和2011年，挪威分别在发布了1.1BIM手册与1.2BIM手册两个版本。北欧各国发布的BIM标准均有力推动了本国BIM的发展。

3. 亚洲

日本是亚洲最早进行BIM实践的国家之一。2007年BIM在日本的知晓度仅30.2%，2010年提升至76.4%，目前已经超过90%。2009年被称为日本的“BIM元年”，同年日本建筑师协会设计环境委员会成立了集成项目交付工作组IPD-WG（Integrated Project Delivery Working Group）专门研究BIM理论和标准的制定，于2012年发布了设计师视角的BIM应用标准《JLA BIM Guideline》，为建筑业推广BIM应用提供了指导。2014年，日本国土交通省发布了基于IFC（Industry Foundation Class，工业基础类）标准的《BIM导则》。同时，日本在建筑信息技术方面拥有较多的国产软件，多家日本BIM软件商在IAI日本分会的支持下，成立了日本国产BIM软件解决方案联盟。经过十余年的发展，日本BIM技术应用已初步体现其价值。

新加坡在建设领域的发展理念较为先进。早在1982年，建筑管理署（Building and Construction Authority，BCA）就提出了人工智能规划审批（Artificial Intelligence Plan Checking）的设想，并于2000—2004年实施CORENET（Construction and Real Estate NETwork）项目，用于电子规划文件的自动审批和在线提交，是全球首创的自动化审批系统。BCA于2011年颁布了新加坡BIM发展路线规划（BCA’s Building Information Modelling Roadmap），分析了面临的挑战并制定了相关策略，以推动建筑业在2015年前广泛使用BIM技术。BCA于2010年和2011年分别发布了建筑和结构、机电的BIM交付模板，以减少从CAD到BIM的转化难度，同时，BCA与新加坡buildingSMART分部合作，制定了建筑与设计对象库。BCA于2012年5月和2013年8月分别发布了《新加坡BIM指南》1.0版和2.0版。

除上述国家外，韩国、澳大利亚等许多国家均逐步发展本国的BIM技术并相继制定符合本国发展的BIM标准，其研究和应用均达到了一定的水平。

### 1.2.2 BIM在国内的发展现状

相较发达国家来说，我国BIM研究与应用起步较晚，但在政府与企业的共同推动下，目前我国BIM应用正处于快速发展阶段。2011年，住房和城乡建设部发布了《2011—2015年建筑业信息化发展纲要》，强调了信息化对建筑业发展的推动作用，要求在“十二五”期间基本实现建筑企业信息系统的普及应用，加快BIM、基于网络的协同工作等新技术在工程中的应用，推动信息化标准建设。为贯彻上述纲要的工作部署，住房和城乡建设部于2015年发布了《关于推进建筑信息模型应用的指导意见》，明确了BIM发展目标，要求到2020年末，建筑行业甲级勘察、设计单位以及特级、一级房屋建筑工程施工企业应掌握并实现BIM与企业管理系统和其他信息技术的一体化集成应用，以国有资金投资为主的大中型建筑和申报绿色建筑的公共建筑和绿色生态示范小区的BIM集成应用率应达90%。2016年，住房和城乡建设部发布了《2016—2020年建筑业信息化发展纲要》，要求“十三五”时期全面提高建筑业信息化水平，增强BIM、大数据、智能化、移动通信、云计算、物联网等信息技术集成应用能力，推动信息技术与建筑业发展深度融合。2017年，国务院办公厅发布了《关于促进建筑业持续健康发展的意见》，从行业角度明确了BIM在推动建筑业现代化方面的意义，要求加快推进BIM技术在规划、勘察、设计、施工和运营维护全过程的集成应用，实现工程建设项目全生命期数据共享和信息化管理，为项目方案优化和科学决策提供依据，促进建筑业提质增效。同年，交通运输部发布了《关于推进公路水运工程应用BIM技术的指导意见》，要求到2020年在公路水运行业复杂项目中应用BIM技术。在国家政策的引导下，部分地方政府和企业也积极推进BIM的研发与应用，先后出台了推动BIM发展的相关政策。

为推动BIM发展，我国同步开展了BIM标准的编制工作。我国BIM国家标准体系计划共包括六本标准。其中，五本标准已陆续发布实施，分别是《建筑信息模型应用统一标准》GB/T 51212—2016、《建筑信息模型施工应用标准》GB/T 51235—2017、《建筑信息模型分类和编码标准》GB/T 51269—2017、《建筑信息模型设计交付标准》GB/T 51301—2018和《制造工业工程设计信息模型应用标准》GB/T 51362—2019，《建筑工程信息模型存储标准》已基本完成编制，但还未正式实施。此外，行业协会、地方政府及相关企业也组织编制了BIM相关的行业标准、地方标准和企业标准，进一步推动BIM技术在我国的落地。中国铁路总公司于2013年底成立了中国铁路BIM联盟，目前已发布十余部铁路BIM标准，推动了BIM技术在中国铁路工程建设中的应用水平。

在软件研发方面，目前国产BIM软件主要应用于设计和施工阶段，包括广联达系列软件、鲁班系列软件、斯维尔系列软件、PKPM和盈建科等，而运维阶段的BIM软件尚不成熟，有待进一步研发。与国外主流BIM软件相比，国产BIM软件缺乏独立的生态系统，软件开发和理论研究不足，数据关系较为混乱，难以实现本土数据结构化；同时，对国外BIM软件的依赖限制了我国建筑业信息化自主技术路线的选择，存在潜在的数据安全问题。

目前我国BIM应用主要集中在建筑工程领域，同时在桥隧、铁路、公路、水利等基础设施工程中也有一定的应用。总体而言，BIM在我国刚刚起步，BIM研究和应用具有巨大的发展潜力。

### 1.2.3 LOD与BIM成熟度

建筑信息模型包含项目建设各个阶段的全部信息，包含与项目相关的修改和更新信息，因此，为高效实施项目，必须在适当的时间向正确的人提供所需的信息。BIM在建设领域的发展过程中一直面临着上述问题，为解决这一问题，出现了与数据定义相关的LOD的概念，作为模型元素级别的评价标准。同时，BIM成熟度的概念也被提出，作为项目级的BIM评价标准。本节将主要介绍LOD的发展历程与含义，以及BIM成熟度的概念与BIM Level 3的实现方法。

1. LOD

在建设领域中，LOD存在两种解释，分别是Level of Detail（模型精细度）和Level of Development（模型发展等级）。Level of Detail是模型所包含信息量的衡量标准，侧重于模型构件外观几何信息的表示。Level of Development则是模型信息可信赖度的衡量标准，包含BIM模型在不同阶段、不同方面的信息精度。需要强调的是，模型发展等级越高并不意味着模型精细度也越高，例如：设备管理阶段所需的BIM模型精细度一般低于施工阶段所需的BIM模型精细度。

Level of Detail的概念最初由Vico Software公司使用，其2004年发布的《Model Progression Specification》（MPS）中确定了LOD 100～LOD 500五个模型精细度等级。2010年发布的MPS2.0版本中提出了“方面”和“类”的概念，对于每一个“类”可进一步定义目标LOD等级，但文件中并未给出各目标LOD等级的明确定义。2011年发布的最新版本的MPS3.0引入了不同类型的通用建筑元素，称为“Primitives”。Trimble Navigation于2013年发布了一份指南，为每个“Primitives”显示具有书面要求（主要是几何要求）和图像的模型“类”。

2008年，美国建筑师协会（AIA）在MPS的基础上推出了《AIA Document E202: The Building Information Modeling Protocol Exhibit》，将LOD的概念发展为Level of Development，定义了LOD 100～LOD 500五个模型发展等级。该文件作为一般性指南，对行业的发展及后续LOD指南的编制产生了重大影响，已在全球范围内被许多BIM项目采纳，作为定义BIM模型发展等级的基础。2013年，AIA更新E202文件并发布了《AIA G202－2013 Project BIM Protocol Form》，增加了一个模型发展等级，即LOD 350，并为已定义的五个LOD补充了更为详细的描述与示例。同年，美国总承包商协会（AGC）的BIMForum工作组在G202文件的基础上发布了《Level of Development Specification》（LOD规范），随后每年更新一次。2019年最新发布的《Level of Development Specification》中对LOD六个等级的基本定义见表1-1。

**LOD分级及定义** **表1-1**

| LOD等级 | 定义与解释 |
| --- | --- |
| LOD 100 | 模型元素可以在模型中用符号或其他通用表示形式以图形表示，但不满足LOD 200的要求。与模型元素有关的信息(如每平方英尺的费用、暖通空调吨位等)可以从其他模型元素中得到。LOD 100元素不是几何表示，可以是附加到其他模型元素或符号上的信息，这些信息显示组件的存在，但不显示组件的形状、大小或精确位置。从LOD 100元素得出的任何信息都必须视为近似信息 |
| LOD 200 | 模型元素在模型中以图形方式表示为通用系统、对象或具有近似数量、尺寸、形状、位置和方向的组件。非图形信息也可以附加到模型元素上。在LOD 200等级中，模型元素是通用占位符。它们可能被识别为它们代表的组件，或者可能是用于空间保留的体积。从LOD 200元素得出的任何信息都必须视为近似信息 |

续表

| LOD等级 | 定义与解释 |
| --- | --- |
| LOD 300 | 模型元素在模型中以图形的方式表示为特定的系统、对象或组件，包括数量、大小、形状、位置和方向等属性。非图形信息也可以附加到模型元素上。LOD 300元素的信息可以直接从模型中进行测量，而无需参考非模型化的信息，例如注释或尺寸标注。LOD 300定义了项目原点，并且相对于项目原点准确定位了元素 |
| LOD 350 | 模型元素在模型中以图形的方式表示为特定的系统、对象或组件，包括数量、大小、形状、位置和方向以及与其他建筑系统的接口等属性。非图形信息也可以附加到模型元素上。在此对元素与附近或连接的元素进行协调所需的零件进行了建模。所设计元素的数量、大小、形状、位置和方向可以直接从模型中进行测量，而无需参考非模型化信息，例如注释或尺寸标注 |
| LOD 400 | 模型元素在模型中以图形的方式表示为特定的系统、对象或组件，包括数量、大小、形状、位置和方向等属性，并带有细节、制造、组装和安装信息。非图形信息也可以附加到模型元素上。LOD 400元素以足够的细节和精度建模，可用于制造所示组件。所设计元素的数量、大小、形状、位置和方向可以直接从模型中进行测量，而无需参考非模型化信息，例如注释或尺寸标注 |
| LOD 500(未使用) | 模型元素是在尺寸、形状、位置、数量和方向方面经过现场验证的表示形式。非图形信息也可以附加到模型元素上 |

下面以灯具为例，进一步说明LOD不同等级的含义（由于未经过现场验证，因此不包含LOD 500）。

LOD 100：附加在楼板上的每平方米的成本。

LOD 200：灯具的通用尺寸、形状、位置。

LOD 300：设计指定的2×4暗槽，灯具的具体尺寸、形状、位置。

LOD 350：灯具的实际厂商及型号、具体尺寸、形状、位置。

LOD 400：在LOD 350的模型信息上另加特殊的安装细节，如装饰吊顶。

自从MPS和E202文件发布以来，许多国家和地区在此基础上开发了各自的LOD指南。部分国家和地区的LOD指南直接使用了E202文件中定义的LOD 100～LOD 500五个等级，如中国台湾地区、中国香港地区、新加坡等。新西兰的LOD指南同样使用了LOD 100～LOD 500五个模型发展等级，并将其划分成了四个子类：Level of Detail（LOD），Level of Accuracy（LOA），Level of Information（LOI）and Level of Coordination（LOC）。英国最早于2009年和2012年分别发布了《AEC（UK）BIM Protocol》1.0版和2.0版，其参考了Level of Detail的定义，提出了模型发展方法的概念，被称为等级(Grade)。英国于2013年推出的PAS 1192－2标准中将LOD定义为Level of Definition，在英国项目全生命期分类的基础上定义了七个LOD等级，并进一步区分了几何信息等级与非几何信息等级，分别称为Level of Model Detail（LOD）和Level of Model Information（LOI）。韩国根据AIA LOD开发了BIM Information Level（BIL 10～60），每个等级所需的信息及信息量略有差异。

我国现行的BIM国家标准体系中同样提出了LOD的相关概念。2017年发布的《建筑信息模型施工应用标准》GB/T 51235—2017中对LOD的解释为Level of Development。2018年发布并实施《建筑信息模型设计交付标准》GB/T 51301—2018，其中对LOD的解释为Level of Model Definition，由信息粒度和建模精度组成，信息粒度（Information Granularity）是指建筑工程信息模型所容纳的几何信息和非几何信息的单元大小和健全程度；建模精度（Level of Model Detail）是建筑工程信息模型几何信息的全面性、细致程度及准确性指标。该标准参考有关国际标准和国外先进标准，将LOD等级命名为LOD1.0、2.0、3.0、4.0，并进一步划分为几何表达精度等级和信息深度等级，以规范我国建筑信息模型设计交付过程，提高各参与方信息传递的效率。2019年发布的《制造工业工程设计信息模型应用标准》GB/T 51362—2019关于模型设计深度的定义为Level of Design Development，由几何图形深度（Level of Geometric Development）和属性信息深度（Level of Data Development）组成。该标准还进一步给出了不同专业模型设计深度的具体要求。

尽管LOD指南目前广泛应用于指定不同阶段模型所需信息，但LOD指南作为一般的建模指南，无法严格定义信息需求，由于各个阶段的项目模型总是包含处于不同LOD等级的模型元素，因此在实施过程中项目各参与方会不可避免地产生分歧。此外，针对不同的工程项目，可依据相应的LOD指南在基本等级之间扩充LOD等级，明确补充的LOD等级的含义，以契合工程实际需求，使LOD在实际应用中发挥最大的价值。

2. BIM成熟度

英国使用了BIM Level的概念，利用BIM成熟度图表来说明不同的BIM成熟度等级（BIM Level 0～3），从BIM Level 0计算机辅助绘图（CAD）一直发展到BIM Level 3的建筑全生命期管理（图1-3）。目前，BIM Level已成为英国广泛采用的一个定义，成为实施BIM所需遵循的标准。

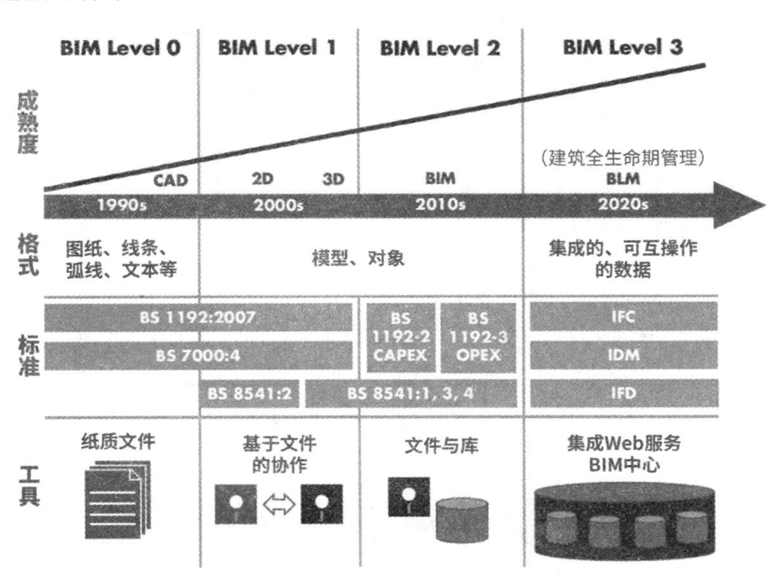


图1-3 BIM成熟度模型

BIM Level各等级的总体概念如下：

（1）BIM Level 0：0级意味着没有协作，仅使用2D CAD制图来生产信息，通过纸质或电子印刷品输出和分配工作。目前，建筑行业的大多数企业已经领先于此。

（2）BIM Level 1：通常包括用于概念工作的3D CAD和用于起草法定批准文档和生产信息的2D混合形式。CAD标准按照BS 1192—2007进行管理，并且数据的电子共享是在一个公共数据环境（Common Data Environment，CDE）中进行的，通常由承包商管理。模型不会在项目团队成员之间共享。目前许多公司和机构处于该等级。

（3）BIM Level 2：这一等级的特点是协同工作，它要求项目参与者进行协调的信息交换。各方使用的任何计算机辅助设计软件都必须能够导出为一种常见的文件格式，例如IFC或施工运营建筑信息交换（Construction Operation Building information exchanges，COBie）。2016年之前，这是英国政府为所有公共部门工作方法设定的最低目标。

（4）BIM Level 3：目前是BIM发展的终极目标。该等级使用集中式存储库中的单个共享项目模型来实现所有学科之间的全面协作，各参与方都可以访问和修改同一个模型，消除了最后一层信息冲突的风险。这就是所谓的“openBIM”。目前，英国正付诸实践来推动BIM Level 3的发展。

数字建造英国战略（DBB）介绍了BIM Level 3的实现方法。将Level 3进一步划分为A、B、C、D四个等级，Level 3 A在二级模型基础上改进。Level 3 B启用新技术和系统。Level 3 C促进新商业模式的发展。Level 3 D充分利用世界领先地位的优势。这些阶段的关键技术和商业活动如图1-4所示。

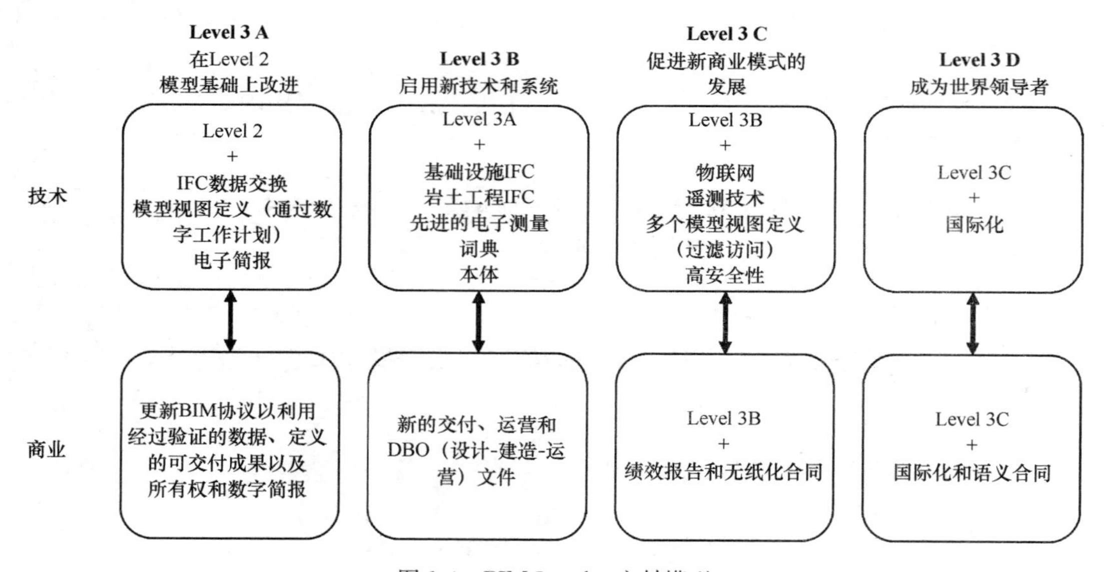


图1-4 BIM Level 3交付模型

## 1.3 BIM的应用

### 1.3.1 建筑全生命期的BIM应用

BIM应用贯穿建筑的全生命期，本节将从规划、设计、施工、运维和拆除五个阶段介绍BIM在我国建筑全生命期的典型应用（表1-2）。

**BIM 在建筑全生命期的应用**　　**表 1-2**

| 全生命期不同阶段 | 主要应用点 |
| --- | --- |
| 规划阶段 | 场地分析；建筑策划；方案论证 |
| 设计阶段 | 可视化设计；协同设计；性能分析；工程量统计；管线综合 |
| 施工阶段 | 施工模拟；数字建造；物料跟踪；施工现场配合；竣工模型交付 |
| 运维阶段 | 维护计划；资产管理；空间管理；建筑系统分析；灾害应急模拟 |
| 拆除阶段 | 拆除方案确定；拆除成本控制；建筑垃圾处理 |

1. BIM 在规划阶段的应用

BIM 在规划阶段的应用主要包含场地分析、建筑策划和方案论证三个方面。场地分析是确定建筑物的空间方位和外观、建立建筑物与周围景观的联系的过程。影响建筑物定位的因素包括场地的地貌、植被、气候条件及建筑物周边的景观规划、交通流量等，通过 BIM 与地理信息系统（Geographic Information System，GIS）的集成应用，可有效结合建筑内部和外部数据快速进行场地分析，做出较为理想的场地规划决策，消除了传统场地分析方式存在的无法处理大量数据、定量分析不足、主观因素过重等缺陷。总体规划完成后，需根据相关经验和规范进行建筑策划，得出科学合理的设计依据。策划过程中，通过将相关标准和法规导入 BIM 软件，进行复杂空间和建筑功能分析，得到的分析数据有助于团队做出更好的决策。方案论证阶段，通过 BIM 平台，项目各参与方可以实现高效互动。项目投资方可评估设计方案与最初设想的契合度，通过 BIM 数据的联动效应，对比分析不同方案的优缺点，做出最优选择。设计师根据业主的反馈，可在 BIM 环境中实时修改设计方案，节约决策时间。

2. BIM 在设计阶段的应用

BIM 在设计阶段的应用主要有可视化设计、协同设计、性能分析、工程量统计和管线综合等。可视化是 BIM 的基本特性，在设计过程中使用 BIM 进行建模，一方面能更直观地展示设计成果，另一方面通过严格设定各构件的属性，提高了设计工作的准确性。BIM 应用于协同设计能有效改善传统的离散和割裂的设计环境，基于 BIM 数据的关联性，不同专业的设计师可以实时参与到协作与变更中，大大提高了设计工作的效率。此外，BIM 还能进行建筑物性能分析，由于 BIM 模型已包含大量建筑物信息，只需将相关信息导入相应的分析软件，便能得到性能分析结果，大大降低了工作周期，提高了设计质量。作为工程信息数据库，BIM 能轻松实现工程量自动统计，得到的统计数据可用于建设工程各阶段的成本管理。BIM 还可用于管线综合，通过搭建各专业的 BIM 模型，在虚拟三维环境中自动进行碰撞检查，能有效排除施工过程中可能遇到的碰撞问题，提高施工效率。

3. BIM 在施工阶段的应用

BIM 在施工阶段的应用主要包含施工模拟、数字建造、物料跟踪、施工现场配合和竣工模型交付等方面。在 BIM 三维模型的基础上增加时间维度，即将三维模型与施工进度计划关联起来，可得到 4D 模型进行施工进度模拟，合理制定施工方案，准确把握施工进度，优化资源利用，科学管理施工现场。BIM 结合数字化制造，能有效提高建筑业的生产效率，装配式建筑便是数字建造的成功应用。从经过碰撞检查后的 BIM 模型中导出构件的精细尺寸和加工图能提高预制构件的精度，从而提高生产效率。数字建造过程中，BIM与RFID的结合可高效进行材料设备及预制构件的跟踪管理。将各构件贴上RFID标签，可获取构件的状态信息实现跟踪管理，同时BIM模型中包含各构件自身的详细信息，通过二者的结合，实现了真实世界和虚拟模型的关联管理。此外，BIM在施工现场为各参与方提供了三维交流平台，便于协调项目方案，及时排除风险隐患，减少由此产生的变更，从而缩短施工时间，降低由于设计协调造成的成本增加，提高施工现场生产效率。在项目交付环节，BIM竣工模型能为业主提供完整的建筑物全局信息。通过关联BIM与施工过程记录信息，甚至能够实现包括隐蔽工程资料在内的竣工信息集成，不仅便于物业管理，并且可以在未来的翻新、改造、扩建过程中为业主及项目团队提供有效的历史信息。

4. BIM在运维阶段的应用

BIM在运维阶段的应用主要包含维护计划、资产管理、空间管理、建筑系统分析和灾害应急模拟等。将BIM模型与运营维护系统结合，可合理制定维护计划。将BIM数据导入资产管理系统，可大大提高系统数据输入的效率，同时，BIM结合RFID可实现资产的快速定位与查询。BIM还可以记录建筑物的空间使用情况，合理分配建筑物空间，提高空间资源的利用率。此外，BIM还可应用于灾害应急方面。灾害发生前，可利用BIM与相关灾害模拟分析软件进行模拟，分析原因，并制定预防措施及灾害发生后的应急预案。灾害发生后，BIM模型可提供紧急状况点的详细信息，同时BIM还可与楼宇自动化系统结合，呈现出建筑物内部紧急状况点的状态和位置，为救援人员的现场决策提供参考，提高应急方案的有效性。

5. BIM在拆除阶段的应用

目前BIM在全生命期的应用主要集中在设计、施工、运维阶段，拆除阶段的应用相对较少。BIM模型包含大量的建筑构件信息，可在建筑物拆除过程中发挥重要作用。BIM在拆除阶段主要应用于拆除方案确定、拆除成本控制、建筑垃圾处理等方面。结合BIM模型提供的及时更新的信息数据，利用BIM技术进行费用模拟，可为业主减少不必要的错误和拆除成本，不仅能更为科学地进行拆除方案的决策，还能降低业主的财务风险，大大增加收益。BIM与GIS、RFID等技术的集成应用可实现高效的建筑垃圾处理，确保拆除过程的顺利进行。

### 1.3.2 不同类型工程的BIM应用

BIM在建设工程领域的应用不只局限于建筑工程，还包含桥隧、道路、水利等基础设施工程。本节将从不同类型工程的角度介绍国内外成功应用BIM的部分典型案例。

1. BIM在建筑工程中的应用

上海中心大厦位于上海市浦东新区陆家嘴金融中心，主体建筑结构高580m，总高度632m，建筑主体共118层，总建筑面积57.4万$m^2$，是中国第一高楼。

该项目在设计、施工和运维阶段全方位使用了BIM技术。设计阶段利用BIM技术完成了复杂的设备管线设计、钢结构设计和幕墙设计。施工阶段将BIM应用到结构、机电和幕墙工程等，其中结构部分较为复杂。受旋转外形的影响，选择合适的结构相当困难。工程师通过BIM平台对建筑的造型、受力情况等进行模拟和计算，理解复杂几何形态的变化，最终选定了矩形柱、环形桁架、外伸臂和核心筒体系。项目后期，参考国内外BIM运维系统，项目团队对大厦IBMS系统（Intelligent Building Management System）

和物业软件进行有效结合，通过二次开发形成了大厦的信息化管理系统。

该项目从2008年开始全面规划和实施BIM技术，2016年3月完工，2017年投入运营，实现了BIM技术在建筑全生命期的应用，实现了BIM价值的最大化，这也是我国首次在超高层复杂综合体中将BIM技术应用到运维阶段。

2. BIM在公路工程中的应用

湄潭至石阡高速公路是我国第一条大体量、全专业、全流程进行BIM一体化应用实践的高速公路，路线全长约113km，桥隧比为54.92%，总投资约178.8亿元。针对线路里程长、数据量庞大的特点，项目团队将对应建设标段划分成10个施工段进行部署，结合BIM+GIS技术，对路线、路基、桥梁、隧道、立交、房建、交安及机电进行了全专业建模。

该项目打通了设计、施工、管理及运营交付流程，编制了项目级BIM建模标准、构件类型、模型交付、构件施工工艺验收等标准，为BIM技术的应用奠定坚实基础。项目利用无人机5镜头倾斜摄影技术对全线113km进行高分辨率现实捕捉，利用Bentley ContextCapture进行实景建模，构建了真实生动的设计环境和工程建设环境。项目基于Bentley OpenRoads Designer对路基、桥梁等进行参数化建模，并生成三维交互式文件，进行可视化设计复核。为满足建设各方的管理需求，该项目建立了湄石高速BIM建设管理信息化系统，进行质量管理、安全管理、进度及成本管理，实现了设计、建设和管理数据的集中存储、管理流程的集中控制、工作环境的集中管理。

湄石高速BIM设计模式、标准体系、系统架构、运行流程、数据采集和分析体系，满足了建设期公路工程管理需求，提高了工程建设效率，实现了设计、施工、管理应用一体化。

3. BIM在铁路工程中的应用

Crossrail是一条东西横贯整个伦敦市的铁路工程，全长118km，是目前欧洲最大的土木工程项目。Crossrail是英国最早使用BS 1192中定义的协作过程的主要项目之一，开发了一个公共数据环境及管理系统。该项目的BIM目标是建立一个世界级标准，用于铁路施工、运营维护数据的创建和管理。

该项目运用BIM创建了庞大的信息资源网络，不仅满足了工程建设需求，也为铁路运营提供了信息支持。该项目采用中央软件模型来管理所有2D和3D BIM模型，并将经过审核的CAD图纸统一整合至该中央软件模型中。该模型由Crossrail托管，并分享给其建筑承包商，最终移交给铁路的运营养护方。基于BIM模型的可视化特点，相关人员可在中央软件模型中查看完整的项目三维模型，提前发现潜在的问题进行优化设计，并了解站点附近需进行保护的管线。施工完成后，工程师对工程实体进行激光扫描，将扫描结果与3D模型进行对比，更新模型数据。项目利用BIM技术实现信息来源单一化，简化复杂的信息环境，降低工作协同和信息同步成本，提高了工作效率。此外，项目数据始终以统一的方式进行管理和储存，保证工程在生命期内信息管理的连续性，实现了全生命期的信息管理；信息移交过程中不会由于组织和管理形式的不同而损失，保证了数据安全性。该项目特别制定了一个资产数据字典定义文件（AD4），通过该规范性文件，定义了资产类别、与类别相关的属性、属性（如长度、重量等）的定义，结合该项目电子数据管理系统eB进行资产信息管理。

BIM技术在Crossrail项目中的成功应用，不仅实现了显著的经济效益，更为推动重大基础设施项目的行业标准创新做出了重大贡献。

4. BIM在桥梁工程中的应用

乐清湾大桥是连接温州、台州两地的海上通道，主要由乐清湾1号桥、2号桥组成，全长10.088km，两桥造价27.65亿元。该项目利用BIM技术进行三维可视化方案设计，并实现了工程施工数字化沙盘管理、预制节段梁仓储式管理、工程进度及质量安全协同管理等BIM应用。

项目利用BIM技术进行可视化建模，并对主塔混凝土、主塔钢筋、钢锚箱、环形预应力及劲性骨架等模型进行碰撞检测，发现5大类型碰撞共6000余处，实现劲性骨架设计优化。项目通过BIM模型对主塔钢锚箱、主塔钢筋、预制节段梁钢筋进行工程量计算，发现部分量差，进而改进实施方案，直接挽回经济损失约130万元人民币。为推进BIM技术的深入应用，该项目搭建了BIM施工信息管理平台。平台可实现工程进度协同管理和质量安全协同管理。现场技术员利用手机客户端实时录入施工构件的进度信息，实现了BIM模型沙盘进度与现场实际进度实时同步，有利于管理人员分析和纠偏。现场质检员及安全员通过移动设备上传质量安全问题，实现在线整改，实现PDCA（Plan，Do，Check，Act）管理机制。此外，项目通过建立梁厂仓储物流管理模型能实时获取各台座的施工状态，能便捷地存梁、提梁、统计存梁数量，解决存梁区存梁无规律的问题，提高了梁体转运的效率。项目建立了虚拟现实（Virtual Reality，VR）安全体验馆，利用最新虚拟引擎打造出全桥竣工模型及主塔上横梁高空坠落场景，实现BIM＋VR创新性应用。该项目应用BIM技术实现综合效益达250万元以上，其中直接经济效益110万元，间接经济效益140万元。

5. BIM在隧道工程中的应用

Gubrist隧道长3.25km，是瑞士铁路网的重要基础设施。New Gubrist隧道是一条与现有隧道北部结构平行的三车道隧道，总长度为3309.90m，旨在满足从圣加仑到伯尔尼的交通需求。新线将建立三个操作中心和两个通风中心。该项目结合LOD（Level of Detail）300～400对隧道及地下中心进行参数化建模，有利于减少设计建模过程中的错误，同时动态参数传递有助于加快模型调整速度，提高设计效率。通过自动碰撞检测设计人员得以迅速发现问题并解决问题，优化设计成果。项目团队还将BIM应用于结构计算，将地下中心BIM模型导入Sofistik计算软件，完成建筑物内部支撑结构的力学计算。此外，项目通过关联BIM模型与电子计划实现了施工现场可能需要的二维信息与三维模型的切换，还使用BIM 360 Field软件部分完成了站点协调和缺陷管理。

6. BIM在机场工程中的应用

于1998年建成的奥斯陆机场在挪威的经济和交通运输中起着至关重要的作用，每年可容纳约1700万名乘客。奥斯陆机场扩建于2009年启动，2017年完成，每年可为约3200万名乘客提供服务，并通过环境可持续设计，提供了更环保、更舒适的环境。

该项目团队采用openBIM驱动整个扩建项目。为推动可持续发展，该团队在设计和施工中充分利用当地资源，采取了一些环保举措，例如在冬季收集并储存雪，将其在夏天用作冷却剂；在整个项目中使用再生钢和特殊的环保混凝土以及火山灰等。该项目中，客户要求以本机格式和IFC格式移交所有数据模型，因此强制使用IFC标准作为交付open-

BIM 的一种手段，以成功交付和归档用于运营和维护的数字化数据，这使得项目团队、承包商和软件供应商跨多种应用程序进行协作，实现了真正的互操作性。该项目使用的软件包括 Revit，Tekla Structures，ArchiCAD，Vectorworks，MicroStation，NovaPoint，Rhinoceros Grasshopper 等，在这些软件中构建了约 700000 个 IFC 格式的模型，其中包含 1305000 个 IFC 格式的结构模型构件，暖通空调构件总量约 149000 个（图 1-5）。

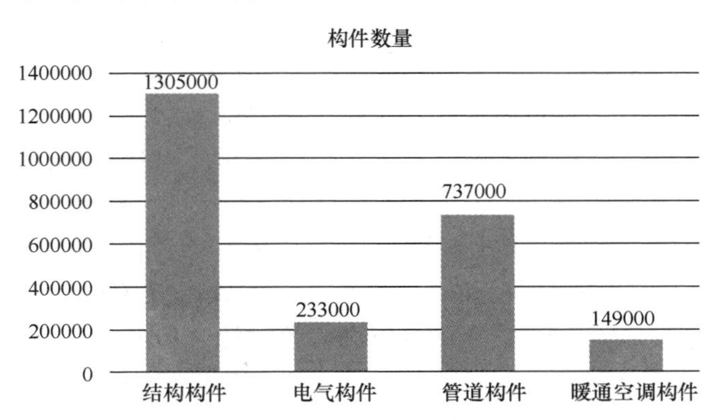


图 1-5　奥斯陆机场扩建项目构件数量统计图

通过采用 openBIM 方法项目团队得以按时完成交付并将成本控制在预算内。通过选择环保材料，该建筑 $CO_2$ 排放量减少了 35%。此外，与现有航站楼相比，机场的能耗降低了 50%以上。

7. BIM 在码头工程中的应用

重庆市丰都邮轮港三合码头是位于重庆市丰都县长江南岸的河港客运码头，水位差达 30m，共建设 3 个 500 客位邮轮泊位，项目总投资为 1.48 亿元。项目设计中面临着季节性水位变化大、电梯井道及供电系统防水要求高、运营楼层调整难度大、运营管控难度高等诸多技术难题，项目团队提出的双层水密门技术、垂直提升式供电照明系统、水位监测与运营楼层调整系统联动控制等技术作为解决方案。项目开展的 BIM 正向设计、协同设计在项目推进过程中起到了关键作用。

该项目团队采用 Revit 和 Civil 3D 作为核心建模软件，建立了工程 Revit 模型和三维地理信息模型，并结合 BIM 模型与水流仿真软件、疏散仿真模拟软件分别进行水动力分析和疏散分析，为结构设计、疏散通道设计提供依据。项目团队将可视化编程软件 Dynamo 与 Revit 结合、将可视化编程插件 Grasshopper 与结构有限元分析软件 Robot 结合，编写适用的参数化命令流文件，同时驱动 Revit 和 Robot 软件，实现了 BIM 模型和结构计算模型的链接。通过 Navisworks 的碰撞检查功能在设计阶段解决了 80 多处碰撞问题，避免了项目在施工期的变更和反复，提高了设计成果的质量。此外，项目团队通过施工模拟、运维模拟，进一步优化设计，并为施工组织计划的编制、运营维护方案的改进提供依据。为提高设计效率，该项目使用 Drive 云协同软件，实现了各专业模型实时共享及项目集中管控和资料互提；使用 Navisworks 作为 BIM 模型轻量化通用查看器，满足工程各参建方审阅 BIM 模型的需求。

在项目设计过程中，项目团队充分发挥 BIM 设计的数据传递和协同优势，利用可视化建模、有限元分析、仿真模拟等手段解决了各种技术难题，形成了高质量的设计成果。

8. BIM在水利工程中的应用

乌东德水电站位于四川省会东县和云南省禄劝县交界的金沙江下游河道上，正常蓄水位975m，坝顶高程988m，最大坝高270m，总库容74.08亿$m^3$，装机容量10200MW，工程静态总投资为789亿元，为Ⅰ等大（1）型工程。乌东德水电站设计过程中面临施工条件复杂、技术难度高、建设工期紧张等难题，项目团队采用了基于CATIA平台的三维协同设计方案。

该项目基于CATIA基础平台及专业软件开展了地质、坝工、电站建筑物、导流、机电等多专业三维协同设计。项目团队将工程地质数据导入GOCAD，结合ArcGIS技术构建高精度三维地质模型，将模型连同地质属性信息导入CATIA基础平台中，进行后续枢纽布置等多专业三维协同设计。基于地质三维模型进行坝址、坝线、坝型比选，布置导流洞、引水发电建筑物等关键控制点与轴线，并建立枢纽工程主要建筑物三维参数化模型，进行空间分析与优化布置。根据枢纽布置结果，完善总体骨架和专业子骨架。项目采用ADAO程序进行拱坝形体方案设计，生成形体参数设计表并对接CATIA拱圈三维模板快速完成各高程拱圈曲线，拟合成拱坝基本体型。电站建筑物专业、导流专业均基于专业子骨架进行模板调用，生成相应的设计模型。机电专业参照引水发电建筑物中的主厂房、调压室、主变洞等三大洞室土建结构，调用机电标准件库，进行机电管路和设备等综合布置设计并进行碰撞检查，及时调整设计方案。项目通过实施BIM三维协同设计提高了设计质量与效率，以较快的速度实现了全专业设计模型的构建。

全球范围内的BIM应用案例不胜枚举，以上仅介绍了国内外BIM应用的少数经典案例。这些优秀案例不仅体现了BIM在建设工程中的应用价值，同时也为全球普及BIM应用积累了宝贵经验。

## 1.4 小　　结

本章主要介绍了BIM的概念与发展现状，对BIM在建筑全生命期各个阶段的应用及BIM在不同类型建筑中的应用进行了简要说明。希望读者可以通过本章的学习了解BIM，并在以后的学习和工作中灵活运用BIM。

### 思考与练习题

1. 如何理解BIM?
2. BIM有哪些特点?
3. 试分析Level of Detail和Level of Development的联系与差异。
4. 结合所学内容，谈谈LOD在实际工程中的价值。
5. 结合所学知识，归纳BIM的应用价值体系。

### 参考文献

[1] Azhar, S. Building Information Modeling(BIM): Trends, Benefits, Risks, and Challenges for the AEC Industry[J]. Leadership and Management in Engineering, 11(3), 241-252, 2011.

[2] Donna Laquidara-Carr, LEED AP. The Business Value of BIM in North America: Multi-Year Trend Analysis and User Ratings (2007 - 2012) [R]. McGraw-Hill Construction, 2012.

[3] Donna Laquidara-Carr，LEED AP. The Business Value of BIM for Owners[R]. McGraw-Hill Construction，2014.

[4] Rafael Sacks，Charles Eastman，Ghang Lee，Paul Teicholz. BIM Handbook：A Guide to Building Information Modeling for Owners，Managers，Designers，Engineers，and Contractors (Third Edition) [M]. John Wiley & Sons，Inc. 2018.

[5] NBS. The CIC BIM Protocol：Introducing the second edition [EB/OL]. https：//www. thenbs. com/knowledge/the-cic-bim-protocol-introducing-the-second-edition-2018. 2018.

[6] 林佳瑞，张建平．我国 BIM 政策发展现状综述及其文本分析[J]. 施工技术，2018，47(06)：73-78.

[7] 孙彬，栾兵，刘雄，等．BIM 大爆炸——认知+思维+实践[M]. 北京：机械工业出版社，2018.

[8] Bolpagni M，Ciribini ALC. The Information Modeling and the Progression of Data-Driven Projects [A]. CIB World Building Congress [C]. 2016.

[9] NBS. BIM Levels Explained[EB/OL]. https：//www. thenbs. com/knowledge/bim-levels-explained. 2014.

[10] 柯辰达．基于 BIM 技术的住宅建筑全生命周期应用研究[D]. 开封：河南大学，2015.

[11] 罗春燕．基于 BIM 的拟拆除建筑垃圾决策管理系统研究[D]. 重庆：重庆大学，2015.

[12] Crossrail Ltd. Crossrail BIM Principles[Z]. 2017.

[13] 鲁班软件．中交一公局：桥梁方面 BIM 应用开拓者——乐清湾大桥项目 BIM 实施成果总结[EB/OL]. http：//www. lubansoft. com/bimcase/show/144. 2016.

[14] Tunnel-online. New Gubrist Tunnel：A Case for BIM [EB/OL]. https：//www. tunnel-online. info/en/artikel/tunnel_New_Gubrist_Tunnel_A_Case_for_BIM_3246902. html. 2018.

[15] buildingSMART. Oslo Airport Expands its Terminal with openBIM and Environmentally Sustainable Design[EB/OL]. https：//www. buildingsmart. org/oslo-airport-terminal/. 2018.

[16] 李小帅，张乐．乌东德水电站枢纽工程 BIM 设计与应用[J]. 土木建筑工程信息技术，2017，9(01)：7-13.

# 2 BIM 标准与指南

**本章要点及学习目标**

本章主要介绍了发达国家与地区以及国内的 BIM 标准与指南的发展现状，梳理了国内外 BIM 标准与指南的发展历程，并对主要 BIM 标准与指南进行详细介绍。

本章学习目标主要为了解发达国家与地区以及国内 BIM 标准与指南的发展历程及现状，了解并掌握 COBie 标准及 PSU 发布的 BIM 项目执行计划指南。

## 2.1 发达国家与地区的 BIM 标准与指南

下面以欧洲与美国作为发达国家与地区的代表对 BIM 标准与指南进行介绍。

### 2.1.1 欧洲 BIM 标准与指南

BIM 技术在欧洲发展较早，许多国家都发布了相关的 BIM 标准，如英国、丹麦、挪威等，其中超过一半的标准来自英国。大多数标准都包含建模方法和组织表示样式以便有效地使用 BIM 数据和模型。虽然欧洲 BIM 技术发展较快，但仍需要制定更多的 BIM 技术指南来进行更有效的行业指导。

1. 英国 BIM 标准与指南

(1) 英国公共部门 BIM 标准与指南

英国是当今 BIM 发展较快的国家，这与英国政府强制要求使用 BIM 技术密不可分。2011 年英国内阁办公室宣布要求到 2016 年公共部门建设项目应达到 BIM Level 2。针对这一目标，英国公共部门建设行业协会（CIC）和 BIM 工作组（BIM Task Group）共同制定了一系列 BIM 指南。在 BIM 工作组的技术支持和领导下，建设行业协会（CIC）于 2013 年起草了 3 个文件。第一个文件，即 BIM 协议 v1，确定了项目团队在所有的常见建设合同中应该满足的 BIM 需求。第二个文件，即使用 BIM 的职业责任保险的最佳实践指南 v1，总结了在 BIM 项目中专业责任承保人将面临的风险。第三个文件，即信息管理角色的服务范围概要 v1，概述了信息管理服务范围，即公共数据环境管理、项目信息管理和协同工作、信息交换与项目团队管理。在 2018 年，建设行业协会（CIC）发布了 BIM 协议第二版，与第一版相比在责任矩阵、信息详情、允许的目的、协议和协调等方面进行了更新。

(2) 英国非营利组织 BIM 标准与指南

除公共部门外，英国许多非营利组织也发布了一系列 BIM 标准，如英国标准学会（British Standards Institution，BSI）和 AEC（UK）委员会，如图 2-1 所示。

1) 英国标准协会（BSI）

自 2007 年以来，英国标准学会（BSI）发布了几个标准来阐述建筑行业的数字定义和生命期信息交换。例如，PAS 1192-3 侧重于资产的运营阶段，BS 1192-4（British Standard 1192-4）定义了一个国际通用的信息交换框架来交换雇主和供应链之间的设备信息，PAS 1192-6 提供了关于 H&S（Health and Safety）信息在整个项目和资产生命期中如何产生、流动和使用的指导。

随着 BIM 技术的发展，BSI 发布了一系列新的 BIM 标准。2019 年 BSI 发布了 BS EN ISO 19650-1 和 BS EN ISO 19650-2，这两个标准替代了 BS 1192:2017+A2:2016 和 PAS 1192-2:2013。除此之外，BSI 还发布了过渡性指南 PD 19650-0 帮助业界采用新标准。之后，BSI 于 2020 年 7 月发布了 BS EN ISO 19650-5，此标准替代了 PAS 1192-5，相应的 PAS 1192-5 被撤回。

BS EN ISO 19650-1 为 BS EN ISO 19650 第一部分，该标准采用 ISO 19650-1，仅在术语表示方面进行修改。标准概述了信息管理的概念和原则，主要针对资产生命期中涉及的所有内容，包括但不限于资产所有者/运营商、客户、资产经理、设计团队、施工团队、设备制造商、技术专家、监理机构、投资者、保险公司和最终用户。通过该标准的概念和原则，可以减少因纠正未经训练的人员对信息的错误管理以及解决有关信息重用的问题而使用的大量资源，从而减少延迟。BS EN ISO 19650-2 为 BS EN ISO 19650 第二部分，该标准采用 ISO 19650-2，对 ISO 19650 中有关 BS 1192、PAS 1192-2、PAS 1193-3、BS 1192-4 及 PAS 1192-5 的内容进行了说明，其中一些条款将在此文件的生命周期中被撤回或取代。标准主要针对资产交付阶段，主要介绍了参考资料、术语、定义和符号、资产交付阶段的信息管理以及资产交付阶段的信息管理流程。此外，该标准定义了信息管理过程，交付团队可以通过这些活动协作产生信息并将浪费最小化。BS EN ISO 19650-5 为 BS EN ISO 19650 第五部分，该标准等同采用 ISO 19650-5，提出了一个框架以帮助组织了解关键的安全隐患以及将由此产生的安全风险控制到相关各方可以接受的水平所需的措施。敏感信息可能会影响资产、产品、建筑环境或其提供的或通过其提供的服务的安全性和弹性。本标准将有助于降低敏感信息的损失、误用或修改风险，以及防止商业信息、个人信息和知识产权的损失、盗窃或泄露。

2）AEC（UK）委员会

2009 年，AEC（UK）委员会发布了 BIM 标准第一版，之后分别在 2012 年和 2015 年发布了 BIM 协议 v2.0 和 BIM 技术协议 v2.1.1。除此之外，自 2012 年以来 AEC（UK）委员会还为不同软件平台制定了 BIM 协议，如 Autodesk Revit，Bentley AECOsim Building Designer，Graphisoft ArchiCAD 和 Nemetschek Vectorworks，如图 2-1 所示。

2. 欧洲其他国家 BIM 标准与指南

除英国外，其他的一些欧洲国家也发布了相应的 BIM 标准，如丹麦、挪威等，如图 2-2所示。

### 2.1.2　美国 BIM 标准与指南

美国 BIM 技术的研究和应用起步较早，BIM 技术发展位于世界前列，从全国性组织到公立大学都对 BIM 实施发挥了作用。为促进 BIM 更有效地实施，美国不同层次的部门发布了各种 BIM 标准与指南。标准中大多数都涵盖项目执行计划（Project Execution Plan，PEP）、建模方法、组件表示样式和数据组织四类信息。下面具体介绍不同层次公共部门制定的 BIM 标准，包括国家层次、州层次、城市层次和公立大学层次。

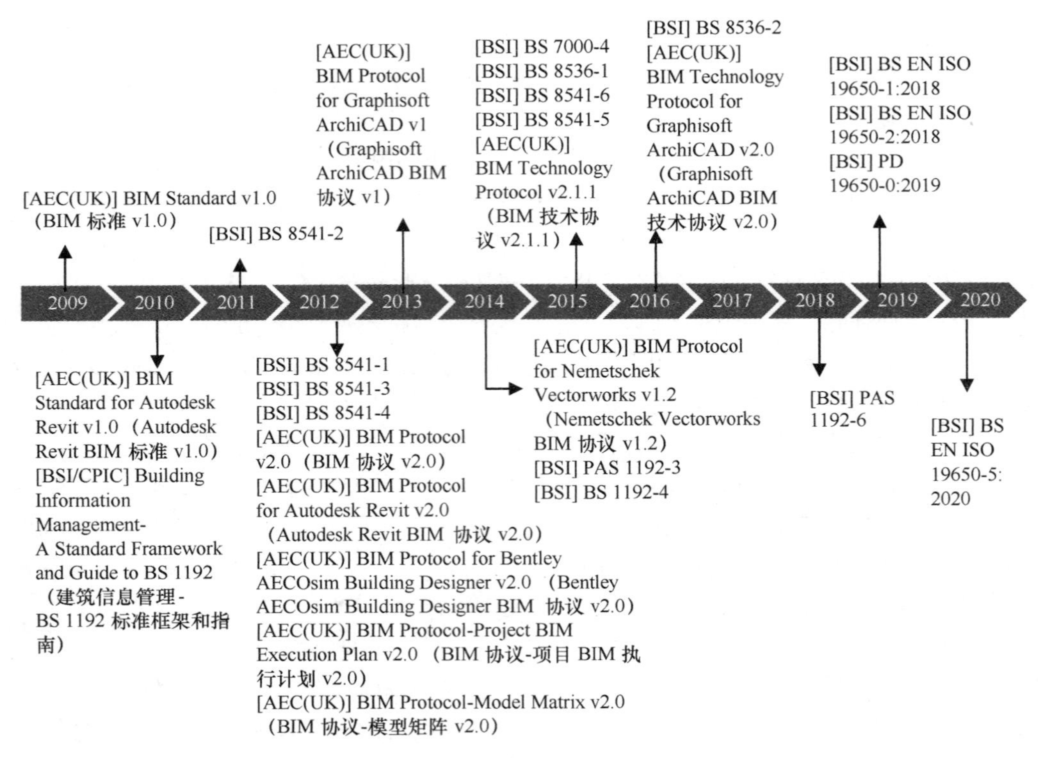


图 2-1 英国非营利组织 BIM 标准与指南

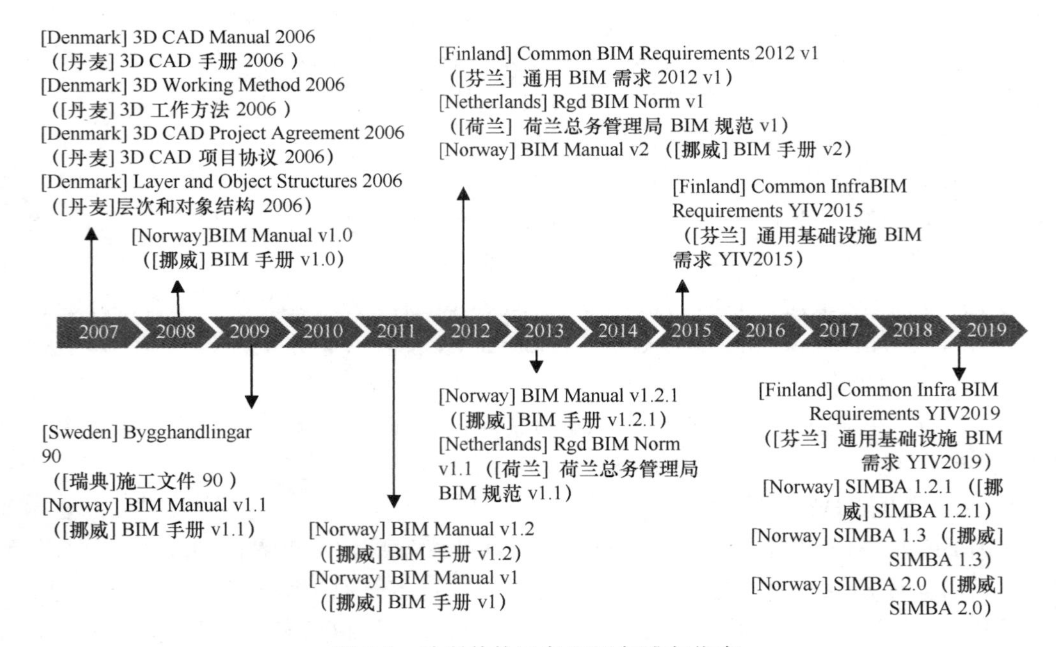


图 2-2 欧洲其他国家 BIM 标准与指南

1. 国家公共部门BIM标准与指南

（1）美国总务管理局（GSA）

成立于1949年的GSA为美国政府的一个独立机构，主要负责管理各联邦机构的各项事务。为提升建筑行业信息化水平，探索BIM技术在工程行业的发展，规范BIM在项目中的应用，GSA成立了3D-4D-BIM工作组并发布了供内部及整个行业参考的《3D-4D-BIM指导手册》。从2007年起，所有GSA项目均应按照《3D-4D-BIM指导手册》执行。除此之外，GSA还发布了面向Autodesk Revit的BIM指南，提出了相关的技术标准。下面主要介绍3D-4D-BIM指南系列。

根据BIM在建筑开发过程中不同阶段的使用特点，将3D-4D-BIM指南系列分为8部分：概述、空间规划验证、3D成像、4D进度、能源性能、流通与安全验证、建筑元素、设施管理，见表2-1。

**3D-4D-BIM指南系列** **表2-1**

| 系列 | 相关描述 |
|---|---|
| 系列01-概述 | 作为支持BIM技术的介绍性文档来支持GSA项目利益相关者的BIM实践 |
| 系列02-空间规划验证 | 侧重于让设计准确高效地满足GSA规范上的空间要求，描述了支持更有效地使用BIM技术的工具、流程和要求 |
| 系列03-3D成像 | 详细描述对已有建筑和竣工建筑的3D扫描模型的要求及模型应用要求，并提供3D激光扫描服务准则与评价标准 |
| 系列04-4D进度 | 介绍了相关工具和流程，以探讨与时间相关的信息如何影响项目开发以及4D建模的潜在效益 |
| 系列05-能源性能 | 帮助GSA项目团队规划和开发BIM实施计划，鼓励GSA项目团队采用基于BIM的能源建模 |
| 系列06-流通与安全验证 | 关注于BIM如何被用来帮助设计和决策以确保所提出的设计满足流通需求 |
| 系列07-建筑元素 | 通过搜集和集成BIM中使用的建筑元素的需求来扩展以前制定的BIM指南 |
| 系列08-设施管理 | 目的在于借助全生命期的设施数据为客户提供安全、健康、有效的工作环境，提供了BIM设施管理和BIM模型应满足的国家最低限度的技术要求 |

（2）国家建筑科学研究院（NIBS）

NIBS是一个非政府组织，buildingSMART联盟（bSa）是NIBS在信息资源和技术领域的一个专业委员会，同时也是buildingSMART国际（buildingSMART International，bSI）的北美分会。bSa下属的美国国家BIM标准项目委员会（the National Building Information Model Standard Project Committee-United States，NBIMS-US）专门负责美国国家BIM标准（NBIMS）的研究与制定。

NBIMS-US于2007年发布了NBIMS第一版的第一部分，此标准是一个指导性文件，包括对整个标准、制定方法和使用目的的概念性描述。2012年NBIMS-US与buildingSMART共同发布了NBIMS第二版，此标准是更技术性的标准，包括导则与应用、信息交换标准和参考标准。NBIMS第三版于2015年正式发布，包括参考标准、术语与定义、信息交换标准和实践文档等内容。此标准是按照ISO/IEC Directives的第二部分：构建与起草国际标准的规则进行了广泛修订与组织，目的在于鼓励建筑师、工程师、承包商、业主与运营商团队成员在项目生命期内进一步的生产实践。2017年NIBS发布国家BIM业主指南，旨在为业主概述规划、设计、建造和运营建筑的政策和程序以及合同中如何制定和实施BIM应用的要求，帮助业主与建筑团队的其他成员合作，最大限度地发挥 BIM 在项目中的潜力。

除上述标准外，NIBS 还批准了另外一个重要标准 COBie。COBie 是在项目全生命期中设施经理所需的关于信息捕获与交付的信息交换规范。COBie 可以在设计、施工与维护软件以及简单的电子表格中查看，这使得 COBie 可以在所有的项目中使用而不必考虑项目的规模与技术复杂性。该标准是 2007 年由美国陆军工程兵团（USACE）发布，之后经多次修改。2015 年发布的 NBIMS-USv3 中包含 COBie 2.4 版，该版本包括参考标准、术语与定义、符号和缩略术语、业务流程归档、交换需求归档、实施资源、一致性检测程序以及修订计划等内容。

（3）其他公共部门

除上述部门外，美国建筑师学会（AIA）、退伍军人事务部（The Department of Veterans Affairs，VA）、国家标准与技术研究院（National Institute of Standards and Technology，NIST）和总承包商协会（AGC）也发布了各自的 BIM 标准或指南，如图 2-3 所示。

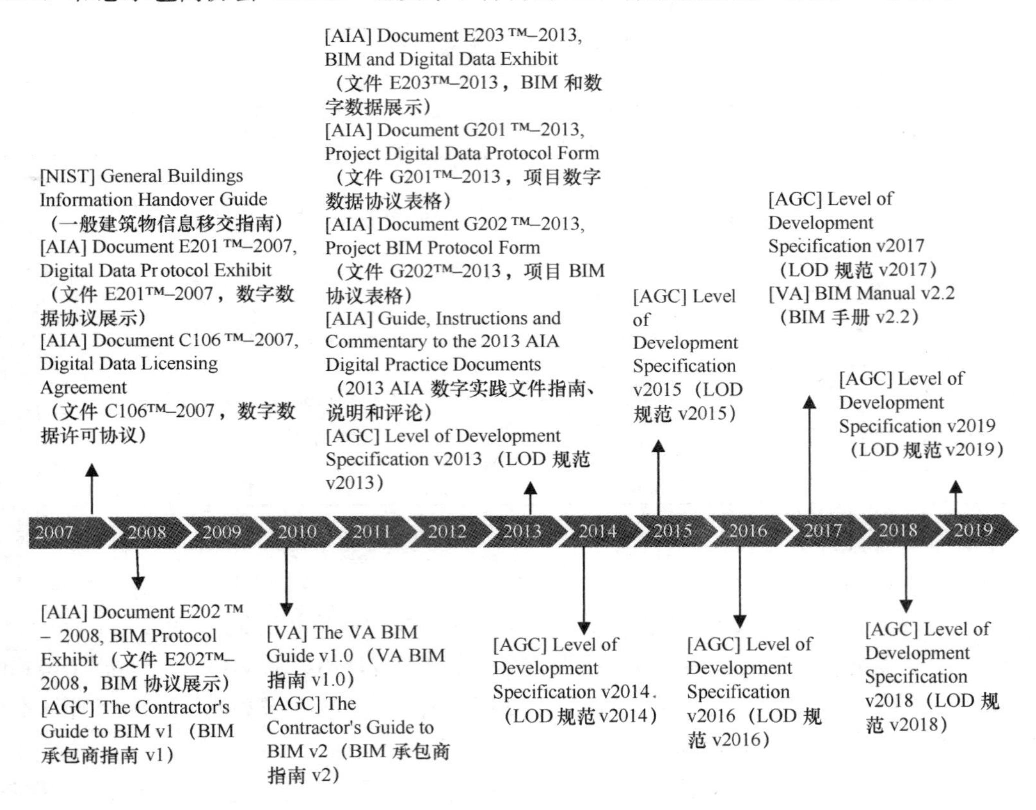


图 2-3 美国其他公共部门 BIM 标准与指南

AIA 于 2007 年发布了 E201™-2007 数字数据协议展示和 C106™-2007 数字数据许可协议两个文件，是业内第一个推进共享数字信息的机构。E201™-2007 定义了参与各方应遵循的关于数字数据交换的程序。C106™-2007 是双方间的一个单独的协议，用于数字数据传输方授予接受方使用数字数据的许可。随着 BIM 的应用越来越广泛，AIA 于 2008 年发布了 E202™-2008 BIM 协议展示文件，建立了 BIM 需求与应用的五个发展程度（Levels of Development，LOD）。在 2013 年，AIA 更新了数字实践文件，其中包括 E203™-2013 BIM 和数字数据展示、G201™-2013 项目数字数据协议表格和 G202™-2013 项目 BIM 协议表格。

VA 于 2010 年发布了《VA BIM 指南 v1.0》，它定义了退伍军人事务部的建筑信息生命期愿景并介绍了 BIM 管理计划与建模方法。2017 年发布了《BIM 手册 v2.2》，主要包括 VA 建筑信息生命期愿景、建模要求、可交付成果、定义等内容。

NIST 于 2007 年发布了《一般建筑物信息移交指南：原则、方法与案例研究》，该指南对技术概念、定义及建模方法进行了介绍，并介绍了六个使用先进的 BIM 技术以及相应的信息移交的案例研究。

AGC 于 2010 年发布了《承包商 BIM 指南 v1》，旨在帮助承包商了解如何开始使用 BIM 技术，同年发布《承包商 BIM 指南 v2》。BIMForum 作为 AGC 的一个论坛，致力于在 AEC 行业采用虚拟设计和建造，并于 2013 年发布第一个 BIM 标准，被称为模型发展程度（LOD）规范 2013 版。之后每年都对之前版本进行更新，并于 2019 年发布 LOD 2019 版。

2. 州和市的 BIM 标准与指南

在 2009 年，威斯康星州设施发展司发布了建筑师与工程师的 BIM 指南与标准，并于 2012 年对其进行了更新。该指南侧重于 BIM 建模软件的使用，主要包括对参与各方的要求以及在设计、招标、施工等阶段的应用和交付成果等内容。2013 年，田纳西州的州建筑师办公室发布了 BIM 需求第一版用于本州建设项目的 BIM 一致管理。2015 年州建筑师办公室发布 BIM 标准 v1.1，并于 2020 年发布 BIM 标准 v2.0。该标准旨在利用 BIM 技术标准，通过协同设计、施工和运营过程建造具有长远价值的建筑项目。美国州和市 BIM 标准与指南发布情况如图 2-4 所示。

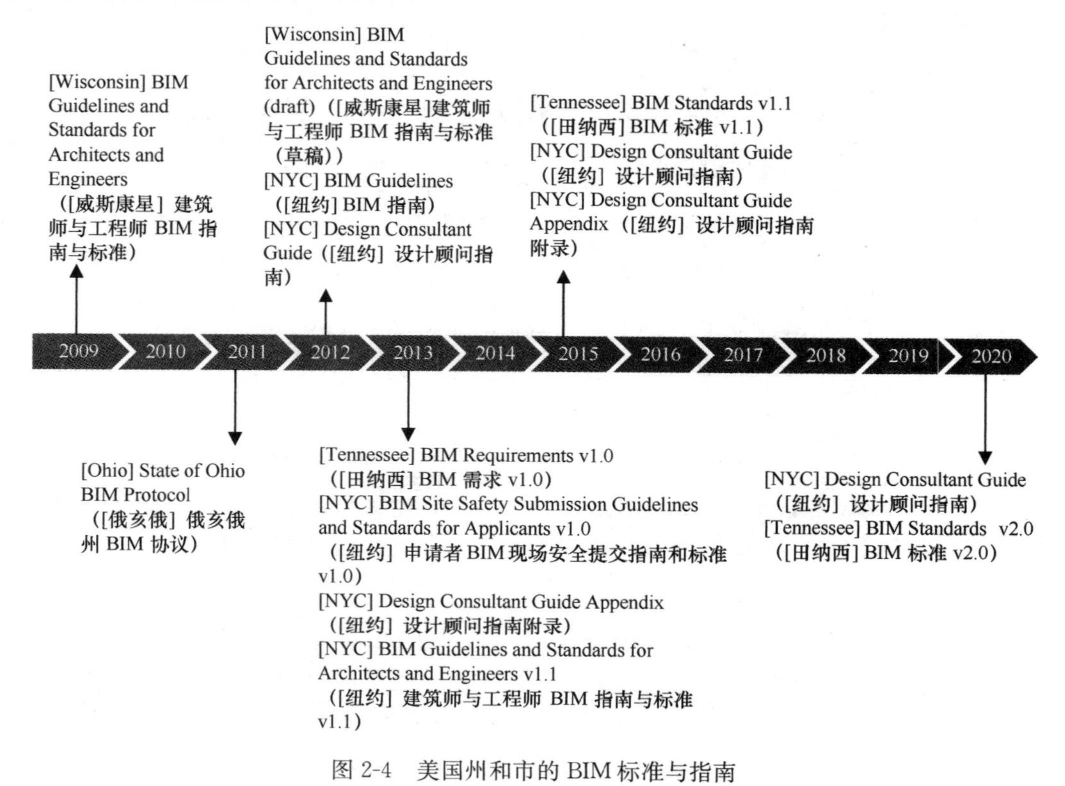


图 2-4　美国州和市的 BIM 标准与指南

3. 美国大学的BIM标准与指南

除公共部门外，美国许多大学也发布了BIM标准与指南，如图2-5所示。自2009年起宾夕法尼亚州立大学（PSU）相继发布了几个版本的BIM项目执行计划指南（BIM Project Execution Planning Guide，BIM PEP Guide）以及BIM设施所有者规划指南、BIM用户手册和BIM规划指南等若干BIM指南。下面主要介绍2019年发布的BIM项目执行计划指南v2.2。

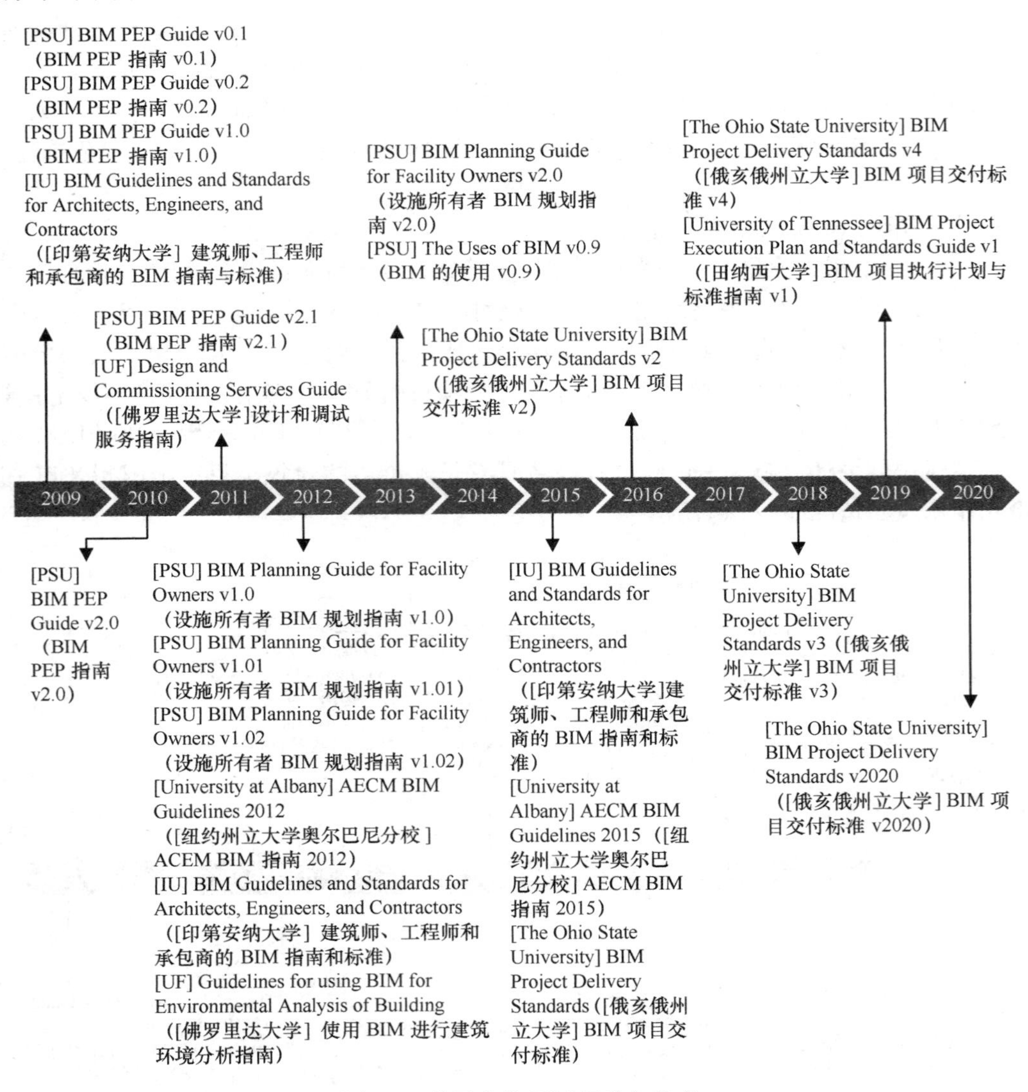


图2-5 美国大学BIM标准与指南

BIM项目执行计划概述了项目总体愿景及实施细节供团队在整个项目过程中遵循。BIM计划应在项目的初期制定，随其他项目参与者加入项目中而不断发展，并根据需要在整个项目实施阶段进行监控、更新和修订。该指南概述了制定BIM执行计划的四个步骤及相关的四次会议。

制定计划的四个步骤分别为：确定BIM目标和应用、设计BIM项目执行计划流程、确定信息交换和定义支持BIM实施的基础。

1. 确定BIM目标和应用

(1) 定义项目的BIM目标

在确定BIM应用之前，项目团队应概述项目目标及其与BIM实施的潜在关系。这些目标应针对现有项目具体确定。它们可能与项目总体绩效有关，如减少项目持续时间、降低项目成本或提高项目整体质量，也可能是具体任务的实施效率，以使项目参与者节省总体时间或成本。

(2) 确定BIM应用

该指南包括建筑生命期中常见的25种BIM应用，并在指南的附录中对每种BIM应用进行了描述，旨在为不熟悉BIM应用的项目团队成员提供简要概述。图2-6总结了25种常见应用。

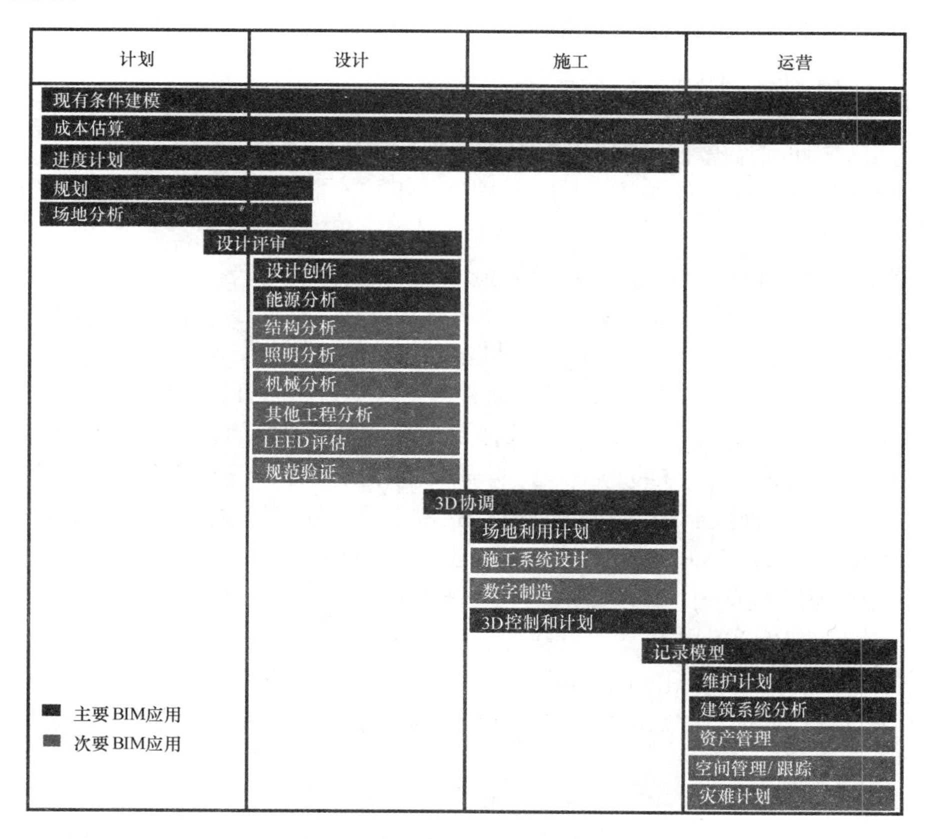


图2-6 建筑全生命期中BIM应用

定义BIM目标之后应选择项目中所需的BIM应用。对BIM应用的分析应首先关注整个过程的预期结果。团队应从运营阶段开始为每种BIM应用确定优先级，然后按照相反的顺序依次进行（施工、设计、计划）。通过先确定下游BIM应用，团队可以专注于重要的项目信息和信息交换。为帮助确定BIM应用，指南制定了BIM应用选择工作表。工作表主要包括BIM应用、价值评估、责任方、能力、附加说明以及是否实施BIM应用等内容。要完成BIM应用选择工作表，须遵循以下流程：

1）识别潜在的BIM应用

指南附录中提供了每种BIM应用的定义和解释，重要的是团队要考虑每种潜在的BIM应用，并考虑他们与项目目标的关系。

2）确定每种潜在BIM应用的责任方

对每种可能实施的BIM应用确定至少一个责任方。责任方包括参与BIM应用实施的所有团队成员以及协助实施的潜在外部人员。

3）对每种BIM应用的责任方进行能力评估

对责任方的能力评估主要包含三方面：资源、能力及经验。资源即组织是否具有实施BIM应用所需的资源，如人员、软件、硬件等。能力即责任方是否具有成功实施特定BIM应用的能力。经验即责任方曾经是否使用过BIM。

4）确定相关的附加价值和风险

团队应考虑所获得的潜在价值以及可能引起的附加项目风险。这些价值和风险要素应纳入BIM应用选择工作表的“注释”列。

5）确定是否实施每个BIM应用

项目团队应详细讨论每种应用以根据其特性确定BIM应用是否适合该项目。项目团队应确定潜在的收益并与实施成本进行比较。另外，还需考虑某种BIM应用实施与否所带来的风险要素。

2. 设计BIM项目执行计划流程

确定BIM应用后，需要设计BIM项目执行计划流程。在此步骤中，绘制的流程图可以使团队了解BIM的总体过程，确定将在参与方之间共享的信息交换，并说明已确定的BIM应用所执行的各种流程。映射项目的BIM流程图要求项目团队首先制定一个概览图（Level 1）以显示不同BIM应用之间的关系及整个项目生命期中发生的信息交换。然后绘制详细的BIM使用流程图（Level 2）来更详细地说明BIM应用的实施过程，并确定每个过程的责任方、参考信息及与其他流程共享的信息交换。指南采用业务流程建模符号（Business Process Modeling Notation，BPMN），以便各项目团队成员可以创建格式一致的流程图。

（1）创建BIM概览图

1）将确定的BIM应用置于BIM概览图中

确定BIM应用后，项目团队可以通过将各个BIM应用作为一个流程添加到流程图中来开始映射过程。若项目生命期中多次执行一个BIM应用，则可能需要将其添加到概览图中的多个位置。

2）根据BIM概览图中的项目顺序安排BIM应用

在项目团队确定将要实施的BIM流程后，团队应按顺序安排这些流程，确定每种BIM应用的实施阶段，为团队提供实施顺序。

3）确定每个过程的责任方

应明确每个过程的责任方。在任何情况下都需要考虑最适合完成任务的团队成员。责任方将负责定义实施过程中所需的信息以及在实施过程中产生的信息。

4）确定实施每种BIM应用所需要的信息交换

BIM概览图应包含关键的信息交换，这些信息交换在特定流程内部、流程之间或责任方之间共享。重要的是要包含从一方到另一方的所有信息交换。目前，这些交换通常通过数据文件的传输来实现。

（2）创建详细的 BIM 使用流程图

创建概览图后应为每个确定的 BIM 应用创建详细的 BIM 使用流程图，以确定在该 BIM 应用中要执行的各种流程的顺序。流程图包含三类信息：参考信息、流程及信息交换。参考信息即执行 BIM 应用所需的信息资源；流程即构成 BIM 应用的活动的逻辑顺序；信息交换即一个流程中的 BIM 可交付成果，可能作为后续流程的资源。创建详细的 BIM 使用流程图应遵循以下步骤：

1）将 BIM 应用分解为一组过程

此步骤需要确定 BIM 应用的核心过程，并由 BPMN 中的“矩形框”符号表示。

2）定义流程之间的依赖关系

通过定义流程之间的连接来确定流程之间的关系。项目团队需要确定与每个过程前后相邻的过程，在某些情况下可能有多个相邻的过程，然后使用 BPMN 中的“顺序流”线连接这些过程。

3）使用参考信息、信息交换和责任方等信息创建详细的流程图

4）在流程中重要的决策点添加目标验证网关

通过使用网关可确保流程的可交付成果或结果满足要求，还可以根据决策修改过程路径。

5）记录、检查和完善此过程以供进一步使用

详细的流程图可以由项目团队进一步用于其他项目。在 BIM 实施过程中应在不同阶段对其进行保存和检查，并定期更新流程图以反映实际的工作流程。

3. 确定信息交换

在制定了适当的流程图后应清楚地识别项目参与者之间发生的信息交换。为定义这些交换，团队需要了解实现每种 BIM 应用所需的信息。为此设计了信息交换（IE）工作表，可以在 IE 工作表中定义用于交换的信息内容。确定信息交换的流程如下：

（1）从概览图中识别潜在的信息交换

（2）为项目选择模型元素分解结构

建立信息交换后，应为项目选择元素分解结构。IE 工作表使用 CSI UniformatⅡ结构，其他选项可在 BIM 执行项目网站中找到。

（3）确定每次交换的信息

定义每次信息交换均应记录模型接收方、模型文件类型、信息及注释。模型接收方即接收信息以执行 BIM 应用的所有项目团队成员；模型文件类型即需要列出软件应用程序以及接收方在使用 BIM 进行建模时使用的软件版本；信息即实施 BIM 应用所需的信息，在 IE 中使用三级精细度结构，如图 2-7 所示；注释即不是所有模型需要的内容都能被信息和元素分解结构覆盖，并且如果需要更多信息，需要将其作为注释添加，内容可以包括建模内容或建模技术。

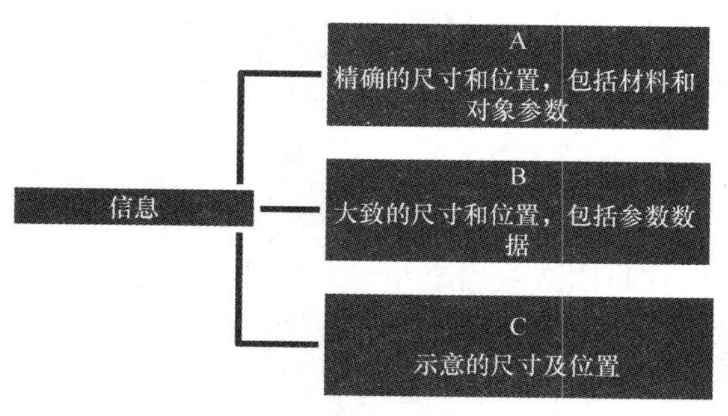

图 2-7　信息的精细度

（4）指派责任方编写所需的信息

信息交换中的信息应由指定的责任方进行编写，并承担编写信息的责任。

（5）比较输入信息与输出信息

一旦定义了信息需求，项目团队必须确定输出信息中与输入信息（要求的）不匹配的元素，可通过修正信息以提高准确性或改变责任方使信息由执行BIM应用的组织创建等方法进行补救。

4. 定义支持BIM实施的基础

在确定了项目BIM应用，定义了项目流程图和BIM可交付成果后，项目团队需要确定支持BIM应用按计划实施所需的项目基础。该指南共介绍了14个特定类别支持BIM项目执行过程，每个类别的信息因项目而异。此外，已经开发了BIM项目执行计划模板，但模板中包含的信息必须根据项目具体情况进行分析确定。

（1）BIM项目执行计划概述

该部分记录制定BIM项目执行计划的原因。

（2）项目信息

在制定项目执行计划时应记录可能对BIM团队有价值的关键信息。项目信息主要包括项目业主、名称、地址、合同类型/交付方式、简要项目描述、项目进度等信息。

（3）关键项目联系人

应在每个利益相关者中确定至少一位代表，包括业主、设计师、主要承包商、分包商、制造商和供应商等。这些代表可以包括项目经理、BIM经理、专业负责人、总监和其他主要项目人员。应收集、交换所有利益相关者的联系信息，并在方便时发布在共享的项目协作管理门户网站上。

（4）项目BIM目标/BIM应用

（5）组织角色和人员配备

必须定义每个组织的角色及其特定职责，团队必须确定负责并执行选定BIM应用的组织。

（6）BIM流程设计

需记录每个选定的BIM应用的流程图，这为每种BIM应用的实施提供了详细的计划，并为每个活动定义了特定的信息交换，为整个执行计划奠定基础。

（7）BIM信息交换

项目团队应记录在BIM项目执行计划过程中产生的作为计划流程一部分的信息交换，这对于减少不必要的建模十分重要。

（8）BIM和设施数据需求

对于计划来说，以业主的原始格式记录BIM要求十分重要，这可使团队了解需求并制定相应的计划来满足这些需求。

（9）协作程序

团队应制定其电子和活动协作程序，这包括模型管理以及标准的会议活动。

（10）质量控制

项目团队应确定并记录其对模型进行质量控制的总体策略。为确保在每个项目阶段以及在信息交换之前的模型质量，必须定义和执行相应程序。可交付成果的质量控制必须在每项主要BIM活动中完成。质量检查包括视觉检查、碰撞检测、标准检查和元素验证。视觉检查即保证模型体现了设计意图，没有多余的部件；碰撞检测即通过冲突检测软件检查两个建筑组件之间的冲突问题；标准检查即确保模型符合团队执行的标准；元素验证即检查数据集是否存在未定义或定义错误的元素。

（11）技术基础需求

技术基础需求主要包括项目的硬件、软件平台、网络和建模内容的要求。团队和组织需要确定执行计划过程中选择的软件平台和版本，以帮助解决互操作性问题。

（12）模型结构

团队应就如何创建、组织、交流和控制模型达成共识，以确保模型的准确性和全面性。需要考虑的主要有：为参与各方定义文件命名结构、描述如何分解模型（如按楼层、建筑物）、商定BIM和CAD标准、参考内容及IFC版本等。

（13）项目可交付成果

项目团队应考虑业主需要的交付成果及与可交付成果相关的任何信息。

（14）交付策略/合同

在项目中使用BIM时应在项目开始前注意交付方式，理想情况下将使用更集成的方法，如集成项目交付（IPD）。在规划BIM对交付方式的影响时团队应考虑四个因素：组织结构和典型交付方式、采购方式、付款方式和工作分解结构。

在制定合同时应考虑并包含以下内容：模型开发和相关方的责任、模型共享和模型可靠性、互操作性/文件格式、模型管理、知识产权以及BIM项目执行计划的要求。

BIM项目执行计划的制定是一个协作过程，成功制定计划的关键是确保在需要时为协作任务安排会议并确保非协作任务及时完成，为协作会议做准备。通过一系列协作会议以及在两次会议之间进行的工作任务可以制定出BIM执行计划。指南定义了四次会议来制定BIM执行计划，见表2-2。

**BIM项目执行计划协作会议**　　　　**表2-2**

| 第一次会议 |
|---|
| •介绍和讨论BIM经验、确定BIM目标及应用、确定BIM应用的使用频率和顺序、确定责任方以制定BIM概览图及详细BIM使用流程图、安排未来会议时间表、就未来任务达成共识，并确定责任方<br>•所有项目相关者（业主、设计师、承包商、分包商）的高级管理人员和BIM管理人员应出席该会议 |
| **第二次会议** |
| •审查BIM目标和应用、审查BIM概览图、审查各参与方的详细流程图，确定建模任务之间的重复与缺失、确定流程中信息交换、确定负责协调信息交换的责任方、就未来任务达成共识，并确定责任方<br>•项目业主、BIM经理和项目经理出席此次会议，可邀请合同管理人员参加会议或在会议之后对其进行汇报 |
| **第三次会议** |
| •审查最初的BIM目标和应用，确保项目计划与初始目标一致、查看团队成员制定的信息交换要求、确定支持信息交换所需的基础、就未来任务达成共识，并确定责任方<br>•项目经理出席此次会议，可邀请合同管理人员参加会议或在会议之后对其进行汇报 |
| **第四次会议** |
| •审查BIM项目执行计划草案、开发项目控制系统以确保按计划进行且计划及时更新、概述正式采用BIM项目执行计划的程序和监控过程、就未来任务达成共识，并确定责任方<br>•项目经理及各BIM应用负责方应出席此次会议 |

通过制定 BIM 项目执行计划，可以达到以下目标：

（1）参与各方将明确在项目中实施 BIM 的战略目标，并进行交流；

（2）各组织将了解他们在项目实施过程中的角色及责任；

（3）项目团队能够设计一个适合每个团队成员工作实践和组织工作流程的执行流程；

（4）概述成功实现预期的 BIM 应用所需的资源、培训或其他能力；

（5）提供一个向项目新成员描述项目流程的基准；

（6）采购部门将能够确定合同语言以确保所有项目参与者履行他们的义务；

（7）计划将为评估整个项目的进度提供基准线。

## 2.2 中国 BIM 标准

在 BIM 标准的制定方面，和一些发达国家相比我国起步较晚。但近年来，我国 BIM 市场快速发展，相关的 BIM 标准也逐渐公布。2007 年中国建筑标准设计研究院发布了《建筑对象数字化定义》JG/T 198—2007，此标准非等效采用 IFC（ISO/PAS 16739—2005），考虑我国国情和使用习惯，本标准只采用了 IFC 部分内容。2010 年中国建筑科学研究院发布了《工业基础类平台规范》GB/T 25507—2010，等同采用 IFC（ISO/PAS 16739—2005）进行编写。为将其转化为我国国家标准，根据我国国家标准的制定要求，仅在编写格式上做了一些改动，在技术内容上与 IFC 保持一致。2010 年清华大学软件学院 BIM 课题组提出中国 BIM 标准框架（China Building Information Model Standards，CBIMS）。住房和城乡建设部于 2012 年将 BIM 标准列为国家标准定制项目，BIM 标准的编制工作也正式启动。

截至 2019 年底，我国共颁布 5 本 BIM 国家标准，分别是《建筑信息模型应用统一标准》GB/T 51212—2016、《建筑信息模型施工应用标准》GB/T 51235—2017、《建筑信息模型分类和编码标准》GB/T 51269—2017、《建筑信息模型设计交付标准》GB/T 51301—2018、《制造工业工程设计信息模型应用标准》GB/T 51362—2019。我国相关的 BIM 标准见表 2-3。

**中国 BIM 标准** **表 2-3**

| 时间 | 单位机构 | 标准号 | BIM 标准 | 相关描述 |
|---|---|---|---|---|
| 2017 | 中华人民共和国住房和城乡建设部 | GB/T 51212—2016 | 《建筑信息模型应用统一标准》 | 贯彻执行国家技术经济政策，推进工程建设信息化实施，统一建筑信息模型应用基本要求，提高信息应用效率和效益 |
| 2018 | 中华人民共和国住房和城乡建设部 | GB/T 51235—2017 | 《建筑信息模型施工应用标准》 | 规范和引导建筑工程施工信息模型应用，支撑建筑工程施工领域信息化实施，提高信息应用效率和效益 |
| 2018 | 中华人民共和国住房和城乡建设部 | GB/T 51269—2017 | 《建筑信息模型分类和编码标准》 | 规范建筑信息模型中信息的分类和编码，实现建筑工程全生命期信息的交换与共享 |

续表

| 时间 | 单位机构 | 标准号 | BIM 标准 | 相关描述 |
| --- | --- | --- | --- | --- |
| 2018 | 中华人民共和国住房和城乡建设部 | — | 《城市轨道交通工程 BIM 应用指南》 | 引导城市轨道交通 BIM 应用及数字化交付，提高信息应用效率，提升城市轨道交通工程建设信息化水平 |
| 2019 | 中华人民共和国住房和城乡建设部 | GB/T 51301—2018 | 《建筑信息模型设计交付标准》 | 提供了建筑信息模型设计交付标准，提高建筑信息模型的应用水平 |
| 2019 | 中华人民共和国住房和城乡建设部 | JGJ/T 448—2018 | 《建筑工程设计信息模型制图标准》 | 规范建筑工程设计的信息模型制图表达，提高工程各参与方识别设计信息和沟通协调的效率 |
| 2019 | 中华人民共和国住房和城乡建设部 | GB/T 51362—2019 | 《制造工业工程设计信息模型应用标准》 | 统一制造工业工程设计信息模型应用的技术要求，统筹管理工程规划、设计、施工与运维信息，建设信息化工厂，提升制造业工厂的技术水平 |
| 2019 | 中华人民共和国交通运输部 | JTS/T 198—3—2019 | 《水运工程施工信息模型应用标准》 | 规范水运工程施工阶段信息模型应用，提高施工阶段信息模型应用效率和效益，适用于港口工程、航道工程、通航建筑物工程和修造船水工工程施工阶段信息模型的继承、创建、运用和管理 |
| 2019 | 中华人民共和国交通运输部 | JTS/T 198—1—2019 | 《水运工程信息模型应用统一标准》 | 规范水运工程信息模型应用，统一信息模型应用基本要求，提高信息模型应用效率和效益 |
| 2019 | 中华人民共和国交通运输部 | JTS/T 198—2—2019 | 《水运工程设计信息模型应用标准》 | 规范水运工程设计阶段信息模型应用，提高设计阶段信息模型应用效率和效益 |

《建筑信息模型应用统一标准》由住房和城乡建设部于 2016 年发布，2017 年 7 月 1 日正式实施。本标准是我国第一部建筑信息模型应用的工程建设标准，可作为我国建筑信息模型应用及相关标准研究和编制的依据。标准对模型结构与扩展、数据互用以及模型应用进行了规定，旨在推进工程建设信息化实施，统一建筑信息模型应用基本要求，提高信息应用效率和效益。

《建筑信息模型分类和编码标准》和《建筑信息模型存储标准》为基础数据标准。其中《建筑信息模型存储标准（征求意见稿）》于 2019 年 4 月 26 日结束意见反馈，目前仍未发布。《建筑信息模型分类和编码标准》于 2018 年 5 月 1 日正式实施。本标准依据 ISO 12006—2 对建筑工程信息中所涉及的对象进行全面、系统的梳理，对不同对象，从不同角度进行了分类和编码。本标准是建筑工程行业一次系统的分类和编码的梳理，是建筑信息模型应用的基础之一。

《建筑信息模型施工应用标准》和《建筑信息模型设计交付标准》是建筑工程行业的执行标准。《建筑信息模型施工应用标准》于 2018 年 1 月 1 日正式实施，为我国第一部施工领域建筑信息模型应用的工程建设标准。本标准提出了建筑工程施工信息模型应用的基本要求，可作为我国施工领域建筑信息模型应用及相关标准研究和编制的依据。《建筑信息模型设计交付标准》于2019年6月1日正式实施，本标准对设计阶段的交付准备、交付物、交付协同进行规定，适用于建筑工程设计中应用建筑信息模型建立和交付设计信息，以及各参与方之间和参与方内部信息传递的过程。

《制造工业工程设计信息模型应用标准》于2019年5月24日发布，2019年10月1日正式实施，旨在统一制造工业工程涉及信息模型应用的技术要求，统筹管理工程规划、设计、施工与运维信息，建设数字化工厂，提升制造业工厂的技术水平。本标准适用于建造工业新建、扩建、改建、技术改造和拆除工程项目中的设计信息模型应用。

随着国家BIM标准编制工作的启动，地方BIM标准也逐渐开始研究和制定。北京最先于2013年推出了《民用建筑信息模型设计标准》DB11/T 1069—2014，本标准包括以下基本要求：要求在设计过程中创建的BIM模型应考虑BIM模型在工程全生命期各阶段、各专业的应用；要求在设计过程中应利用BIM模型所含信息进行协同工作，实现各专业、工程设计阶段的信息有效传递；要求在实施过程中BIM模型深度应依据需求分专业选择几何和非几何信息深度等级的组合。之后，北京于2019年4月1日正式实施《民用建筑信息模型深化设计建模细度标准》DB11/T 1610—2018，本标准对深化设计模型的内容、创建软件、模型细度、数据交换格式等内容进行了规定。除北京外，上海、深圳、重庆、山东等省市政府都发布了BIM相关标准或指南。

在国家和地方出台相关标准的同时，一些企业也纷纷制定BIM标准。如中建集团于2014年发布《建筑工程设计BIM应用指南》，之后，于2014年和2017年先后出版《建筑工程施工BIM应用指南》第一版和第二版。与国家和地方BIM标准相比，企业级的BIM标准更加关心BIM的落地应用，更加关注在组织架构、职责分工、软硬件配置、工作流程、交付成果等方面的应用要求。

BIM的应用不仅涉及房建项目，其他一些类型的项目也正在积极应用BIM，如轨道交通工程、水运工程、公路工程等。在轨道交通工程领域，我国轨道交通类BIM技术发展迅速，住房和城乡建设部于2018年5月30日正式实施《城市轨道交通工程BIM应用指南》以提升城市轨道交通工程建设信息化水平。在水运工程领域，《水运工程施工信息模型应用标准》《水运工程信息模型应用统一标准》《水运工程设计信息模型应用标准》共3部行业标准于2019年正式实施，规范了水运工程信息模型应用。除此之外，仍有多本标准正处于计划或编制阶段。

## 2.3 小结

本章主要介绍了发达国家和地区以及国内的BIM标准与指南发展现状，梳理了BIM标准与指南的发展过程。完善的BIM标准体系可以促进BIM技术的发展与应用，因此，需要根据现有的实践经验制定相关的BIM标准与指南，以推动BIM技术的进步。

### 思考与练习题

1. 英国建设行业协会（CIC）针对英国政府2016年的目标颁布了哪些指导方针？
2. 2019年英国标准学会（BSI）发布的BS EN ISO 19650包括哪几部分？主要内容是什么？

3. 美国总务管理局（GSA）正式出版的3D-4D-BIM指南系列有哪些？

4. 什么是COBie标准？

5. 宾夕法尼亚州立大学（PSU）发布的BIM项目执行计划指南v2.2介绍的制定BIM项目执行计划包括哪几步？

6. 中国现行的BIM国家标准有哪些？

## 参 考 文 献


[1] Building Information Model (BIM) Protocol：2013 [S/OL]. [2020-07-13]. http：//cic. org. uk/download. php? f=the-bim-protocol. pdf.

[2] Best Practice Guide for Professional Indemnity Insurance When Using Building Information Models：2013 [S/OL]. [2020. 7. 13]. http：//cic. org. uk/download. php? f=best-practice-guide-for-professional-indemnity-insurance-when-using-bim. pdf.

[3] Outline Scope of Services for the Role of Information Management：2013 [S/OL]. [2020-07-13]. http：//cic. org. uk/download. php? f = outline-scope-of-services-for-the-role-of-information-managment. pdf.

[4] Building Information Model (BIM) Protocol Second Edition：2018 [S/OL]. [2020-07-13]. http：//cic. org. uk/admin/resources/bim-protocol-2nd-edition-2. pdf.

[5] Collaborative production of information Part 4：Fulfilling employers information exchange requirements using COBie- Code of practice：BS 1192-4：2014 [S/OL]. [2020-07-13]. https：//storage. pardot. com/35972/284073/BSI _ BS _ 1192 _ 4 _ 2014 _ Collaborative _ production _ of _ information _ Part _ 4 _ _ 2 _ . pdf.

[6] Specification for collaborative sharing and use of structured Health and Safety information using BIM：PAS 1192-6：2018 [S/OL]. [2020-07-13]. https：//storage. pardot. com/35972/284083/BSI _ PAS _ 1192 _ 6 _ 2018 _ _ 7 _ . pdf.

[7] Organization and digitization of information about buildings and civil engineering works，including building information modelling (BIM)-Information management using building information modelling. Part 1：Concepts and principles：BS EN ISO 19650-1：2018 [S/OL]. [2020-07-13]. http：//down. freestandardsdownload. com/filedate/2020-04-11/bs-en-iso-19650-1-2018. zip.

[8] Organization and digitization of information about buildings and civil engineering works，including building information modelling (BIM)-Information management using building information modelling. Part 2：Delivery phase of the assets：BS EN ISO 19650-2：2018 [S/OL]. [2020-07-13]. http：//down. freestandardsdownload. com/filedate/2020-04-11/bs-en-iso-19650-2-2018. zip.

[9] Organization and digitization of information about buildings and civil engineering works，including building information modelling (BIM)-Information management using building information modelling. Part 5：Security-minded approach to information management：BS EN ISO 19650-5：2020 [S/QL]. [2020-07-30]. https：//www. freestandardsdownload. com/download? id=2586.

[10] BIM Guide Series 01-Overview v0. 6：2007 [S/OL]. [2020-07-13]. https：//www. gsa. gov/cdnstatic/GSA _ BIM _ Guide _ v0 _ 60 _ Series01 _ Overview _ 05 _ 14 _ 07. pdf.

[11] BIM Series Guide 02-Spatial Program Validation v2. 0：2015 [S/OL]. [2020-07-13]. https：//www. gsa. gov/cdnstatic/GSA _ BIM _ Guide _ 02 _ Version _ 2. 0. pdf.

[12] BIM Guide Series 03-3D Imaging v1. 0：2009 [S/OL]. [2020-07-13]. https：//www. gsa. gov/cdnstatic/GSA _ BIM _ Guide _ Series _ 03. pdf.

[13] BIM Guide Series 04-4D Phasing v1. 0：2009 [S/OL]. [2020-07-13]. https：//www. gsa. gov/cdn-

static/BIM _ Guide _ Series _ 04 _ v1. pdf.
[14] BIM Guide Series 05-Energy Performance v2. 1：2015 [S/OL]. [2020-07-13]. https：//www. gsa. gov/cdnstatic/GSA _ BIM _ Guide _ 05 _ Version _ 2. 1. pdf.
[15] BIMGuide Series 06-Circulation and Security Validation [S/OL]. [2020-07-13]. https：//www. gsa. gov/real-estate/design-construction/3d4d-building-information-modeling/bim-guides/bim-guide-06-circulation-and-security-validation.
[16] BIM Guide Series 07-Building Elements v1. 0：2016 [S/OL]. [2020-07-13]. https：//www. gsa. gov/cdnstatic/BIM _ Guide _ 07 _ v _ 1. pdf.
[17] BIM Guide Series 08-Facility Management v1. 0：2011 [S/OL]. [2020-07-13]. https：//www. gsa. gov/cdnstatic/largedocs/BIM _ Guide _ Series _ Facility _ Management. pdf.
[18] National BIM Standard-United States Version 1-Part 1：Overview，Principles，and Methodologies：2007 [S/OL]. [2020-07-13]. https：//max. book118. com/html/2017/0417/100765942. shtm.
[19] National BIM Standard-United States Version 2：2012 [S/OL]. [2020-07-13]. https：//www. researchgate. net/file. PostFileLoader. html? id = 56fcf972cbd5c24b0e5fee71&assetKey = AS%3A345644616175616%401459419506830.
[20] National BIM Standard-United States Version 3：2015 [S/OL]. [2020-07-13]. https：//www. nationalbimstandard. org/files/NBIMS-US _ V3. zip.
[21] National BIM Guide for Owners：2017 [S/OL]. [2020-07-13]. https：//cdn. ymaws. com/www. nibs. org/resource/resmgr/nbgo/Natl _ BIM _ Guide _ for _ Owners. pdf.
[22] Building Information Modeling (BIM) Guidelines and Standards for Architects and Engineers：2012 [S/OL]. [2020-07-13]. https：//doa. wi. gov/DFDM _ Documents/MasterSpecs/BIM/BIM%20Guidelines%20and%20Standards%20for%20AE%20%207-1-12%20Final%20DRAFT%207-26-12. pdf.
[23] Building Information Modeling Standards (BIMs) Version 2. 0：2020 [S/OL]. [2020-07-13]. https：//www. tn. gov/content/dam/tn/statearchitect/bim/TN% 20OSA% 20BIMs% 20v2. 0 _ July%202020. pdf.
[24] BIM Project Execution Planning Guide-Version2. 2 [EB/OL]. https：//psu. pb. unizin. org/bimprojectexecutionplanningv2x2/.
[25] 中华人民共和国建设部．建筑对象数字化定义：JG/T 198—2007[S]. 北京：中国建筑工业出版社，2007.
[26] 中华人民共和国国家质量监督检验检疫总局．工业基础类平台规范：GB/T 25507—2010[S]. 北京：中国标准出版社，2010.
[27] 中华人民共和国住房和城乡建设部．建筑信息模型应用统一标准：GB/T 51212—2016[S]. 北京：中国建筑工业出版社，2016.
[28] 中华人民共和国住房和城乡建设部．建筑信息模型分类和编码标准：GB/T 51269—2017[S]. 北京：中国建筑工业出版社，2018.
[29] 中华人民共和国住房和城乡建设部．建筑信息模型施工应用标准：GB/T 51235—2017[S]. 北京：中国建筑工业出版社，2017.
[30] 中华人民共和国住房和城乡建设部．建筑信息模型设计交付标准：GB/T 51301—2018[S]. 北京：中国建筑工业出版社，2018.
[31] 北京市住房和城乡建设委员会．民用建筑信息模型设计标准：DB11/T 1069—2014[S]. 2014.
[32] 北京市规划委员会．民用建筑信息模型深化设计建模细度标准：DB11/T 1610—2018[S]. 2018.
[33] 杨震卿，宋萍萍，宁娟利，等．BIM 标准在企业中的应用与意义[J]. 建筑技术，2016，47(8)：

691-693.

[34] 中华人民共和国住房和城乡建设部．制造工业工程设计信息模型应用标准：GB/T 51362—2019[S]. 北京：中国计划出版社，2019.

[35] 2008 AIA Documents Advance the Use of BIM and Integrated Project Delivery[EB/OL]. [2020-11-16]. http：//content. aia. org/sites/default/files/2017-02/2008% 20Docs% 20Advance% 20the% 20Use%20of%20BIM%20and%20Integrated%20Projecct%20Delivery. pdf.

# 3 BIM设计工具与参数化建模

**本章要点及学习目标**

本章详细介绍了面向对象的参数化建模发展历程、建筑物的参数化对象及常见的BIM软件平台等内容。

通过本章学习，需了解参数化建模的发展和相关的BIM工具，理解参数化建模的概念及其优点，掌握参数化建模与BIM的关系。

## 3.1 面向对象的参数化建模发展历程

### 3.1.1 早期的3D建模

1. 两种实体建模方法及发展

从20世纪60年代开始3D几何模型就是一个重要的研究领域。新的3D表示方法有很多潜在用途，如可以应用于电影、建筑与工程设计以及游戏等多个领域。在20世纪60年代末，以多面体形式表示组成物的技术被首次开发出来，由此产生了第一部计算机图形电影Tron（1987年）。这些早期的多面体形式可以通过有限的参数化的和可伸缩的形状组成一个图像，但是设计时很难快速编辑和更改复杂形状。1973年，如今被人熟知的实体建模方法被英国剑桥大学的Ian Braid、美国斯坦福大学的Bruce Baumgart、美国罗切斯特大学的AriRequicha和Herb Voelcker 3个研究小组分别开发出来，它能够建立并编辑任意体积封闭的3D实体形状。这些技术的发展使得用于实际3D建模设计的第一代工具应运而生。

最初有两种形式的实体建模方法被开发出来：边界表示（the Boundary Representation，B-rep）方法和构造实体几何（Constructive Solid Geometry，CSG）方法。B-rep通过一组闭合的、有方向的边界面来表示形状。这些边界面满足一套体积封闭的标准，如连通性、方向性和表面连续性等。它特殊的数据结构可以创建具有可变维度的形状，包括参数化的球体、长方体、角锥体、圆锥体等，如图3-1（a）所示；也可以实现如旋转、挤压等复杂的操作从而提供复杂形状，如图3-1（b）所示。

对两个及两个以上多面体形状，可以通过空间的布尔运算（并集、交集、差集）组合成重叠形状，如图3-1（c）所示。这些操作允许用户以交互式的方式产生相当复杂的形状，如图3-2中所示的圆锥、圆柱齿轮减速器箱体的装配图。

另一种方法CSG通过定义一组与B-rep类似的简单多面体的函数来表示形状，如图3-3（左）所示，这些函数也使用布尔运算组合在代数表达式中，如图3-3（右）所示。但CSG和B-rep之间的主要区别是CSG存储定义其形状组件的参数以及将它们组合在一起的代数公式，而B-rep存储构成组件形状的操作序列和对象参数。在CSG中，元素可

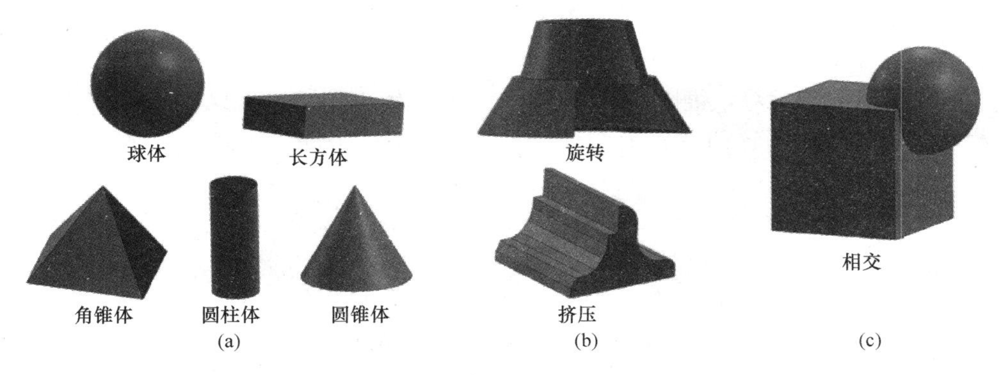


图 3-1 B-rep 的几何表示

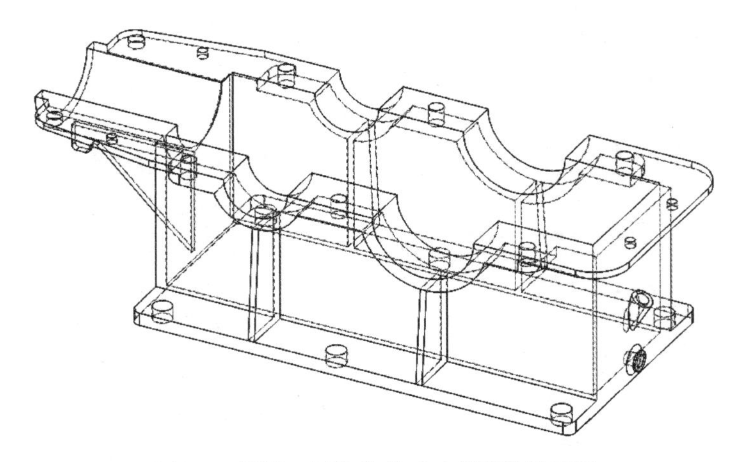

图 3-2 圆锥、圆柱齿轮减速器箱体装配图

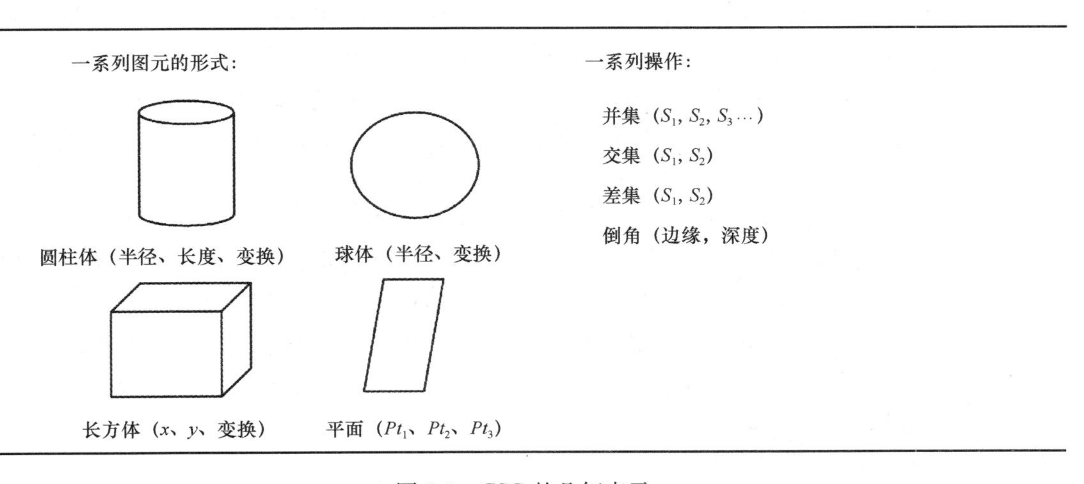


图 3-3 CSG 的几何表示

以按需进行编辑和更新，所有的位置和形状参数可以通过 CSG 表达式中的形状参数来编辑。这种把一个形状描述为文本字符串的方式十分简洁，使用电脑进行形状计算非常快

速。但B-rep在直接的交互、计算大量属性、渲染、动画以及检查空间冲突方面表现得更为出色。

这两种方法各有优势，很快便被结合起来进行编辑操作。如今所有的参数建模工具和建筑模型都合并使用了这两种表示方法，用CSG方法来编辑，用B-rep来进行可视化、测量、冲突检查和其他的非编辑类的应用。此外，第一代工具支持具有关联属性的3D平面与圆柱体的对象建模，允许将对象组成工程组件，如发动机、加工厂或建筑物等。这种合并的建模方法是现代参数化建模的重要前身。

2. 向现代参数化建模的变革

在早期的建模系统中，将材料和其他属性与形状联系在一起的价值很快被认可。这些系统可以被用于结构分析或者确定用料清单。将对象与材料关联使得一种材料制造的形状与另一种材料制造的形状通过布尔运算相结合。使用布尔运算时，差集有清楚直观的含义，如墙上的窗和钢板上的孔，但不同材料的形状的交集和并集没有清楚直观的解释。这使人们重新认识到，布尔运算的一个主要用途是将“特点”嵌入最初的形状中，例如将联结点嵌入预制件中，浮雕或外圆角嵌入混凝土中。一个对象具有与主要对象组合的特征时，它是相对主体进行放置的，可以对这种特征进行命名、引用和编辑。基于特征的设计是参数化建模的一个主要子领域，在现代参数化设计工具的发展过程中是一个重要进步。

基于3D实体的建筑建模最早是在20世纪70年代末和20世纪80年代初开发的。CAD系统，例如RUCAPS（演变为Sonata）、TriCAD、Calma、GDS以及卡内基梅隆大学和密歇根大学发展了这些基本建模能力（有关CAD技术发展的详细历史记录，请参见http：//mbinfo. mbdesign. net/CAD-History. htm）。机械、航空、建筑和电气产品设计团队同时进行了这项工作，共享产品建模的概念和技术，以及集成的分析和仿真。

在20世纪80年代，实体建模CAD系统在功能上很强大，但当时计算机的计算能力难以负担它的运行；且该系统非常昂贵，每个系统包括硬件的成本总计高达35000美元。同时，建筑中的某些生产问题（例如图纸和报告生成）没有得到很好的解决。但其集成分析功能，减少错误以及转向工厂自动化方面的巨大潜力被制造业和航空航天业发现，它们与CAD公司合作解决了这些困难并开发了新功能。当时的建筑行业没有意识到这些好处，因此他们采用了如AutoCAD等的图纸编辑器，这些编辑器改善了当时的工作方法，并支持2D设计和施工文档的数字化生成。

从CAD向参数化建模变革的另一个重要进程是人们认识到多个形状可以共享参数。例如，一个墙壁的界限是由地板平面、墙壁和顶棚表面共同定义的；在所有布局中对象连接各个部分的方式确定他们的形状。如果移动一面墙，那么所有紧靠它的物体都应该更新。也就是说，改变将通过对象的连接性进行传递。在其他情况下，几何图形不是由相关对象的形状定义的，而是全局定义的。例如，网格被用来定义结构框架，网格交点提供了放置和定位形状的参数。移动一条网格线，相对于相关网格点定义的形状也必须更新。全局参数和方程也可以局部使用。

起初，楼梯或墙壁等的功能内置到了生成对象的功能之中，例如，对楼梯的以下参数进行了定义：位置、层高、踢面与踏面尺寸以及楼梯是如何组装建造的。这些类型的功能决定了楼梯在建筑界面的布局。但这并不是完全参数化的模型。在后来的3D模型的发展中，参数化定义的形状可以按照用户需求自动重新计算。软件标记出修改的部分，然后仅对修改的部分重建。由于单个变化会传播给其他对象，因此具有复杂交互作用的装配体的建模需要开发“解析器”功能，该功能可以分析变更并选择最有效的顺序来更新它们。支持此类自动更新的功能是BIM和参数化建模的进一步发展。

通常，在参数化建模系统中定义的对象实例的内部结构是用有向图表示的。现代的参数对象建模系统会在内部标记进行编辑的位置，并且仅重新生成模型图形的受影响部分，从而最大限度地减少了更新序列并提高了速度。同时，参数化对象族使用参数及其之间的关系进行定义，这些关系约束了参数模型的设计行为。

参数化对象建模提供了一种创建和编辑几何的强大方法。在实体模型最初被开发后，模型的生成和设计非常繁琐且容易出错，参数化对象建模很好地弥补了这一缺陷。

目前主流的BIM编辑工具，包括Revit、AECOsim Building Designer、ArchiCAD、Digital Project、Vectorworks、Tekla Structures等最开始都是为机械系统开发和完善基于对象的参数化建模功能而开发的。在20世纪80年代，Parametric Technology Corporation（PTC）致力于根据对象集和单个对象级别上的参数层次结构来定义和控制2D或3D的形状实例及其属性。从这个意义上讲，对象使用定义该对象的规则在行为上进行自我编辑。用户使用BIM建模器的参数功能可以将领域知识嵌入模型中。参数化建筑元素类型通常有50多个用于其定义的低级规则和一组可扩展的属性。这种情况体现了建筑设计是通过BIM建模器与建筑用户之间的协作实现的。其中，BIM建模器定义了BIM元素的行为系统，用户基于产品的规则集生成设计。

目前的参数化建模功能已经远远超出了以前基于CSG的CAD系统所提供的功能。它们支持自动更新布局并保留设计者设置的关系，具有很高的生产力。

### 3.1.2 面向对象的建筑物参数化建模

面向对象的思想认为现实世界中的事物都可看成是一种对象，每一个对象都有自己的属性和服务，对象和消息传递分别表现事物及事物间的相互联系。面向对象技术把具有相同属性和相同服务的对象归为一类，类是这些对象的抽象描述，每个对象是该类的一个实例。

参数化是指智能对象之间基于参数规则的关系，它使属性在相关属性更改时能够更新。建筑物的参数化建模是用专业知识和规则（不是几何规则，用几何规则确定的是一种图形生成方法，例如两个形体相交得到一个新的形体等）来确定几何参数和约束的一套建模方法。它抛弃了传统设计中的点、线和符号等基本设计元素，直接将墙、地面、门、窗等建筑物元素作为设计的基本对象，并将这些基本对象抽象成类，形成一个数字化的建筑模型，作为整个建设工程项目的数据库，这些围绕建筑物构件组织起来的类不仅仅只是简单地反映了建筑元素的几何特征、物理属性等特性，它们相互之间还保持着作为建筑整体一部分的空间关系和逻辑关系，形成了完整的有层次的信息系统。

在传统CAD中，每一个实例的几何信息必须由用户手动编辑；但参数化建模将设计模型和行为模型结合起来动态地捕获、表达和协调建筑信息，建筑物构件如门、窗、墙体等对象都被定义成数字化的实体，表现出其物理特性和功能特征，实体的几何信息将自动调整以适应变化的环境，并且有智能性的互动能力，如门、窗和墙体之间能自动结合。参数化建模使工程师们不必深入设计的细节中，而仅仅需要尽快完成草图绘制，形成设计雏形，然后在未来的工作中通过某些参数的改变来更新设计。它极大地改善了图形的修改手段，提高了设计的柔性，在概念设计、动态设计、实体造型、装配、优化设计等方面体现出了很高的应用价值。

### 3.1.3 参数化建模的程度

建筑物是由大量的相对简单的构件组成，且有广泛使用的标准规范来定义设计行为。因此每个建筑系统具有典型的建筑规则和比一般的制造对象更可预见的关系。此外BIM设计应用程序需要使用建筑惯例来产生图纸，而在机械系统中往往不支持制图或使用简单的正交制图。这些原因导致了在用于BIM领域和用于其他行业的参数化建模工具之间有许多具体差别。这些差异使得只有几个通用的参数化建模工具被改造并用于建筑信息建模。

如前所述，几种不同的技术组合产生了现代参数化建模系统。

（1）最简单的级别是由几个参数定义复杂的形状或配件，通常将其称为参数化实体建模。在这种系统中可以自动或者按照用户要求改变参数，重新生成形状或布局。更新的顺序在被称为功能树的树状结构中指定。AutoCAD就是这种系统的一个典型示例。大多数的建筑参数建模器会隐藏功能树以最小化系统的复杂性，但是大多数机械的或低层次的参数建模器会允许用户访问和编辑功能树。

（2）参数装配建模的定义使建模系统有了进一步改进。它允许用户通过调用特殊的参数化对象实例并指定它们之间的参数关系来创建独特的参数化对象的装配。当任何形状的参数被改变时，参数化装配建模会自动更新。

（3）另一种改进是用户可以通过添加拓扑参数特性或脚本规则使参数模型实现复杂的智能化。例如，如果一个屋顶是由不同的尺寸的四边形板构成，可以通过创建一个基于拓扑的参数化屋面板对象的方式使屋面板的每个实例对象的形状自动调整到屋顶的网格式样。

## 3.2 建筑物的参数化对象

### 3.2.1 参数化对象的定义

参数化对象的概念对于理解BIM与传统2D对象的区别至关重要。参数化BIM对象的定义如下：

（1）由几何定义、相关数据和规则组成。

（2）几何图形以非冗余的方式集成，当一个对象以3D形式显示时，该形状不能以内部冗余的方式表示，例如以多个2D视图的形式表示，且给定对象的平面和立面必须始终一致。

（3）当将新对象插入建筑模型中或对关联的对象进行更改时，对象的参数化规则会自动修改关联的几何图形。例如，一扇门会自动嵌入墙壁，电灯开关会自动定位到门的正确一侧，墙壁会自动调整大小以与顶棚或屋面对接等。

（4）参数化对象允许在不同的聚合级别定义物体，因此可以在层次结构的任意多个相关级别定义和管理对象。例如，如果墙的子部分的重量发生变化，那么墙的重量也应该发生变化。

（5）参数化对象的规则可以识别在何时特定的变化违反了对象在大小、可制造性等方面的可扩展性。

(6) 参数化对象能够接收和输出属性集，例如，结构材料、声学数据、能源数据，以及其他应用程序和模型。

图 3-4 中所示的是包括形状属性和关系的墙族。箭头表示与相邻对象的关系，它能在不同的位置使用不同的参数生成许多实例。墙族在内部的成分结构、将墙连接到建筑其他部分的方式等方面大不相同。这些取决于墙族设计师如何设置墙的参数，如何将参数分配到与墙实例相关的对象中。

对大多数墙壁而言，其厚度被定义为墙控制线的两个偏移量 $X_1$ 和 $X_2$。偏移量可能源于核心层、隔热层、外包层、装饰面层或墙对象的其他有显著属性的层。墙的立面形状通常被一个或多个基础平面所定义，其顶面可能是一个明确的高度，也可能由相邻的平面定义（图 3-4）。如果某些层超出水平地面，则需要特别的定义。墙的起点和终点由墙的控制线（如图 3-4 底部所示）的起点和终点决定。墙关联了所有约束它的对象实例以及它所分开的多个空间。

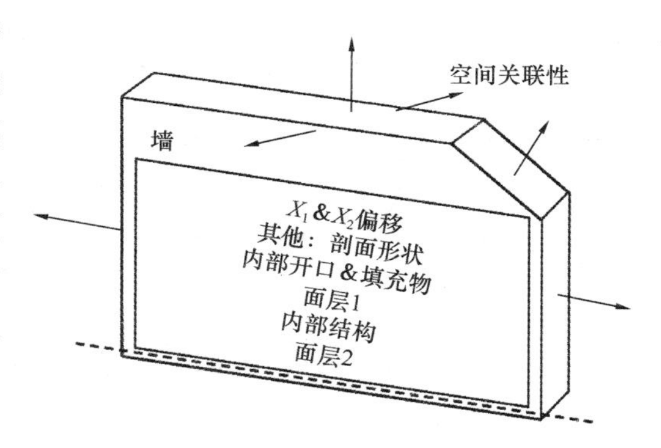


图 3-4 包括形状属性和关系的墙族示意图

墙的建造构件，如螺栓的分布，可以被分配到墙的一个或多个层中。门洞和窗洞的定位点可以由沿着墙从墙的一个端点到一条边或者到洞口中心的距离以及其他需要的参数确定。这些建造构件和洞口位于墙体的坐标系统内，所以它们作为一个单元整体移动。墙将随着楼板平面的布置变化移动、扩大或缩小，同时窗户和门等也将移动和更新。一旦一个或多个约束墙的表面发生了变化，墙就会自动更新以保持其原有的布局。

墙体在建筑中应用的数量很多却又非常复杂。对于参数化的墙体必须使用精确的限定规则将一系列的特殊条件考虑进去。如：门窗的位置不能重叠或是超出墙体的范围和墙的基点；墙体的控制线可能是直线也有可能是曲线，这使得设计中墙体的形状可以有多种的变化；墙可以与地面、顶棚、其他墙体、楼梯、坡道、柱子、梁和其他建筑构件相交，最终形成更加复杂的墙体形状；墙体由多种建造形式组合而成，即使是同一面墙的不同部分，其建造工艺都可能不同等。

通过上述介绍可以看出，每一个参数化建筑对象族都需要许多规则来对其定义。这些参数化对象的行为系统的定义由参数化对象族的设计者负责，使用者只需根据建筑产品的规则集进行设计即可。

允许用户创建由参数化对象组成的建筑模型的工具被称作 BIM 编辑工具。接下来将从应用层面出发介绍 BIM 编辑工具中预定义的参数化对象和用户自定义的参数化对象。

### 3.2.2 预定义的参数化对象

本节将国内外主流的 BIM 编辑工具按照其应用阶段分为用于设计的 BIM 工具和用于施工的 BIM 工具两大类，下面对其包含的参数化对象进行详细介绍。

1. 用于设计的 BIM 工具

当前基于对象的参数化建模系统有很多，用于设计阶段的常见的 BIM 编辑工具包括

Autodesk 公司的 Revit、Bentley 公司的系列软件、Craphisoft 公司的 ArchiCAD、Nematschek Vectorworks 公司的 Vectorworks、Gehry Technologies 公司的 Digital Project 以及鲁班公司的鲁班大师等。不同的 BIM 设计工具预定义的对象族和程序化的行为都有所不同。

目前国内外主要的用于设计的 BIM 工具提供的预定义参数化对象族的相对完整清单见表 3-1，这些预定义对象族可以直接应用于建筑设计中。

**用于设计的 BIM 工具的预定义参数化对象族清单** **表 3-1**

| BIM 设计工具 | Revit 2018（建筑专业） | 鲁班大师（土建）V30.2.0 | ArchiCAD 23 | Vectorworks 2010 | Digital Project V1，R4，SP7 | Bentley Architecture v8i |
|---|---|---|---|---|---|---|
| 空间定义 | 自动 | 自动 | 手动 | 手动 | 自动 | 手动 |
| 墙 | 有 | 有 | 有 | 有 | 有 | 有 |
| 柱 | 有 | 有 | 有 | 有 | 有 | 有 |
| 梁 | 有 | 有 | 有 | 有 | 有 | 有 |
| 楼板 | 有 | 有 | 有 | 有 | 有 | 有 |
| 楼梯 | 有 | 有 | 有 | 有 | 有 | 有 |
| 屋面 | 有 | 有 | 有 | 有 | 无 | 有 |
| 门窗洞口 | 有 | 有 | 有 | 有 | 有 | 有 |
| 区域 | 面积 | 无 | 区域 | 面积 | 无 | 区域 |
| 每个工具中独特的构件 | 房间、构件、顶棚、幕墙系统、幕墙网格、竖梃、坡道、栏杆扶手 | 装饰工程、基础工程、零星构件（外墙节点、后浇带、台阶、坡道、散水、地沟、地下室、天井、导墙）、多义构件 | 栏杆、壳体、天窗、幕墙、变形体、对象、网面 | 窗户墙、机械设备、厨房柜、栏杆、电梯、电扶梯、轨道、管线配件、风管配件、机械设备 | 管线、风管、机械设备、栏杆 | 帷幕墙、桁架、马桶配件、扶手、搁架、管道间 |

2. 用于施工的 BIM 工具

为了建立更加细致的建筑模型，一系列用于施工的 BIM 工具被开发出来指导施工过程，包括 Tekla、Design Data SDS/2 等。这些工具提供了不同的对象族，可以嵌入不同的专业知识，实现如材料定位、管线碰撞检查、工程量计算等特殊功能。

表 3-2 提供了目前国内外主要的用于施工的 BIM 工具的预定义参数化对象族的相对完整清单。这些预定义对象族可以用于指导施工过程。

### 3.2.3 用户自定义的参数化对象

每种 BIM 编辑工具的设计行为都是基于行业标准的再包装，通常是由专家团队商定，再由软件公司的软件开发人员进行编程解释的。尽管建筑行业有很多指导性的规范标准，但设计行为还没有被系统化，这导致不同的 BIM 编辑工具的设计行为不同。因此每个 BIM 工具中都有一套预定义的构件库的扩展集来反映其目标功能，大多数 BIM 工具允许用户创建自己定义的参数化对象族。

**用于施工的 BIM 工具的预定义参数化对象族清单　　表 3-2**

| 施工BIM工具 | Tekla Structures 16.1 | Design Data SDS/2 | Revit 2018（MEP 专业） | AutoCAD MEP 2018 | Bentley Mechanical and Electrical v8i | 鲁班大师（安装）v20.1.0 |
|---|---|---|---|---|---|---|
| 基本构件 | 部件：<br>梁<br>折梁<br>压型板<br>焊缝：<br>逻辑焊缝<br>多边形焊缝<br>荷载：<br>荷载线<br>荷载面积<br>荷载点<br>螺栓：<br>螺栓阵列螺栓分布圆<br>螺栓列表<br>加固：<br>螺纹钢<br>钢筋网<br>单根钢筋<br>钢筋组<br>钢筋接头<br>任务类型 | 网格线<br>构件<br>材料<br>连接<br>螺栓<br>孔<br>焊缝<br>负载<br>力矩<br>梁<br>柱<br>水平支撑<br>垂直支撑 | 送风终端通信装置<br>电线槽连接器<br>导线管连接器<br>风管配件<br>风管附件<br>电器装置<br>电器设备<br>电器加固装置<br>火灾报警装置<br>风管<br>电线管道<br>冷暖空调区<br>照明装置<br>照明设备<br>机械设备<br>护士呼叫设备<br>管道配件<br>管道接口<br>管道固定装置<br>空间 | 电缆桥架<br>电缆桥架接头<br>管道配件<br>设备<br>风管<br>风管定制配件<br>风管配件<br>电线吊架<br>多视图零件板<br>管线<br>管线定制配件<br>管线配件<br>管路示意图<br>弯管<br>水管配件<br>电线<br>空间 | 机械：<br>风管<br>管线<br>接头<br>阀门<br>散热器 & 风口<br>阻尼器<br>过滤器<br>消声器<br>电力：<br>电缆桥架<br>电力分配<br>-照明<br>-火灾报警<br>-紧急照明<br>通信<br>-信息技术<br>-安全<br>-公开位置<br>-照明保护<br>-视频<br>-EIB<br>空间<br>工程区域 | 风口设备<br>风管<br>风管部件<br>风管配件<br>水管<br>水管附件<br>水管配件<br>水暖设备<br>零星构件<br>BIM 支架<br>BIM 附件 |
| 支持功能 | 碰撞检测<br>4D 模拟<br>工作包协调<br>工程量计算<br>支持自动化装配<br>多种结构分析工具的界面 | 自动连接设计<br>可安装性检查<br>工程量计算<br>支持自动化装配<br>多种结构分析工具的界面 | 同步化日程进度<br>风管和电线尺寸/压力计算<br>冷暖空调和电气系统设计<br>管道和电线桥架模型（gbXML）界面与 Autodesk Ecotect 分析软件的配合使用<br>Autodesk Green Building studio 基于网络的分析和 IES | 同步进度计划<br>装配界面<br>基于空间要求自动调整风管尺寸<br>电气线路管理<br>干扰检查<br>散热器尺寸和数量统计<br>管道管线尺寸测量 | 与能源分析程序交换数据，如 EDSL/TAS，ECOTECT，Carrier HAP，Green Building Studio 等<br>供电和线路分支<br>自动线路和标记<br>电路负荷、长度和装置数量的线上设计和检查<br>自动安排装置<br>与第三方照明分析软件的双向连接：Lumen Designer、DIALux、Relux | 工程量计算<br>管线智能避让<br>光源设置<br>与鲁班集成应用软件交换数据，进行碰撞检查、自动预留洞口、计算楼层净高 |

预定义的构件虽然基本符合建筑设计的惯例，但它们的使用在构建建筑模型的过程中往往是不够的，具体的原因如下：

（1）在建模过程中由于建筑构造或者美学原因需要添加一些特殊的构件配置，如厂房中复杂的钢结构、形状独特的窗户等。

（2）在遇到特定的设计条件时，使用预定义构件往往很难处理，如不同坡度的螺旋坡道、圆形顶棚的房间等。

(3) BIM编辑工具不能提供特定功能的建筑结构，如幕墙、实验室和医疗空间等。

(4) 有些对象是BIM编辑工具中没有提供的，如光伏系统、储热的蓄水池等可再生能源对象。

目前几乎所有的BIM编辑工具都支持自定义对象族，它们允许用户定义新的对象族类型，这些对象族类型可以根据其中定义的上下文环境进行更新。因此如果使用的BIM编辑工具没有用户所需要的参数化对象，用户可以有如下选择：

(1) 定义一个新的对象族类型并充分整合、响应它所处的上下文环境。

(2) 对现有的参数对象族进行拓展，如修改形状、行为和参数等，生成的对象需要充分整合现有的对象和已拓展的对象。

(3) 定义一个新的参数对象族，该对象族可以整合适当的外部参数，并且设计规则来支持自动更新行为。这个过程不是只画一个构件的三维形体就可以完成，还需要设置其内置的关联参数，使其能不仅可以被看到，更能参与信息和数据的传递。以在Revit中创建一个风机盘管为例，Revit的预定义对象均不符合要求，因此用户在自定义时不仅要将其外形尺寸画好，还要给它加上跟水管、风管、电线的接口以及一系列的参数，比如功率、电压、水流量、制热量、送风量等。这样这个构件放在项目里时才能与其他的管线连接成系统，从而参与建筑的能量计算、电力负荷计算等。

上述三条建议中将新的自定义对象和由BIM编辑工具提供的门、墙、板等预定义对象进行整合是具有挑战性的，比如如何在保持踏面和踢面参数与编码相关的同时设计自定义形状的楼梯。自定义对象需要符合BIM编辑工具已定义的更新结构，否则必须手动编辑这些对象与其他对象的接口。在创建这些对象和规则后，任何一个创建的项目都可以使用它们。但对象族的实例必须带有进行相关评估所需的属性来支持各种评估功能，如工程量计算、成本估算、结构分析等。BIM应用程序中的更新结构很少被开发人员记录下来，因此这种级别的集成很困难，目前只有少数BIM编辑工具支持这种级别的对象自定义。

不同类型的BIM编辑工具仍处在不断发展过程中。下一节将详细介绍目前国内外主流的BIM编辑工具，提供更全面的BIM工具信息，为今后对BIM工具的选用提供参考。

## 3.3 常用的BIM软件平台

### 3.3.1 概述

基于前面章节对参数化建模的介绍，本节将对主要的BIM软件平台和它们的特色功能进行具体介绍。大多数BIM设计应用都不满足于仅仅作为一个设计工具，而是具有与其他应用程序的接口，用于渲染、能量分析、成本估算等；有些还提供多用户功能，从而协调他们的工作。这些软件可以独立使用，但是作为一个平台或者一个系列使用时能达到更好的效果，这里按软件发布公司的不同分别介绍了6种国外发布、国际主流的系列软件和2种国产、国内应用初具规模的BIM系列软件。

### 3.3.2 Autodesk公司

Autodesk于2002年收购了一家初创公司并进行改进，目前Revit成为建筑设计领域知名并且广受欢迎的BIM平台。虽然Revit在许多操作上与AutoCAD有极高的相似性，但是二者是完全分离的平台，具有不同的代码基础和文件结构，Revit是一个集成产品系列，包括Revit Architecture、Revit Structure和Revit MEP三个软件（自Revit 2013版合并至一个软件中）的功能，目前的最新版本是Revit 2021（截至2020年6月）。

1. Revit简介

Revit软件在我国民用建筑市场借助AutoCAD的天然优势，以及强大的族功能、上手容易、成本较低等优势深受设计单位和施工企业青睐。

Revit软件提供了一个易于使用的界面，为每个操作和光标的拖放移动提供了智能提示，其根据工作流线设计的菜单具有很好的组织架构；Revit软件强大的绘图功能使其绘制的图纸具有极强的关联性，更加便于管理，并且提供了图纸到模型之间的双向编辑，以及时间计划表的双向编辑功能；Revit软件支持开发新的自定义参数对象和自定义预设对象，提供了一个开放的图形式系统，让使用者无需使用任何编程语言或代码就能够自由地构思设计、创建外型，并以逐步细化的方式来表达设计意图，可以使用参数化构件创建最复杂的构件（例如精细设备）以及最基础的建筑构件（例如墙和柱）。

Revit拥有一个非常巨大的产品库，特别是其自身的Autodesk搜索库，提供各类规范和设计对象，其包含来自于850个不同公司的约13750个不同的产品线信息（包括超过750个灯具）。产品以混合文件类型的形式定义，有RVA、DWG、DWF、DGN、GSM、SKP、IES、TXT的各种不同格式版本。

2. Revit系列软件

Revit拥有相关应用程序的最大集合，借助Autodesk公司强大的工程建设软件集，Revit软件可通过本地集成以及与其他Autodesk软件的简单互操作性，从而实现更多功能，包括通过工程建设软件集实现衍生式设计和多产品工作流。

见表3-3，除Revit软件自身提供的建模功能外，通过系列中其他软件以及连接其他第三方软件，可以在各种领域实现诸多功能。

**Revit与其他软件的连接** **表3-3**

| 功能或专业 | 软件 |
|---|---|
| 结构 | Revit structure，ROBOT，和RISA结构分析 |
| 机电（MEP） | Revit MEP，HydraCAD，MagiCAD，QuantaCAD，TOKMO |
| 能耗和环境 | ECOTECT，EnergyPlus，IES，Green Building Studio |
| 可视化 | Mental Ray，3D Max，Piranasi |
| 设施管理 | Autodesk FMDesktop®，Archibus |
| 成本管理 | US Cost，Cost OS，Innovaya，Sage Timberline，Tocoman |

此外，Revit还可以与AutoCAD Civil 3D对接完成场地分析，与Autodesk Inventor对接完成构件制造，与LANDCADD连接完成场地规划，与Autodesk Navisworks连接实现多种三维模型可视化和仿真操作；Revit软件具有与e-SPECS和BSD SpecLink（通过BSD Linkman映射工具）的规格说明的链接，为三维模型标准化创造了有利环境。

Revit可以从SketUP、AutoDesSys form · Z®、McNeel Rhinoceros®、Google™ Earth概念设计工具，及其他可导出DXF文件的系统中输入模型，支持以下文件格式：DWG、DXF、DGN、SAT、DWF \ DWFx、ADSK（建筑构件）、html（空间报告）、

FBX（3D视图）、gbXML、IFC，和ODBC（开放的数据库链接）。

正是由于以上广泛的支持应用程序和文件格式，Revit成了一个强大的平台。

此外，虽然Autodesk公司早期对WEB服务器功能进行了投资，例如Bizzsaw和Constructware，这些从20世纪90年代就存在并使用的文件层支持并不具备支持多平台的可视化功能。

因此Revit Server的出现就显得尤为重要，Revit Server是与Autodesk Revit配合使用的服务器应用程序，它为Revit项目实现基于服务器的工作共享奠定了基础。为实现多个团队成员同时访问和修改Revit建筑模型，通过基于服务器的工作共享，多个Revit Server可安装在不同地点并配置为执行特定角色，从而在广域网（WAN）中实现最佳的项目协作。

3. Revit的特色

作为一个设计工具，Revit是强大的、直观的；它具有优秀的图纸产出功能；Revit易于上手，它的功能键被排列在一个精心设计的方便用户使用的界面上；它拥有一个由自己和第三方共同开发的广阔对象库（族库）；由于其市场的主导地位，它是与其他BIM工具直接连接的首选平台；它对于绘图的双向支持允许从绘图和模型视图进行信息更新和管理（包括工期）；它支持在同一个项目上的并发操作并且拥有一个优秀的对象库（SEEK）用于支持多用户界面。

### 3.3.3 Bentley公司

Bentley公司成立于1984年，在50多个国家设有分支机构，《工程新闻记录（The Engineering News-Record，ENR）》评出的顶级设计公司中有近90%使用Bentley的产品。

Bentley提供了两个明确的基础平台：EIC（Engineering Information Creation，工程信息创建）与EIM（Engineering Information Management，工程信息管理）。EIC以MicroStation为其核心，在基础设施的设计、建造与实施中主要用于创建工程信息；EIM表示工程信息的管理，ProjectWise提供了工程资讯同步管理功能。

1. Bentley简介

Bentley工程软件有限公司基于MicroStation开发了一系列软件，不同于Revit软件将各个专业的建模工具集成到一起的做法，Bentley公司发布了AECOsim Building Designer作为建筑业建模工具，它是由一系列建模工具组合而成的系列软件，起源于1986年的Brickworks，于2004年更名为Bentley Architecture，最终在2011年改成现在的名字。

AECOsim Building Designer包括建筑应用、结构应用、机电应用、电气应用、能量模拟等各个专业单独的软件，不同专业的人员只需要在独立的应用软件中完成自己的工作。因此在各个专业应用的软件中，工具栏根据专业特色进一步细化为各种细节模块以方便随时使用，使得设计工作更加便捷。

而且由于其是针对建筑行业的建模工具，因此其预定义构件只针对建筑构件，对于其他专业的建模Bentley公司各有分工，如：用于公路设计的OpenRoads；铁路设计的OpenRail；桥梁设计的OpenBridge软件；工厂设计的OpenPlant等。

Bentley共有数十个软件系列，它们按照行业进行划分，每个系列中还细分出几个小系列。比如做结构设计的STAAD系列软件就细分为基础、通信塔、混凝土、钢铁传输塔等专业的结构设计，每个专业都对应着一款独立的软件。

2. Bentley 系列软件

MicroStation 和 ProjectWise 共同组成面向包含 Bentley 全面的软件应用产品组合的平台。在这个平台上 Bentley 公司面向各个纵向专业又构建了四个专业扩展：建筑工程、土木工程、工厂设计、地理信息，在各专业扩展上配置各种专业软件，提供兼具数据互用性和配置灵活的专业解决方案。这些系列工程软件通过统一的 MicroStation 平台交换数据，见表 3-4。

**MicroStation 系列软件及主要功能** **表 3-4**

| 软件 | 功能或专业 |
| --- | --- |
| MicroStation | 建模及可视化 |
| MicroStation PowerDraft | 制图 |
| Bentley View | 查看 BIM 模型、IFC、DGN、DWG、点云、光栅图像等文件 |
| Bentley DGN Reader | 预览 DGN 和 i-model，并使用 Windows Explorer 或 Microsoft Outlook 搜索嵌入式信息 |
| i-model ODBC 驱动程序 | 使用 Excel、Access、Visual Studio 或 Crystal Reports 访问 DGN 和 i-model 内的数据 |

MicroStation 集成了常见的设计格式，可以轻松共享和使用重要行业格式（如 Autodesk®、RealDWG™、IFC、Esri SHP 等）的精确数据。整合并收集多种文件格式，包括 PDF、U3D、3DS、Rhino 3DM、IGES、Parasolid、ACIS SAT、CGM、STEP AP203/AP214、STL、OBJ、VRMLWorld、SketchUp SKP 和 Collada。

ProjectWise 提供了一个流程化、标准化的工程全过程（生命期）管理系统，确保项目的团队、信息按照工作流程一体化地协同工作，并且为工程项目内容的管理提供了一个集成的协同环境，可以精确有效地管理各种 A/E/C（Architecture/Engineer/Construction）文件内容，并通过良好的安全访问机制使项目各个参与方在一个统一的平台上协同工作。

作为一个面向工程企业、基于先进的三级客户/服务器体系结构、运行于 Microsoft Windows NT 网络操作系统上的工程信息管理系统，ProjectWise 可以提供可靠的、常用文件（DGN、DWG、PDF 和 Microsoft Office 文档等）的多用户协同服务，管理所有协同文件的一致性，并且支持文档之间关系的管理。此外，Bentley 还支持对象 ID、时间戳及其之间的相互管理。

3. Bentley 的特色

Bentley 提供了大部分的创建建筑模型所需的工具，几乎可用于 AEC 全行业范围的三维建模；它能支持复杂曲面的建模；支持多层次的开发自定义参数对象。此外，Bentley 最大的亮点还在于其可以为大型项目提供扩展支持，提供多平台和服务器功能，支持大量人员的共同协作，并且提供专业的项目协同管理平台。

### 3.3.4 Nemetschek Graphisoft 公司

1. ArchiCAD

ArchiCAD 是最早的三维一体化的建筑设计软件，其从诞生之日开始就倡导三维虚拟建筑的设计理念，并将此理念贯穿于软件的各个版本。可以说，早在 BIM 概念被提出以前，ArchiCAD 就已经开始在实践 BIM 理念。19 世纪 80 年代初 ArchiCAD 开始销售，作为少有的同时支持微软系统和 Mac 系统的主流 BIM 建模软件，其在 32 位和 64 位的微软和Mac操作系统上均可运行。

(1) ArchiCAD简介

ArchiCAD的用户界面非常精细，包括智能光标、拖曳操作提示和文本感应操作菜单，其模型的构建和易于上手是其非常受欢迎的特色。软件包括四个核心功能模块：项目树状图、视图映射、图册和发布器，完整覆盖了建筑设计师的整个设计流程。ArchiCAD中的图纸绘制是由系统自动管理的，对模型的每一次编辑都被记录在日志文本内，详图、剖面和三维图像均可简单地插入布局中。作为一个参数建模工具，ArchiCAD包含了非常广泛的预设参数对象，包括场地规划、内饰、强大的空间规划建模功能。

(2) ArchiCAD系列软件

ArchiCAD可以与不同领域的多种工具连接以实现各种扩展功能，见表3-5。

**ArchiCAD与其他软件的连接** **表3-5**

| 功能或专业 | 软件 |
|---|---|
| 结构 | Tekla，Revit Structure，Scia Engineer，SAP & ETABS，Fem-Design，AxisVM |
| 机电（MEP） | Graphisoft MEP Modeler，AutoCAD® MEP，Revit® MEP |
| 能耗和环境 | Graphisoft EcoDesigner，ARCHiPHISIK，RIUSKA，Green Building Studio，Ecotect，EnergyPlus，IES |
| 可视化 | Artlantis，LightWork Design，Maxon Cinema |
| 设施管理 | OneTools，ArchiFM |

另外，openBIM概念最早正是由发布ArchiCAD的公司Graphisoft提出的，而IFC标准作为实现openBIM最强有力的工具之一，理论上ArchiCAD可以100%实现IFC标准下的全部数据交换。

ArchiCAD系列产品中的BIMcloud作为Graphisoft发布的BIM数据协同管理工具，允许公司内部及外部企业的参与人员加入团队工作中。相对于传统的基于文件的工作流程，变量传输技术使团队协同更加高效及轻量化，同时利用建筑信息模型进行团队协作为设计团队带来了独特的工作方式。

(3) ArchiCAD的特色

ArchiCAD拥有一个相对易于操作的直观界面；拥有庞大的对象库；在其设计、建筑系统和设施管理上拥有一套丰富的配套支持应用程序；它几乎涵盖了建设项目所有阶段；领先于其他系统的服务能力使其便于进行高效的项目协作，并支持对象级别的设计协调；能运行于Mac平台。

2. Vectorworks

Vectorworks前身为1985年Diehl Graphsoft开发的Mac系统中的CAD软件MiniCad，在1996年被引入Windows系统中。2000年被Nemetschek收购后，MiniCad变更产品名称为Vectorworks，并于2009年采用Parasolid几何引擎作为其核心几何建模平台，目前，其参数化建模功能与其他平台系统相类似，但其易于使用、丰富的表示能力和用户友好性已得到广泛关注。

(1) Vectorworks 简介

Vectorworks 提供了各种各样的工具，这些工具被组织成服务于不同行业的单独产品，这些产品主要包括：

Fundamentals——用于通用 2D/3D 建模和集成渲染；

Architect——用于建筑、装饰和 BIM 应用；

Landmark——用于景观美化、场地设计和城市设计应用，包括植物库、灌溉、数字地形和 GIS 功能；

Spotlight——用于戏剧场地和舞台活动的灯光和制作设计。Spotlight 有两个配套产品：Vision（用于仿真和灯光控制接口）和 Braceworks（用于临时结构的静态分析）；

Designer——基于 Fundamentals 为产品设计，具有 Architect、Landmark 和 Spotlight 所有的设计和 BIM 功能。

通过整合用户界面和形式、拖曳操作提示、智能光标和敏感操作文本提示、自定义菜单，这些不同的产品提供了众多功能，部分功能在产品之间有重叠。值得注意的是，虽然 Vectorworks 的绘制功能中的部分注释与模型文件相关联，但是由于注释和尺寸标注与三维对象没有联系，所以在图纸视图中应仔细检查与模型的一致性；Vectorworks 拥有对象库集用于导入和使用，其 NUBRS 的曲面建模功能非常强大，并且支持修改其预设对象的分类以及自定义新对象。Vectorworks 在 Mac 和 Windows 上均可使用。

(2) Vectorworks 系列软件

Vectorworks 的各个产品及其功能前文已经介绍，在此不再赘述。Vectorworks 加强了与 IFC 的交互，并提供了良好的双向数据交换，同时支持 IFC 2x3 和 IFC4。它的 IFC 功能包括对象分类、属性集分配、COBie 支持以及所有者/历史数据。它的 IFC 数据交换功能已通过 ArchiCAD，Bentley Microstation，AutoCAD Architecture，Revit，Solibri Model Checker 和 Navisworks 进行了测试。Vectorworks 支持云服务和免费模型浏览器。Vectorworks 还全面实现了 BIM 协作格式（BIM Collaboration Format，BCF）。

(3) Vectorworks 的特色

覆盖面广，不仅局限于建筑行业；二维功能强大，视图清晰，方案图效果好；渲染能力优秀，操作难度低；Mac 和 Windows 平台均支持运行。

### 3.3.5 Dassault 公司

Dassault 公司发布的 CATIA，是一款航天航空、汽车行业大型系统的强大的参数建模平台，而由 Gehry Technologies 开发的 Digital Project（DP）正是基于这个平台的建筑领域定制软件。

1. DP 简介

DP 是一个操作相对复杂的工具，但是其界面也具有用户友好的细节处理，如其智能光标可以提示可选项，在线文档帮助也非常齐全，并且支持自定义菜单。作为一个参数化建模工具，DP 提供了全局参数定义对象分类和集成，支持本地规则以及对象之间的关联；其定义对象的规则完整且通用，处理复杂参数集成的能力非常优秀，还可以产生对象分类的子类别并描述其结构和规则；DP 的曲面造型能力非常突出；支持碰撞检查；其 Knowledge Expert 功能可以提供基于规则的检查，可增加在自定义形状中遵循的规则，也可在全局应用。值得注意的是，图纸在 DP 中被视为某种详细报告，其中的注释仅和图纸视图相关，与模型之间不能双向传递。

2. DP系列软件

DP是在CATIA基础上进行二次开发的软件，并具备升级性，其作为BIM平台结合了一系列软件，并和一些CATIA相关软件可以进行连接，详见表3-6。

**DP系列软件及与其他软件的连接** **表3-6**

| 软件 | 功能或专业 |
| --- | --- |
| DP Designer | 建筑设计，工程和施工的高性能3D和BIM建模 |
| DP Manager | 项目审查和项目信息管理 |
| DP Extensions | 模型优化 |
| Imagine&Shape | 草图设计 |
| Knowledgeware | 基于规则的设计检查 |
| Delmia | 装配、结构建模和估价 |

此外，DP具有与Ecotect的连接来进行能耗研究；具有与3DVia Composer的连接来生成文档文件；具有与3DXML的连接来进行轻量化浏览。DP有与Microsoft Project和Primavera Project Planner的连接来进行工期计划的制定；有与ENOVIA的连接来进行项目全生命期管理。其内嵌的Uniformat和Masterformat分类标准，对整合和成本估算非常有利。软件支持以下交换格式：CIS/2、IFC Version 2x3、SDNF、STEP AP203 and AP214、DWG、DXF™、VRML、TP、STL、CGR、3DMAP、SAT、3DXML、IGES、STL和HCG。

同时，DP具有一套量身定制的用来集成制造产品设计和工程的工具，通过开源的Subversion版本控制系统支持并发的多用户操作。

3. DP的特色

它提供了非常强大而完整的参数化建模功能，能够直接构建庞大而复杂的集成体来控制对象表面设计、特征定义和模型组装，支持详细的三维参数模型，在平台层次上，它是一个完整的解决方案，具备作为一个强大的综合工作平台的特性。

### 3.3.6 Tekla公司

Tekla是一家成立于1966年的芬兰公司，拥有许多部门：建筑和施工、基础设施、能源，其最早的建筑产品是Xsteel（一款推出于20世纪90年代中期在世界各地被广泛使用的钢结构详细设计应用程序）。Tekla支持多用户在服务器中的同一项目模型上工作。

1. Tekla Structures简介

在21世纪初期，Tekla为建筑和结构预制增加了预制混凝土结构设计和施工详图的功能。在2004年，其扩展的软件产品被更名为Tekla Structures以反映其扩充的支持服务，包括钢材、预制混凝土、木材、钢筋混凝土和结构工程，后来还增加了施工管理和结构设计应用。Tekla Structures支持拖曳操作提示、智能光标和用户自定义菜单，具有定制已存在参数对象或构建新参数对象的良好功能。但是，由于它是一个具有丰富功能的复杂系统，需要花费一些时间来学习和掌握。

2. Tekla系列软件

Tekla发布了包括Tekla Structures在内共四款主要软件（表3-7），并且拥有开放的应用程序编程接口，支持大部分的交换格式，因此可以与其他应用程序连接，见表 3-8。

**Tekla Structures 系列软件及其功能** **表 3-7**

| 软件 | 功能或专业 |
|---|---|
| Tekla Structures | 模型创建 |
| Tekla Model Sharing | BIM 协作工具（协同操作） |
| Trimble Connect | BIM 协作工具（查看数据） |
| Tekla Tedds | 结构验算 |

**Tekla 支持的格式** **表 3-8**

| 格式 | 导入 | 导出 |
|---|---|---|
| AUTOCAD（.dwg） | √ | √ |
| AUTOCAD（.dwf） | √ | √ |
| BVBs（.abs） | | √ |
| Cadmatlc models（.3dd） | √ | |
| Calma plant design system（.calma） | √ | √ |
| CIS/2 IpM5/IpM6 analytlcal，design，manufacturing（.stp，p21，.step） | √ | √ |
| DsTV（.nc，.stp，.mis） | √ | √ |
| ElematicEliplan，Elipos（.eli） | √ | √ |
| EpC | | √ |
| Fabtrol Kiss file（.kss） | | √ |
| FabtrolMis Xml（.xml） | √ | √ |
| GTsdatapriamos | | √ |
| High level interface file（.hli） | √ | √ |
| HMs（.sot） | | √ |
| IFC2x/IFC2x2/IFC2x3（.IFC） | √ | √ |
| IFCXMl2X3（.xml） | √ | √ |
| IGES（.iges，.igs） | √ | √ |
| Intergraph parametric modeling language（.pml） | | √ |
| Microsoft project（.xml） | √ | √ |
| Microstation（.dgn） | √ | √ |
| Oracle Primavera p6（.xml） | √ | √ |
| Plant Design Management system（.pdms） | | √ |
| SAP，Oracle，oDBC，etc. | √ | √ |
| STAAD ASCii file（.std）in out | √ | √ |
| Steel Detailing Neutral Format（.sdf，.sdnf） | √ | √ |
| Steel12000 | | √ |
| STEP ap203（.stp，.step） | √ | |
| STEP ap214（.stp，.step） | √ | √ |
| Trimble lM80（.txt，.cnx） | | √ |
| Unitechnik（.uni） | √ | √ |

3. Tekla的特色

具有多功能的结构建模能力，包括对各种结构材料和细节进行建模；支持大型模型，并且支持同一项目上多个用户的并发操作；支持用户自定义参数构件库，包括自定义已有对象；能从外部应用程序导入复杂多曲面的对象作为参考，但是不能编辑这些对象。

### 3.3.7 广联达

广联达BIM是广联达科技股份有限公司旗下品牌，致力于提升建设工程信息化领域的BIM全生命期应用。2009年广联达BIM中心在总部成立并创建自主知识产权的图形平台。广联达BIM多年来一直专注BIM技术研发，并与国内众多知名建筑企业积极展开BIM技术在实际项目中的应用。广联达一直注重软件的轻量化，致力于通过分析目标用户最高频的需求，提供最大限度上简化的软件。

1. 广联达简介

广联达系列软件以自主技术及全面产品开启了轻量化BIM应用新时代，既提供满足大型复杂项目的整体BIM解决方案，也有BIM5D、MagiCAD、BIM算量、BIM场地布置、BIM模板脚手架等一系列标准化软件以及免费的BIM浏览器和BIM审图软件，灵活专业地实现用户对于BIM应用需求、解决客户的实际业务问题。

2. 广联达系列软件

作为国内建筑项目管理的龙头公司，广联达拥有庞大数量的软件系列，其BIM核心架构如图3-5所示。除用于其他软件数据存储所需的加密驱动类软件之外，根据其自身定位，广联达系列软件大致可以分为以下三类：

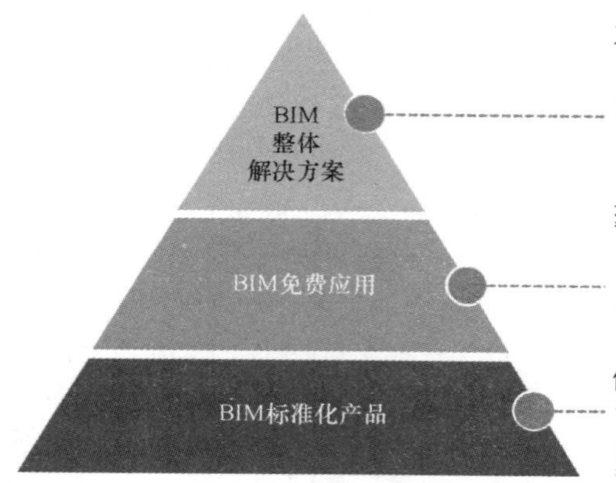


图3-5　广联达软件BIM核心架构

(1) BIM算量。BIM算量主要包括土建、安装、钢筋、精装、市政。广联达BIM算量系列产品均是基于自主平台研发的三维算量软件，凭借其专业、准确、简单、高效的核心优势和优质的质量始终排在造价类软件行业前端。

(2) 计价软件。作为广联达软件的主要组成，计价软件的数量占广联达系列应用的50%以上。基于其精准的算量功能和丰富的定额标准库，广联达计价软件在国内工程领域的地位首屈一指。其计价功能不仅针对建筑行业，各类工程均能匹配对应的软件和定额库。云计价平台作为计价软件的代表，可以为计价客户群提供概算、预算、竣工结算阶段的数据编审、积累、分析和挖掘再利用。

(3) 施工产品。作为BIM软件，广联达更偏向于算量、施工阶段的BIM应用。而其核心软件BIM5D既不是一款建模软件，不能创建BIM模型，也不是造价软件，不能完成BIM算量工作，BIM5D有着非常清晰的定位：面向施工总包单位的施工管理。

广联达BIM5D以BIM平台为核心，集成全专业模型，并以集成模型为载体关联施工过程中的进度、合同、成本、质量、安全、图纸、物料等信息，为项目提供数据支撑，实现有效决策和精细管理，从而达到减少施工变更、缩短工期、控制成本、提升质量的目的。

3. 广联达的特色

应用轻量化，用户使用轻松、高效；定额库丰富，是国内计价软件的主流；软件产品门类比较丰富，数量多。

### 3.3.8 鲁班

随着中国建筑业信息化的快速升级，鲁班软件集团已成长为业内拥有一大高端咨询服务（鲁班咨询），五大基础数据解决方案（BIM、量、价、企业定额、全过程造价管理），三大支撑体系（鲁班大学、鲁班测量、鲁班传媒）的工程基础数据整体解决方案供应商，已成为中国建筑业信息化的重要力量之一。

其核心架构如图3-6所示，左边两个模块是传统的建模软件和造价软件，右边的模块是新开发的BIM应用，而中间则是起到核心作用的云数据后台，它把鲁班软件的三个体系串联到一起形成完整的BIM平台。

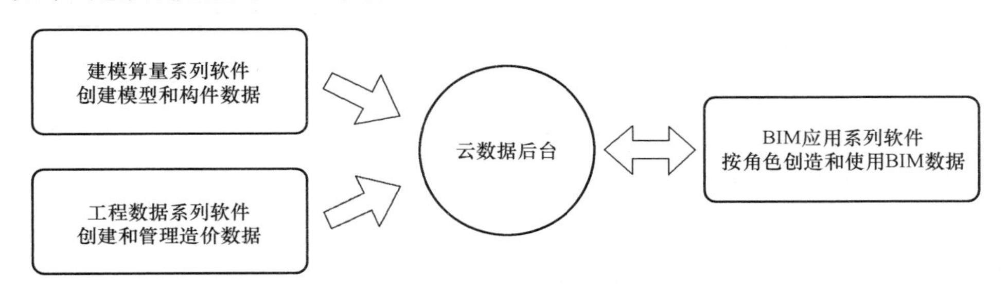


图3-6 鲁班BIM核心架构

1. 鲁班简介

鲁班公司与BIM相关的软件有多达30余款，每种软件都有着特定的功能和应用领域。建模软件中最具代表性的三款软件为鲁班土建、鲁班钢筋以及鲁班安装，三者之间既可单独进行模型翻建，又可以以LBIM文件格式完成数据交互。

2. 鲁班系列软件

鲁班开发了一系列软件来满足不同专业的需求，软件名称和主要功能详见表3-9。除此之外，鲁班大全作为客户端，本身并没有具体的功能，主要就是在计算机上作为一个“开始菜单”，批量管理全部的鲁班BIM应用程序。

在鲁班平台中，首先通过传统的建模算量软件进行模型创建和信息统计，并将这些数据上传至后台供后续BIM应用系列软件实现功能落地。在整个流程中，云数据后台承担了至关重要的角色，其汇聚了各类基础建模、数据软件上传的信息，并且实现了不同账号操作权限的管理和相关数据流的分发。正是云数据平台的存在，形成了鲁班整体的软件平台体系。

鲁班软件在行业中较早向互联网、向服务转型，已成功研发出算量互联网应用平台

(iLuban)、服务平台和系统运维平台，采用先进的“云＋端”模式，突破了单机软件功能的局限，并且提出企业级BIM系统，实现了企业内部的协同。

**鲁班BIM系列软件** **表3-9**

| 软件 | | 功能 |
| --- | --- | --- |
| 建模算量系列软件 | 鲁班土建、鲁班钢筋、鲁班安装、鲁班钢构、鲁班总体、鲁班场布、鲁班下料、鲁班节点、鲁班排布 | 各专业建模，模型可视化 |
| | 土建云功能、安装云功能、钢筋云功能、土建BIM应用、安装BIM应用、钢筋BIM应用 | 增值服务，合理性检查 |
| | 鲁班万通（Revit/Tekla/Civil 3D/Bentley/Rhino） | 针对国外主流的几款建模软件的导出插件 |
| 工程数据系列软件 | 鲁班造价 | 可视化造价 |
| | 鲁班通 | 基于社交网络的材料价格管理系统 |
| | 鲁班笔记 | 为工程采购开发的云笔记 |
| | 钢筋对量 | 查看钢筋对比差量，找出算量误差和错误 |
| BIM应用系列软件 | 鲁班进度计划、鲁班质检计量、鲁班集成应用 | 施工应用 |
| | 鲁班移动监控、鲁班移动应用、鲁班移动应用HD | 移动应用 |
| | 基建浏览器、鲁班浏览器、鲁班协同 | 项目协同 |
| | 鲁班驾驶舱、鲁班地理信息、企业看板 | 企业管理 |

3. 鲁班的特色

以BIM应用软件为亮点的鲁班软件系统完整，扩展性高；适用多专业工程类型，各专业工程师只需学习使用对应软件；数据开放，坚持生态链发展；成本低，基础类软件免费，只需根据需要订购增值服务。

## 3.4 小　　结

基于对象的参数化建模是建筑行业的一项重大变革，它极大地促进了从基于图形和手工技术向电子化可读模型技术的转变，该技术可以生成精确的图纸、进度表和数据，解决设计性能、施工和设施运营的信息方面的问题。

虽然基于对象的参数化建模对BIM的产生和发展起到了促进作用，但它并不是BIM设计工具或建筑模型生成的同义词，还有许多其他的设计、分析、检查、显示和报告工具可以在BIM程序中发挥重要作用。全面设计和建造一座建筑物需要许多信息组件和信息类型，目前处理关系和属性的这些其他类型数据的基本原理没有像几何组件那样得到充分发展，也没有标准化，正是多种类型的软件促进了建筑信息建模的发展和成熟。

由于发布公司的不同，目前的主流软件之间并不是完全互通的，这给使用者们带来了一定程度上的阻碍，但是随着openBIM的发展（详见第5章），数据之间的互操作性也将进一步增强。

## 思考与练习题

1. 什么是参数化建模？
2. 简要说明参数化建模的发展历程。
3. 参数化建模对建筑业有哪些影响？
4. 参数化建模的程度如何划分？
5. Bentley公司提供了哪两个基础平台？各自的核心功能是什么？
6. 比较Autodesk、Bentley、Dassault公司的应用领域，分别分析其优势领域。
7. 查阅文献阐述鲁班平台和广联达平台的异同。

## 参考文献


[1] Eastman C M. Building Product Models：Computer environments supporting design and construction [M]. Boca Raton，FL，CRC Press，1999.

[2] Requicha A. Representations of Rigid Solids：Theory，methods andsystems[J]. ACM Computer Surv. 1980，12(4)：437-466.

[3] Zhou Y W，Hu Z Z，Lin J R，et al. A Review on 3D Spatial Data Analytics for Building Information Models[J]. Archives of Computational Methods in Engineering，2019(prepublish).

[4] Eastman C M.，Teicholz P，Sacks R，et al. BIM Handbook：A Guide to Building Information Modeling for Owners，Managers，Architects，Engineers，Contractors and Fabricators[M]. John Wiley and Sons，Hoboken，New Jersey，2011.

[5] Eastman C M. The Use of Computers Instead of Drawings in BuildingDesign[J]. Journal of the American Institute of Architects. 1975，March：46-50.

[6] Shah J J，MANTYLA M. Parametric and Feature-Based CAD/CAM：Concepts，Techniques，and Applications[M]. New York：John Wiley & Sons，1995.

[7] Sacks R，EASTMAN C M，LEE G，et al. BIM Handbook：A Guide to Building Information Modeling for Owners，Managers，Architects，Engineers，Contractors and Fabricators[M]. John Wiley and Sons，Hoboken，New Jersey，2018.

[8] 郑晓薇，刘静，高悦．面向对象的学习分析模型的构建与实现[J]. 中国电化教育，2016(10)：116-122.

[9] 王道乾，文俊浩．数据库系统设计中的面向对象技术研究[J]. 计算机工程与设计，2007(14)：3539-3541.

[10] 何关培，应宇垦，王轶群．BIM总论[M]. 北京：中国建筑工业出版社，2011.

[11] 宣云干，刘永刚．面向对象数据库技术与建筑参数化建模[C]. 中国土木工程学会计算机应用分会，中国建筑学会建筑结构分会计算机应用专业委员会．第十三届全国工程建设计算机应用学术会议论文集，中国土木工程学会计算机应用分会，中国建筑学会建筑结构分会计算机应用专业委员会：中国土木工程学会，2006：405-407.

[12] Sehyun M，Han S. Knowledge-based parametric design of mechanical products based on configuration design method[J]. Expert Systems With Applications，2001，21(2).

[13] 姜韶华等．BIM基础及施工阶段应用[M]. 北京：中国建筑工业出版社，2017.

[14] 孙彬，等．BIM大爆炸：认知＋思维＋实践[M]. 北京：机械工业出版社，2018.

[15] Revit _ BIM 软件 _ Autodesk 欧特克官网[EB/OL]. https：//www. autodesk. com. cn/products/revit/overview.
[16] Bentley——建筑和工程软件解决方案[EB/OL]. https：//www. bentley. com/zh.
[17] GRAPHISOFT 公司官方网站[EB/OL]. http：//www. graphisoft. cn/.
[18] ARCHICAD[EB/OL]. www. graphisoft. cn/archicadlist.
[19] Vectorworks[EB/OL]. https：//www. vectorworks. cn.
[20] Digital Project[EB/OL]. https：//digitalproject3d. com.
[21] Tekla[EB/OL]. https：//www. tekla. com/ch.
[22] 广联达公司官方网站[EB/OL]. http：//www. glodon. com/.
[23] 鲁班公司官方网站[EB/OL]. http：//www. lubansoft. com/.

# 4 互 操 作 性

### 本章要点及学习目标

本章详细介绍了AEC领域常见的数据交换格式、数据交换标准及其他标准化产品等内容，同时介绍了目前提高互操作性的常用方法。

通过本章学习，需理解BIM协同过程中常用的数据交换方式及数据格式，了解数据交换标准及其他标准化产品，掌握提高互操作性的重要方法。

## 4.1 概 述

建筑设计、施工、运营和维护是一项复杂的协同活动，其中每项业务和每个专业均需要使用具有重叠数据要求的计算机应用程序，这些应用程序除了支持几何及材料安排外，还可以根据各自的建筑表示方法进行结构和能源分析。例如，施工过程中的项目进度计划是项目的非几何表示形式，其与项目的设计密切相关，而应用于钢筋、混凝土、管道等子系统的制造模型则需要带有专业细节的另一种表示形式。因此，互操作性是指在不同应用程序间传递数据以及多个应用程序协同工作的能力，以使工作流程无缝衔接并促进工作流的自动化。传统的互操作性局限于几何形体基于文件的交换格式，如DXF（Drawing eXchange Format）和IGES（Initial Graphic Exchange Specification）。

BIM不仅表示多种几何形状，而且表示不同行为的关系、属性，因此，从20世纪80年代末开始，在ISO-STEP（ISO 10303）国际标准的引领下，开发了数据模型或模式，以支持不同行业的产品和对象模型的交换，例如用于建筑规划、设计、施工和管理的Industry Foundation Classes（IFC）以及用于结构钢工程和制造的CIMsteel Integration Standard Version2（CIS/2）。除此之外，许多基于Extensible Markup Language（XML）的数据模型，如绿色建筑XML（gbXML）和OpenGIS也已完成开发并投入使用。然而，不同的产品数据模型表示不同领域所需的不同种类的几何、关系、工艺、材料、性能等其他属性，因此，对于同一对象可能会采取重叠定义或差别定义。为解决这一问题，National BIM Standard（NBIMS）and buildingSMART International（bSI）以结构化的方式指定特定信息用例的信息要求，即信息传递手册（Information Delivery Manual，IDM）。同时，使用产品数据模型的预定义子集，即模型视图定义（Model View Definition，MVD）。

虽然基于文件和基于XML的交换有助于不同应用程序之间的数据交换，但随着应用需求的日益多样化和复杂化，越来越需要通过BIM数据的数据库管理系统，即BIM服务器（公共数据环境、建筑模型存储库或BIM存储库）来协调多个应用程序间的数据。BIM服务器允许在建筑对象层面进行项目的协同管理，其目的是协助实现同一项目不同模型的协同管理。目前，BIM 服务器正慢慢集成至传统的基于文件的项目管理信息系统（Project Management Information Systems，PMISs）中，致力于成为管理 BIM 项目的通用技术。

## 4.2 数据交换方法及常见的数据交换格式

定义数据模型或模式是数据交换的基础，其定义了目标领域所需的元素以及元素之间的关系。通常，应用程序之间的数据模型分为外部层、概念层及内部层三个层次，如图 4-1 所示。

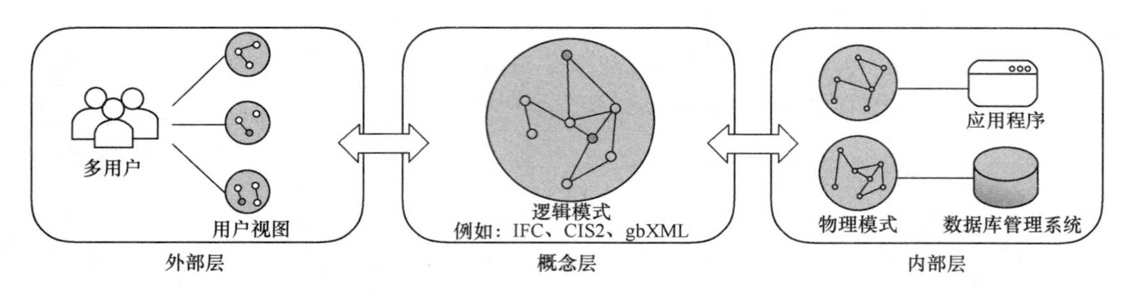


图 4-1 应用程序之间的数据模型层次

第一层是外部层，指信息交换需求的用户视图。不同用户需求不同，所需的模型信息不同，因此，需要从用户角度来指定数据模型，即子集、视图、模型视图、视图定义、模型视图定义（MVD）或一致性类。首先收集用户的信息需求并建模，国际标准 ISO 29481 信息传递手册（IDM）（ISO TC 59/SC 13，2010）定义了上述过程以及 BIM 文档格式，其次在软件中或基于视图定义在数据库管理系统中的视图规范来开发导出模型。

第二层是概念层，独立于实现方法或应用程序系统。在该层次上指定的数据模型称为逻辑模式，即通过合并多个用户视图生成的数据模型。逻辑模式的示例包括工业基础类（IFC）和 CIMsteel 集成标准（CIS/2）。

第三层是内部层。每个软件应用程序都有自己的数据结构，若要在软件应用程序中实现逻辑模式，需要定义逻辑模式和应用程序的内部数据结构之间的映射过程。该层次的内部数据结构或数据模型称为物理模式。

### 4.2.1 数据交换方法

随着 BIM 的发展，其在 AEC 应用的数量和范围正在迅速扩大，用于设计、制造、施工和建筑行业。对互操作性的需求持续增长。直到 20 世纪 80 年代中期，几乎所有设计和施工领域的数据交换依赖各自的文件格式，如 DXF 和 IGES，这些交换格式仅适用于 2D 和 3D 几何数据。然而，随着计算机辅助设计从 2D 到 3D 以及更复杂的形状和组件的发展，数据类型的数量和丰富度也随之急剧增加。数据交换的重点也从准确的翻译变为通过过滤只收集那些需要的并且有质量保证的信息，如图 4-2 所示。根据互操作性问题的原因不同，可选择不同的数据交换方法，目前常用的数据交换方法主要为直接连接、基于文件的数据交换和基于模型服务器的数据交换。

1. 直接连接

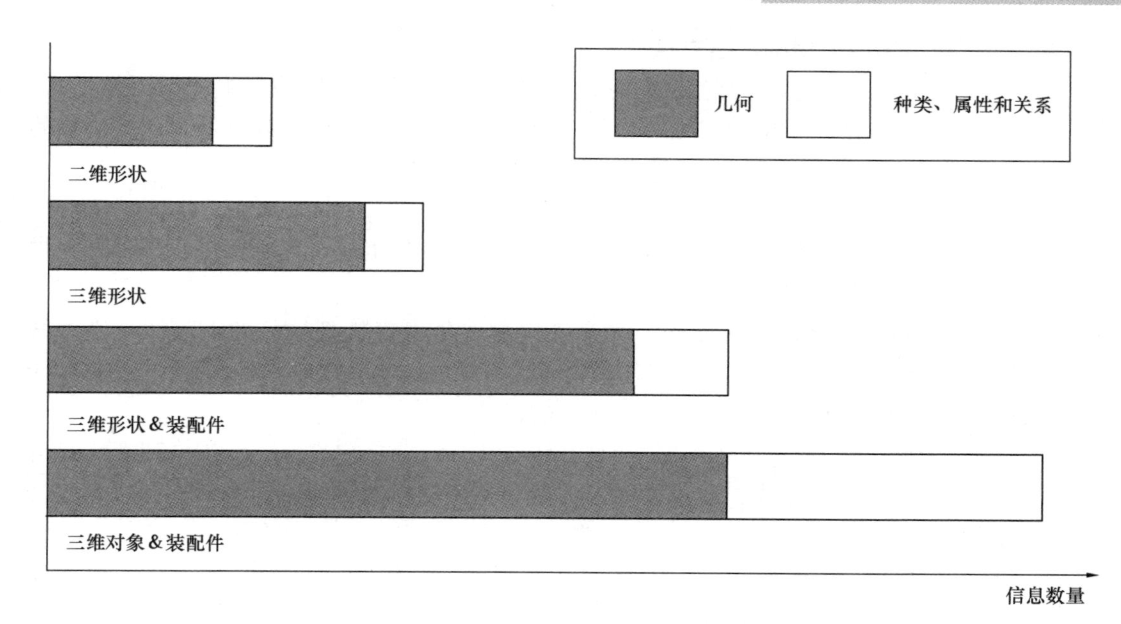


图 4-2 数据交换重点随时间变化图

两个应用程序间的直接连接可通过开发系统的应用程序编程接口（Application Programming Interface，API）实现。有些需要在两个独立应用程序的交换中写一个临时文件，而有些应用程序提供专有接口，如 ArchiCAD 的 GDL，Revit 的 Open API，或者 Bentley 的 MDL。直接连接作为编程级接口实现，通常依赖于 C++、C# 或 VB 语言。一些接口使应用程序建筑模型的某些部分可用于创建、导出、修改、检查或删除，另一些接口提供对所接收的应用程序数据的导入和适配功能。许多这样的接口通常存在于一个公司的产品系列中，有时可根据两个或多个公司之间的业务安排来定制。

2. 基于文件的数据交换

基于文件的数据交换是使用专有的交换格式或公共开放标准格式的模型文件来交换数据的方法。专有的交换格式是由商业组织开发的用于与该公司的应用程序交互的数据模式。在 AEC 领域较著名的专有交换格式包括由 Autodesk 公司定义的 DXF（数据交换格式）与 RVT，Graphisoft 公司定义的 PLN，以及由 Bentley 公司定义的 DGN。其他专有交换格式包括 SAT（由 Spatial 技术公司定义，ACIS 几何建模软件内核的实施者）等。每个专有交换格式的开发都用于不同目的，处理不同种类的几何图形。

3. 基于模型服务器的数据交换

基于模型服务器的数据交换是通过数据库管理系统（Database Management System，DBMS）来交换数据的方法，其结构通常基于例如 IFC 或 CIS/2 等的标准数据模型，从而提供公共数据环境。BIM 模型的数据库管理系统有时被称为模型服务器、BIM 服务器、IFC 服务器、数据存储库、产品数据存储库或公共数据环境（Common Data Environment，CDE）。目前常用的服务器包括：荷兰 TNO 开发的开源 BIMserver、芬兰 VTT 开发的 IFC 模型服务器（IMSvr）、美国佐治亚理工学院开发的 CIS2SQL 服务器，芬兰 Jotne EPM 技术公司开发的 EXPRESS 数据管理器服务器（EDMServer）等。

### 4.2.2 AEC领域通用的数据交换格式

在AEC领域中最常见的数据交换格式包括用于基于像素图像的二维光栅图像格式、用于线图的二维矢量格式、用于三维形状的三维表面和实体形状格式以及基于三维对象的格式。其中，基于三维对象的格式对于BIM应用特别重要。

1. 二维光栅图像格式

二维光栅格式由一定数量具有特定颜色、透明度的像素组成，其主要以一种信息无损的方式进行压缩，包括BMP、JPG、GIF、TIF、PNG、RAW、RLE等。BMP是BitMap的缩写，是一种比较老的图片格式，它既支持索引色也支持直接色的点阵图，这种图片格式几乎没有对数据进行压缩，因此BMP格式的图片通常文件较大。PNG图片是以任何颜色深度存储单个光栅图像，而与平台无关的格式。

2. 二维矢量格式

二维矢量格式在线条格式、颜色、图层信息和支持的曲线类型方面有所不同，有些是基于文件的，有些使用XML格式，通常以DXF、DWG、AI、CGM、EMF、IGS、WMF、DGN、PDF、ODF、SVG、SWF等格式归档。其中，SVG较GIF、JPG而言优势明显，用户可以任意缩放图像显示，而不会破坏图像的清晰度、细节等，同时，图像中的文字独立于图像，文字保留可编辑和可搜寻的状态，也不会有字体的限制，用户系统中即使没有安装某一字体，也会看到和原始图像相同的画面。由于SVG是基于XML的，因而能制作出空前强大的动态交互图像，即SVG图像能对用户操作做出不同响应，例如高亮、声效、特效、动画等。总体来讲，SVG文件比那些GIF和JPEG格式的文件要小很多，因而下载也很快。

3. 三维表面和实体形状格式

三维曲面和形状格式包含了所要表现的不同类型的曲面和边界，以及这些形状所包含的材料特性（如颜色、图像位图和纹理位图）和视点信息。有些格式同时采用ASCII码和二进制码进行编译，有些格式使用特定文件或XML格式，其主要包括：3DS，WRL，STL，IGS，SAT，DXF，DWG，OBJ，DGN，U3D PDF（3D），PTS，DWF。

4. 基于三维对象的格式

基于三维对象的格式种类很多，包括产品数据模型、XML模式以及地理信息系统格式。其中，产品数据模型中不仅包含了各种类型的二维或三维几何信息，还包括对象类型数据以及对象之间的相关属性关系，这种格式在信息内容方面是最丰富的，如：STP，EXP，CIS/2，IFC；为交换建筑数据而开发的XML模式，因交换的信息和支持的工作流而异，包括：AecXML，Obix，AEX，bcXML，AGCxml；地理信息系统格式根据2D或3D、支持的数据连接、文件格式和XML而异，包括SHP，SHX，DBF，TIGER，JSON，GML。

### 4.2.3 常用BIM软件的数据文件格式

如今BIM软件多达上百种，每个软件在内容上存在一定差异，因此对于BIM项目团队而言，如何选择BIM软件也是一件非常重要的事。随着软件之间的联系越来越密切，BIM文件格式也逐渐成了项目最初需要规定的要求之一。BIM软件种类很多，相对应的文件格式也有很多，常见的BIM文件格式见图4-3所示，常用BIM软件支持的数据文件格式见表4-1。为了更好地理解BIM数据文件格式，以建筑性能分析应用场景为例，介绍数据交换格式的应用。

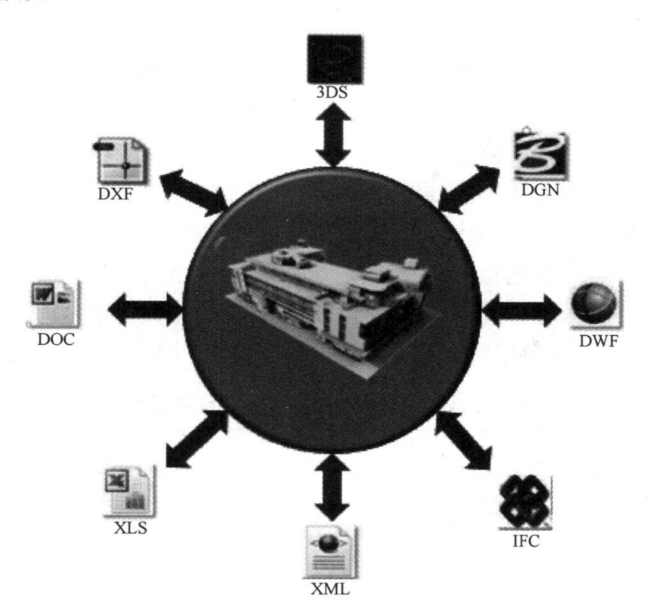


图 4-3 BIM 常见的数据格式

**常用 BIM 软件支持的数据文件格式** **表 4-1**

| BIM 软件 | 可导入格式 | 可导出格式 |
|---|---|---|
| Revit | dwg \ dxf \ dgn \ sat \ skp \ 3dm | dwg \ dxf \ dgn \ sat \ dwfx \ ifc \ odbc \ fbx |
| ArchiCAD | pln \ pla \ bpn \ tpl \ 2dl \ mod \ lbk \ pmk \ emf \ wmf \ bmp \ dib \ rle \ gifjgp \ jpeg \ jfif \ png \ dwf \ dxf \ dwg \ dgn \ plt \ ifc \ ifc \ xm \ skp \ dmz \ 3dm \ dae \ stl | pln \ mod \ tpl \ pla \ gsm \ gd \ pdf \ emf \ wmd \ bmp \ gif \ jpg \ png \ tiff \ df \ dxf \ dwg \ dgn \ ifc |
| Rhino | 3dm \ 3ds \ ai \ dwg \ dxf \ . x \ eps \ off \ gft \ iges \ lwo \ dgn \ fbx \ scn \ obj \ ply \ raw \ m \ skp \ slc \ sldprt \ stp \ stl \ vda \ wr \ gdf \ 3dm | 3dm \ 3ds \ ai \ dwg \ dxf \ dae \ cd \ . x \ emf \ gf \ pm \ kmz \ gts \ iges \ lwo \ vdo \ fbx \ boj \ csv \ x. t \ pdf \ ply \ pov \ raw \ rib \ skp |
| Catia | igs \ wr ｜ \ stp \ step \ cgm \ gI \ hpgl \ 3dmap \ 3dxml \ act \ asm \ bdf \ brd \ pdb \ ps \ step \ stp \ srg \ tdg \ wrl | stl \ igs \ model \ stp \ 3dmap \ 3dxml \ cgr \ hcg \ icem \ navrep \ vps \ wrl |
| Auto CAD | dwg \ dws \ dxf \ dwt \ dgn | dwfx \ dwf \ pdf \ dgn \ fbx \ iges \ stl \ sat |
| Navisworks | 3ds \ prj \ drj \ asc \ txt \ model \ dng \ dwf \ dwfx \ dwg \ faro \ fbx \ ifc \ iges \ ipt \ ptx \ prt \ sldprt \ asm \ step \ stp \ st \ zfc \ man \ prt \ x. b \ rcs \ rvt \ rfa \ rte \ 3dd \ rvm \ sat \ skp | nwd \ nwf |

具体来说，建筑性能分析软件的数量已经成百上千，但能支持 BIM 模型导出的数据交互格式主要为 DXF、gbXML 和 IFC。其中，AutoCAD DXF 是由 Autodesk 公司开发的 CAD 数据文件格式，用以从 CAD 软件中导入和导出其他软件的文件；gbXML 用于实现转化存储在 CAD 建筑信息模型中的信息，以便建筑设计模型可在不同的工程分析软件中互用；IFC 支持工程建设项目信息在设计、施工、运营和维护整个建筑生命周期中的共享与更新。综上所述，DXF 文件所能携带的信息是最基本的建筑几何信息；gbXML 文件则还可以携带诸如体量、空间、笛卡尔点、多重坐标轴等几何信息，以及诸如区域、单体、分区、空间、表面、洞口和构造类型等限定组件层级的信息，而 IFC 能够携带更为广泛的信息，不仅包括几何信息，还可以在建筑模型中用类和实际参数来具体定义。主流建筑性能分析软件对 BIM 软件导出的常用三种数据格式的支持度见表 4-2。

**主流建筑性能分析软件对 BIM 导出的常用三种数据格式支持度情况表** **表 4-2**

| 建筑性能分析软件数据格式 | DXF | gbXML | IFC |
|---|---|---|---|
| Ecotect | 支持 | 支持 | 不支持 |
| Designbuilder | 支持 | 支持 | 支持 |
| IES-VE | 支持 | 支持 | 支持 |
| Openstudio | 支持 | 支持 | 不支持 |
| eQUEST | 支持 | 支持 | 不支持 |
| Green Building Studio | 不支持 | 支持 | 不支持 |
| Simergy | 支持 | 支持 | 支持（pro 版本） |

## 4.3 数据交换标准及其他标准化产品

互操作性的实现离不开一系列标准化产品，其中数据交换标准包括 STEP（STandard for the Exchange of Product model data）标准、建筑信息分类体系，其他标准化产品包括施工运营建筑信息交换（Construction Operations Building information exchange，COBie）、可扩展标记语言（Extend Markup Language，XML）模式表达的一系列标准化产品。本节主要从起源、定义及应用价值等方面介绍影响互操作性的上述标准化产品。

### 4.3.1 STEP 标准

STEP 标准是 ISO 10303 的非正式名称，代表“产品模型数据交换的标准”。ISO 10303 是用于产品制造信息的计算机可解释表示和交换的 ISO 标准，它的正式名称是：自动化系统和集成-产品数据表示和交换。STEP 标准的范围比现有的计算机辅助设计（Computer Aided Design，CAD）数据交换格式要更加广泛，旨在处理范围更广的产品相关数据，涵盖产品的整个生命周期。STEP 是不同 CAD 系统之间或 CAD 与下游应用系统之间交换产品相关数据的有效手段。

ISO 10303 交换通常采用中立文件方法，即两个系统之间的传输包括两个阶段：首先，数据由原始系统的本地数据格式转换为中立的 ISO 10303 格式；其次，数据由中立格式转换为接收系统的本地格式。在这种情况下，实际的交换媒介是一个 ASCII 文件。然而，该标准在信息模型和它的物理实现之间进行了分离，这使得 ISO 10303 模型也能够以其他方式使用。

IFC与STEP标准之间有着密切的联系。到目前为止，在应用程序之间交换的IFC数据文件主要使用三种主要数据格式，包括使用STEP Physical File（SPF）结构的.ifc，使用XML文档结构的.ifcXML，以及使用PKzip 2.04 g压缩算法的.ifcZIP。IFC是由ISO 10303-21（STEP-File）定义的标准，ifcXML是由ISO 10303-28（STEP-XML）定义的标准。IFC文件是纯文本（ASCII）格式，扩展名为*.ifc，由IFC和ISO 10303-21（也称为SPF）指定。ifcXML与其他软件和数据模型的集成能力优于SPF。每个IFC文件的内容和结构必须符合IFC模式，该模式是用EXPRESS数据建模语言编写的，在STEP标准（ISO 10303-11）中定义。ifcJSON模式是IFC EXPRESS规范的替代品，ifcJSON文档是SPF表示的替代品。具有扩展名.ifc或.stp的IFC交换文件结构被称为SPF格式，这是一种ASCII文件格式，使用产品数据的明文编码在不同应用程序之间交换IFC数据。作为STEP系列标准的一部分，ISO 10303-26旨在作为所有基于EXPRESS的模式和实例化的通用映射，而不是专门为IFC的建模范式量身定做的。ISO 10303-26中的一些设计决定是保守的，以支持IFC标准中未采用EXPRESS的灵活建模机制。IFC Engine DLL是一个STEP工具箱，可以为IFC的最新版本生成3D模型，该组件可以通过其自身的对象数据库加载、编辑和创建SPF及其架构。

### 4.3.2 建筑信息分类体系

目前国际上常见的建筑信息分类体系包括：MasterFormat，UniFormat，Omniclass，Uniclass以及GB/T 51269—2017建筑信息模型分类和编码标准等，这些分类体系从不同方面对互操作性的实现做出了贡献，其中MasterFormat、OmniClass和UniFormat是三种基础分类系统，可用于构造附加到模型的建筑数据。UniFormat根据功能元素对设施进行细分，而MasterFormat则根据工作结果进行细分，UniFormat和MasterFormat之间的主要区别在于它们各自如何查看施工信息。下面将对上述5种分类体系分别进行介绍。

1. MasterFormat

1978年，美国施工规范协会（Construction Specifications Institute，CSI）和加拿大建筑规范协会（Construction Specifications Canada，CSC）创建了第一个版本的MasterFormat，目的是将深度施工信息分类成方法和材料的标准序列或顺序。MasterFormat是为建筑专业人士和企业制定的CSI标准，适用于所有类型的建设项目，可以帮助专业建筑公司组织文档、设计文件和合同规范。我国的《建设工程工程量清单计价规范》GB 50500—2013采用的是与MasterFormat类似的分类系统。MasterFormat可以从以下方面促进项目团队中信息的有效沟通和使用：

（1）数字和标题列表有助于组织计划并将其传达给整个项目团队；

（2）应用MasterFormat中提供的工具有助于按时完成工作任务；

（3）设计专家依靠诸如MasterFormat之类的CSI标准来创造出安全、符合标准且经久耐用的建筑物。

2. UniFormat

最初的UniFormat是由美国总务管理局（General Services Administration，GSA）和美国建筑师协会（American Institute of Architects，AIA）在1972年共同开发的，用于估算和设计成本分析。美国材料与试验协会（American Society Testing and Materials，

ASTM）于1993年首次发布的UniFormat Ⅱ是增强型版本，比原版本更全面，特别是关于机械和现场工作元素的部分。UniFormat将信息分为九个1级元素，见表4-3，这九个元素类别可用于整理项目概述、成本信息、BIM要素、设施管理信息、组织图纸细节。类别Z GENERAL由字母表的最后一个字母指定，以确保无论UniFormat的内容如何扩展以涵盖其他构造类型，该类别都将保留在最后。

**UniFormat的九个元素类别**　　**表4-3**

| 序号 | 1级元素名称 |
| --- | --- |
| 1 | INTRODUCTION（介绍） |
| 2 | A SUBSTRUCTURE（A　子结构） |
| 3 | B SHELL（B　外壳） |
| 4 | C INTERIORS（C　内饰） |
| 5 | D SERVICES（D　服务） |
| 6 | E EQUIPMENT AND FURNISHINGS（E　设备和家具） |
| 7 | F SPECIAL CONSTRUCTION AND DEMOLITION（F　特殊施工和拆除） |
| 8 | G BUILDING SITEWORK（G　建筑工地） |
| 9 | Z GENERAL（Z　通用） |

UniFormat将设施分解为执行主要功能的系统和组件，如子结构、外壳、内饰和服务，而没有定义提供这些功能的技术解决方案。UniFormat组织数据的方法对于BIM软件的持续发展也很重要。最新版本的UniFormat将用作OmniClass Table 21-Elements的基础。UniFormat能够在对现有项目和新项目进行经济评估时保持一致性，加强对设计方案信息的报告，特别是项目概述和性能说明，为设施管理、图纸细节、BIM对象、建筑市场数据等信息的系统归档提供依据。

3. Omniclass

为了在BIM中使用现有的建筑信息相关的分类体系，需要对这些分类体系进行检查和修改。在美国，Masterformat和Uniformat正在建立用于规范及成本估计的要素和组装分类框架，它们受CSI的监督。Masterformat和Uniformat都是大纲文档结构，非常适合从项目图纸中汇总信息，但并不总是能够很好地映射到建筑模型中的各个对象（尽管可以映射）。因此，欧洲和美国合作来推动一套名为Omniclass的大纲式分类表体系。Omniclass由ISO、国际建筑信息委员会（International Construction Information Society，ICIS）下属委员会和工作组建立，目前包括15个表，如图4-4所示，这些表中的分类项由行业里的一些志愿者来定义和维护，为了更好地服务于各种BIM工具和方法论，这些分类项仍在持续被完善更新中。

OmniClass是建筑行业的一个综合分类系统，提供了一种通过整个项目生命周期对完整建筑环境进行分类的方法，可用于许多应用程序，如归档实体材料或组织项目信息，但它的主要应用是为电子数据库和软件提供分类结构，丰富在这些资源中使用的信息。OmniClass结合了MasterFormat作为它的Table 22-Work Results的基础，结合了UniFormat 作为它的 Table 21-Elements 的基础。

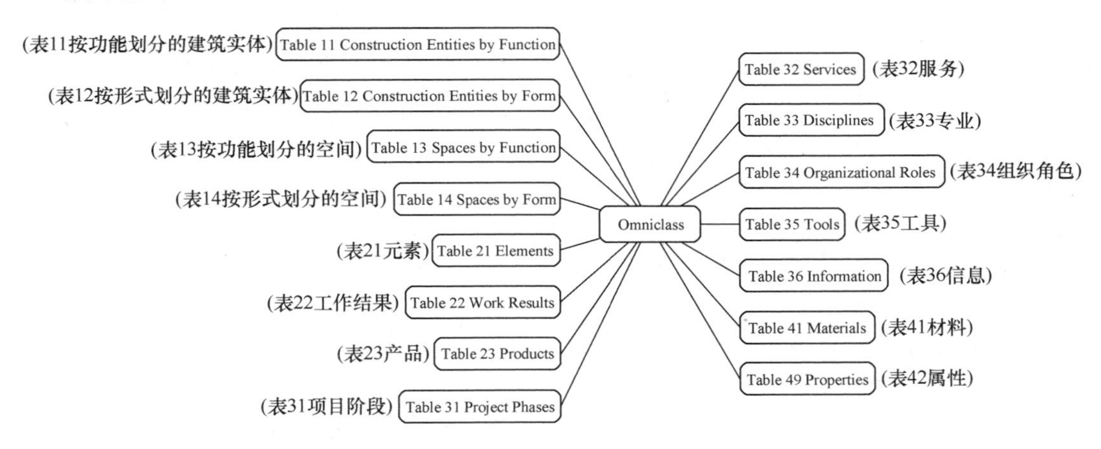


图 4-4 Omniclass 的构成

4. Uniclass

Uniclass 是美国国家标准局（National Bureau of Standards，NBS）发布的一个动态统一的建筑行业分类体系，是建筑行业所有学科一致的分类结构，包含对各种规模的物品进行分类的表格，从大型设备（如铁路）到产品（如火车站的闭路电视摄像机）。它是识别和管理项目中涉及的大量信息的一种基本方法，也是 BS EN ISO 19650 系列标准所规定的 BIM 项目的要求。

目前，Uniclass 包含两个版本，即 Uniclass 2015 和 Uniclass2。Uniclass 2015 分为一组表格，可用于成本核算、简报、CAD 分层、注释等信息分类，也可用于准备规格说明或其他生产文件。表中的分类首次允许将建筑、景观和基础设施划分在一个统一的方案下。在 2019 年 8 月 13 日，Uniclass2 对 Uniclass 2015 进行了更新。开发 Uniclass2 是为了生成结构化信息的分类系统，该系统可在项目的整个生命期及以后向所有参与者免费提供，并得到所有建筑和房地产机构及专业机构的认可。它是动态的，以各种格式在线提供，并由一组专家管理，他们进行请求的监控、版本的更新和控制。此工具中可用的表可以在应用程序中用于测试其可用性。如果发现了缺失的分类，应直接通过 info@cpic.org.uk 通知 CPI 委员会秘书，以便集中添加供所有人使用。所有的意见和反馈都将被邀请，以便达成一个国家标准供所有人使用。

5.《建筑信息模型分类和编码标准》GB/T 51269—2017

为规范建筑信息模型中信息的分类和编码，实现建筑工程全生命期信息的交换与共享，推动建筑信息模型的应用发展，中华人民共和国住房和城乡建设部组织编制了《建筑信息模型分类和编码标准》GB/T 51269—2017，该标准适用于民用建筑及通用工业厂房建筑信息模型中信息的分类和编码。该标准是在总结了我国工程建设中建筑信息模型应用的实践经验并参考了国外先进技术法规、技术标准基础上编制的，明确了分类对象和分类方法、编码及扩展规定，并介绍了相关应用方法。

### 4.3.3 其他标准化产品

除了上述 STEP 标准及建筑信息分类体系之外，COBie 和 XML 模式表达的一些标准化产品的提出进一步改善了设计、施工及运维各阶段内部以及不同阶段之间的信息互操作性。

1. COBie

施工运营建筑信息交换（Construction Operations Building information exchange，COBie）是一个信息交换规范，用于设备管理人员所需的生命期信息获取和交付。COBie可以在设计、施工和维护软件以及简单的电子表格中查看。这种通用性使得COBie可以用于所有的项目，无论其规模大小和技术水平如何。COBie旨在解决施工队伍和业主之间的信息传递问题，它不但处理运营及维护方面的信息，也处理很多设备物业管理信息。从传统意义讲，运营和维护信息是在施工结束时通过一种特殊组织方式提供给业主。COBie为设计及施工过程中需要搜集的信息描述了一个标准方法，在试运行和移交过程中作为交付包的一部分一起被递交，它搜集设计师们设计过程中的数据，然后用于指导施工方进行施工。它从实用性及易操作的角度进行信息的分类和构造。

COBie的具体目标是：

（1）为现有的设计和施工合同交付的实时信息传递提供一种简单格式。

（2）为业务流程清晰地确定需求和职责。

（3）提供一个框架储存信息，以便于后期的交换/检索。

（4）使运营和维护不增加任何费用。

（5）允许直接输入业主的维护管理系统。

COBie在设计和施工的所有阶段都指定了可交付成果，在建筑策划、建筑设计、协同合作设计、施工图设计、施工动员、施工完成60%、投入使用、财务完成、维护保养等阶段中都指定了具体的可交付成果。在建筑项目结束进行交接时，COBie可解决标准化提交，并且使它们以一个结构化的形式存储，便于使用计算机进行管理。它包含的部分可被描述成如表4-4所示。

**COBie2 对象分组** **表 4-4**

| 对象类型 | 定义 |
|---|---|
| 元数据 | 交换文件 |
| 工程 | 属性，单元，分解 |
| 场地 | 属性，地址，分类，基础数量，性质 |
| 建筑 | 属性，地址，分类，基础数量，性质 |
| 楼层 | 属性，地址，分类，基础数量，性质 |
| 空间容器 | 属性，地址，分类，基础数量，边界 |
| 边界 | 门，窗，边界空间 |
| 覆盖物 | 属性，类别，覆盖物材料，分类，基础数量 |
| 窗 | 属性，类别，分类，材料，基础数量，性质 |
| 门 | 属性，类别，分类，材料，基础数量，性质 |
| 家具 | 属性，类别，材料，分类，性质 |
| MEP 要素 | 属性，类别，材料，分类，性质 |
| 替代性陈设物，固定装置设备 | 属性，类别，材料，分类，性质 |
| 区域 | 属性，分类，性质，空间 |
| 系统 | 属性，分类，性质，元件分配，系统服务建筑物 |

COBie在2010年初更新为COBie2，COBie2有助于在规划、设计、施工和调试过程中传递建筑信息，以传递给设施所有者和运营商。COBie2信息常采用电子表格形式，可读性强，便于计算机处理。COBie2还被用于使用buildingSMART IFC开放标准（或其等同的ifcXML）进行设施管理数据的交换。COBie被开发来支持将初始数据输入计算机维护管理系统（Computerized Maintenance and Management System，CMMS）中。

2. XML模式表达的其他标准化产品

可扩展标记语言（XML）是一种简单、非常灵活的文本格式，源自SGML（ISO 8879）。XML最初是为了应付大规模电子出版的挑战而设计的，现在它在Web和其他地方交换各种各样的数据方面也发挥着越来越重要的作用。XML提供可选择的模式语言和传输机制，特别适合Web使用。

AEC领域的XML模式包括但不限于以下七类，如图4-5所示。

（1）OpenGIS：由开放地理空间联盟（Open GIS Consortium，OGC）开发的地理对象的实施规范。它在一个应用程序的编程环境中将描述、管理、渲染以及操作图形和地理对象定义为一个共享的、独立于语言的抽象开放集合。

（2）gbXML（绿色建筑XML）：被用来传输建筑的围护结构、分区和机械设备初步能耗分析的数据的模式。

（3）ifcXML：ifcXML是buildingSMART支持的映射到XML的IFC模式的子集。它还依赖于从IFC EXPRESS发布模式派生的XML模式定义（XML Schema Definition，XSD）来进行映射。该语言约定了转换的方法，例如，转换IFC EXPRESS模型到ifcXML的XSD模式就需要遵循国际标准ISO 10303—28ed2，即“EXPRESS模式和数据的XML表达方式”。2004年5月4日的ISO/CD 10303—28ed2标准被用于语言绑定。然而，ifcXML文件通常比基于express的文件大3～4倍，并没有被广泛使用。

（4）aecXML：旨在表示资源（如合同和项目文件、属性、材料和零件、产品、设备）、元数据（如组织、专业人士、参与者）或者活动（如建议，项目，设计评估，调度和建设等）。它携带了建筑物及其部件的规格和描述，但并不包含几何或分析模型数据。Bentley是aecXML早期实施者。

（5）agcXML：总承包商协会（Associated General Contractors，AGC）在2007年开发agcXML，它是一种支持施工的业务流程的架构，它是以aecXMLde COS主模式为基础的。其模式包含的信息交换通常是包含在下列文件类型里的：

1）信息请求；

2）定价/建议申请；

3）业主/承包商协议；

4）工程分项价值表；

5）工程变更通知单；

6）付款申请；

7）补充说明；

8）变更指令；

9）出价，付款，性能，保修和保函；

10）提交。

(6) BIM Collaboration Format (BCF)：BIM 协作格式是一种简化且开放的标准 XML 格式，用于对信息进行编码，从而可以在不同的 BIM 软件工具之间进行工作流通信，并可在 BIM 协作过程中支持设计评审数据交换。在设计评审期间各种操作项被确定下来，然后由项目团队的成员实施。传输这些项目需要使用碰撞检测工具。这种工具用来定位三维坐标环境下的碰撞，同时找出一个合适显示角度显示出这个碰撞冲突，然后确定所涉及的各方应采取的行动。本来这种能力是冲突检测应用程序才具有的，如 Navisworks。然而，通过 XML 传输的工作项目信息可以导入任何 BIM 平台和向用户展示并供他们使用。它的用途比冲突检测更广泛，它可用于任何类型的审查，无论是自动的（例如由 Solibri 模型检查器生成），还是通过现场或在线会议手动进行的。BCF 的好处是它直接加载和运行在产生构件的 BIM 设计平台上。BCF 是由 TEKLA 和 Solibri 提出定义，并已收到来自 Autodesk，DDS，Eurostep，Gehry Technologies，Kymdata，MAP，PROGMAN 和 QuickPen International 支持的承诺。

(7) CityGML：是针对三维城市对象极具代表性的公共信息模型。它针对城市中的相关地形对象和区域模型的几何、拓扑、语义及外观属性定义了类和关系，包括专题类之间的泛化结构、聚合、对象之间的关系和空间属性。这一专题的信息超出了图形交换格式的范畴，并支持不同的应用领域的虚拟三维城市模型的复杂的分析任务，如模拟、城市数据挖掘、设施管理，和专题查询等。底层模型分为五个不同的 LOD，CityGML 文件可以（但不必须）同时在不同 LOD 中包含一个对象的多个表达方式。

有多种方法来定义 XML 模式，包括 XML 模式，资源描述框架（Resource Description Framework，RDF）和 OWL Web 本体语言。在 AEC 领域已经开发了一些有效的 XML 模式和处理方法来利用现有的模式定义语言。不同的 XML 模式定义了自己的实体、属性、关系和规则。它们有效地支持为实现一个模式并围绕它开发应用程序的一组协作企业之间的工作。然而，不同的 XML 模式是不同且不兼容的。ifcXML 为相互应用提供了一个全局性的 IFC 建筑数据模型的映射，正在努力协调 IFC 与 OpenGIS 模式。目前已经有转换器能够实现将 IFC 模型映射到 CityGML。用 XML 指定的带有标签的数据文件通常比以纯文本格式指定的文件大 2～6 倍。但是，它的处理速度比纯文本文件快得多，因此在大多数情况下比文件交换更有效。目前两种主流的发布建筑模型数据的 XML 格式是 DWF 和 3D PDF，它们都提供了轻量化的建筑模型映射。

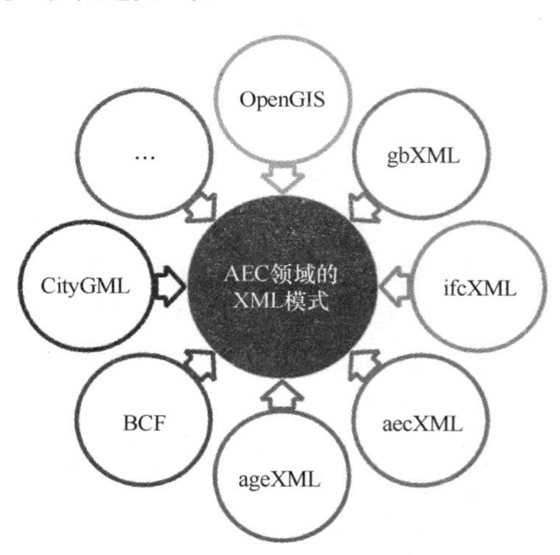

图 4-5　AEC 领域的 XML 模式

## 4.4　如何提高互操作性

建设项目规模的扩大和复杂性的增加，对不同利益相关者之间的协作水平提出了更高的要求，因此如何在多学科、不同软件平台之间实现更好的信息互操作性成为协同过程中的关键问题。AEC领域中工程信息和数据的可用性及互操作性对于BIM在工程项目中的实施具有重要意义。

BIM的互操作性问题被界定为两个方面：一是技术层面的互操作性转换，即IFC，MVD；二是协作层面的互操作性，即交换、分享、合作、协调、协作、整合等。互操作性目标可以概括为七个方面：访问数据、重用数据、检查数据、检索数据、链接数据、合并数据和合并数据中心。合并数据指的是多域链接，即结合多个异构数据源；合并数据中心指的是多平台链接，即参与者需要在不同的数据中心之间导航，并将不同的BIM协同平台或云工具连接在一起。影响互操作性的关键因素是不同软件之间的数据异构性。一般而言，同一公司的软件之间的兼容性很高，而不同公司的软件之间的互操作性较低，导致软件之间的信息共享困难。

IFC被公认为是BIM的未来，有助于应对BIM互操作性的挑战，并支持各种自动化任务，降低实现BIM互操作性的成本。IFC可以从以下方面提高信息互操作性：

(1) 与物联网等先进技术相结合开发特定领域的资产信息模型；

(2) 将ifcOWL本体作为语义web技术与IFC标准之间的连接；

(3) 利用现有软件（如IFC server ActiveX Component、IfcDoc等）对IFC、MVD和设计要求的符合性进行调查，从而验证BIM模型信息变化的准确性；

(4) 利用IFC的统一信息模型形成模型转换的综合中心信息层，从而提高设计阶段的互操作性；

(5) 在基于模型的IFC兼容系统中自动集成AEC/FM项目文件，将IFC模型作为基准对文本文件进行分类，关联项目对象，从而提高施工阶段的信息互操作性。

此外，应用本体可以从以下方面支持信息互操作性：

(1) 实现多个人或软件智能体之间的知识共享；

(2) 处理基于计算机的系统与数据源之间的语义互操作性；

(3) 使用机器可访问的形式公理来利用专家的知识。

## 4.5 小　　结

BIM互操作性一直以来是BIM发展过程中关注的核心热点问题，本章系统地介绍了BIM互操作过程中常见的数据交换方式及数据格式、数据交换标准及标准化产品，同时，指出影响互操作性的障碍与因素，最后，提出了提高互操作性的常用方法，便于对现有的BIM互操作性概况有更深入的理解。

### 思考与练习题

1. 什么是BIM协同中的互操作性？如何实现异构模型之间的互操作性？
2. 建筑性能模拟软件常见的数据文件格式有哪些？区别是什么？
3. 如何利用STEP进行数据交换？
4. 请简述MasterFormat和UniFormat的区别与联系。
5. COBie旨在解决什么问题？

6. 是否有其他方法可以提高互操作性？

## 参 考 文 献


[1] Sacks R，Eastman C，Lee G，et al. BIM handbook：a guide to building information modeling for owners，designers，engineers，contractors，and facility managers[M]. John Wiley & Sons，2018.

[2] ISO 10303-Wikipedia [EB/OL]. [2020-06-25]. https：//fi. wikipedia. org/wiki/ISO-10303.

[3] PDES Inc. Success stories [EB/OL]. [2020-06-25]. http：//pdesinc. aticorp. org.

[4] Michael J，Pratt. Introduction to ISO 10303 - the STEP Standard for Product Data Exchange[J]. Journal of Computing and Information Science in Engineering ASME，2001，1(1)：102-103.

[5] buildingSMART. IFC overview summary [EB/OL]. [2020-06-26]. http：//www. buildingsmart-tech. org/specifications/ifc-overview.

[6] J. Zhu，X. Wang，P. Wang，et al. Integration of BIM and GIS：Geometry from IFC to shapefile using open-source technology[J]. Automation in Construction. 2019，102：105-119.

[7] ISO 10303-21：2002，Industrial automation systems and integration - Product data representation and exchange - Part 21：Implementation methods：Clear text encoding of the exchange structure 2002 [S]. 2002.

[8] X. Shi，Y. S. Liu，G. Gao，et al. IFCdiff：A content-based automatic comparison approach for IFC files[J]. Automation in Construction，2018，86：53-68.

[9] K. Afsari，C. M. Eastman，D. Castro-Lacouture. JavaScript Object Notation (JSON) data serialization for IFC schema in web-based BIM data exchange[J]. Automation in Construction，2017，77：24-51.

[10] P. Pauwels，W. Terkaj. EXPRESS to OWL for construction industry：towards a recommendable and usable ifcOWL ontology[J]. Automation in Construction，2016，63：100-133.

[11] S. Tang，D. R. Shelden，C. M. Eastman，et al. BIM assisted Building Automation System information exchange using BACnet and IFC[J]. Automation in Construction，2020，110.

[12] International Organization for Standardization，ISO 10303-11：2004 Industrial Automation Systems and Integration-Product Data Representation and Exchange-Part 11：Description Methods：The EXPRESS Language Reference Manual[S]. 2004.

[13] D. Isailović，V. Stojanovic，M. Trapp，et al. Döllner，Bridge damage：Detection，IFC-based semantic enrichment and visualization[J]. Automation in Construction，2020，112.

[14] N. Nisbet，L. Thomas. ifcXML implementation guide[S]. International Alliance for Interoperability Modeling Support Group，2007.

[15] ISO，ISO 10303-21：industrial automation systems and integration-product data representation and exchange-part 21，Implementation Methods：Clear Text Encoding of the Exchange Structure[S]. 2004 ISO TC 184/SC4/WG11 N287.

[16] T. Krijnen，J. Beetz. A SPARQL query engine for binary-formatted IFC building models[J]. Automation in Construction，2018，95：46-63.

[17] 姜韶华，吴峥，王娜，等 . openBIM 综述及其工程应用[J]. 图学学报，2018，39(06)：1139-1147.

[18] UniFormat [EB/OL]. [2020-06-28]. https：//www. csiresources. org/standards/uniformat.

[19] UniFormat. A Uniform Classification of Construction Systems and Assemblies [EB/OL]. [2020-06-28]. https：//graphisoft. akamaized. net/cdn/ftp/techsupport/downloads/interoperability/UniFormat_2010m. pdf.

[20] What is the CSI MasterFormat and What's its Purpose [EB/OL]. [2020-06-29]. https：//www. csinstallers. com/what-is-the-masterformat/.

[21] UNIFORMAT II The ASTM E1557 Building Standard [EB/OL]. [2020-06-29]. http：//www. uniformat. com/index. php/unifrmt-ii/past-site-articles/99-background-on-uniformat-ii-the-astm-e1557-building-standard.

[22] OmniClass [EB/OL]. [2020-06-29]. https：//www. csiresources. org/standards/omniclass.

[23] Uniclass 2015 [EB/OL]. [2020-06-29]. https：//www. thenbs. com/our-tools/uniclass-2015.

[24] Uniclass2 [EB/OL]. [2020-06-29]. https：//www. cpic. org. uk/uniclass/.

[25] Construction Operations Building information exchange (COBie) [EB/OL]. [2020-06-29]. https：//www. nibs. org/page/bsa _ cobie.

[26] E. East, Construction Operations Building Information Exchange (COBIE)：Requirements Definition and Pilot Implementation Standard[S]. 2007.

[27] Extensible Markup Language (XML) [EB/OL]. [2020-06-29]. https：//www. w3. org/XML/.

[28] Y. Deng, J. C. Cheng, C. Anumba. Mapping between BIM and 3D GIS in different levels of detail using schema mediation and instance comparison[J]. Automation in Construction, 2016, 67：1-21.

[29] buildingSMART. IFC Overview summary [EB/OL]. [2020-06-26]. http：//www. buildingsmart-tech. org/specifications/ifc-overview.

[30] S. Jiang, L. Jiang, Y. Han, et al. openBIM：An enabling solution for information interoperability [J]. Applied Sciences (Switzerland). 2019, 9(24), 5358.

[31] X. Ma, A. P. C. Chan, Y. Li, et al. Critical Strategies for Enhancing BIM Implementation in AEC Projects：Perspectives from Chinese Practitioners[J]. Journal of Construction Engineering and Management. 2020, 146.

[32] L. Sattler, S. Lamouri, R. Pellerin, et al. Interoperability aims in building information modeling exchanges：A literature review[J]. IFAC-PapersOnLine. 2019, 52：271-276.

[33] J. Wu, J. Zhang. New Automated BIM Object Classification Method to Support BIM Interoperability[J]. Journal of Computing in Civil Engineering. 2019, 33.

[34] Pauwels P, Terkaj W. EXPRESS to OWL for construction industry：Towards a recommendable and usable ifcOWL ontology[J]. Automation in Construction, 2016, 63, 100-133.

[35] Lee Y. C, Eastman C. M, Lee J. K. Validations for ensuring the interoperability of data exchange of a building information model[J]. Automation in Construction. 2015, 58：176-195.

[36] Hu Z. Z, Zhang X. Y, Wang H. W, et al. Improving interoperability between architectural and structural design models：An industry foundation classes-based approach with web-based tools[J]. Automation in Construction. 2016, 66：29-42.

[37] L. S. Carlos, H. Caldas. Integration of Construction Documents in IFC Project Models, in：Construction Research Congress[J]. 2004：1-8.

[38] E. Sanfilippo, W. Terkaj. Editorial：Formal Ontologies meet Industry. Procedia Manufacturing [C]. 2019：174-176.

# 5 BIM的核心技术体系

**本章要点及学习目标**

本章详细介绍了openBIM的相关标准、软件平台和工具，以及openBIM支持的工程信息互操作性研究等内容。

本章学习目标主要是掌握IFC标准的定义、结构框架及数据组织方式，理解openBIM的其他相关标准、软件平台和工具，对目前openBIM支持下的工程信息互操作性研究有一定了解。

## 5.1 openBIM相关标准

openBIM是由buildingSMART和一些使用开放的buildingSMART数据模型的主要软件供应商提出的一种基于开放标准和工作流程的建筑物协同设计、建造和运营的通用方法。作为一个开放、中立、国际化的非营利组织，buildingSMART致力于为基础设施和建筑物创建并采用开放的国际标准和解决方案，以推动建筑行业的数字化转型。本节结合buildingSMART官方网站中openBIM标准的相关内容，对openBIM标准进行介绍。

### 5.1.1 IFC

1. IFC的定义

工业基础类（Industry Foundation Classes，IFC）标准是描述建筑信息模型数据的通用数据模式。

2. IFC的发展历程

IFC标准在BIM技术应用之前就已经被提出，针对建筑领域不同功能的软件间的交互问题，Autodesk，ArchiBus，HOK，Primavera等12家知名企业于1994年召开会议讨论制定开放的、公共的数据标准。1997年这12家公司共同创立了IAI（International Alliance for Interoperability）组织，致力于在建筑领域研究开放的、公共的数据标准，以支持建设项目全生命期各专业的数据表达与交互。IAI组织的成立促进了IFC标准的研究，并为其可持续发展提供了稳固的基础。

参照STEP标准，IFC标准亦采用了形式化的EXPRESS语言作为逻辑规范的描述，并且希望建立一种标准的数据表示和存储方法，使各种软件能够以这种格式导入和导出建筑数据，从而促进不同专业和不同软件在整个生命期内的数据共享。经过20余年的发展（发展历程如图5-1所示），截至2020年7月最新的IFC版本是2020年4月发布的IFC4.3 RC1，IFC4.3的主要目的是在IFC4.2的基础上，进一步扩展IFC架构，使其涵盖铁路、公路、港口和航道领域内基础设施建设。但是其目前仍然是候选状态，并没有进入实际应用阶段，BuildingSMART 仍建议使用 IFC 4.1 进行所有当前的开发，因为该版本与其他版本的兼容性相对较高，因此后续对于 IFC 标准的具体介绍仍以 IFC4.1 为例。

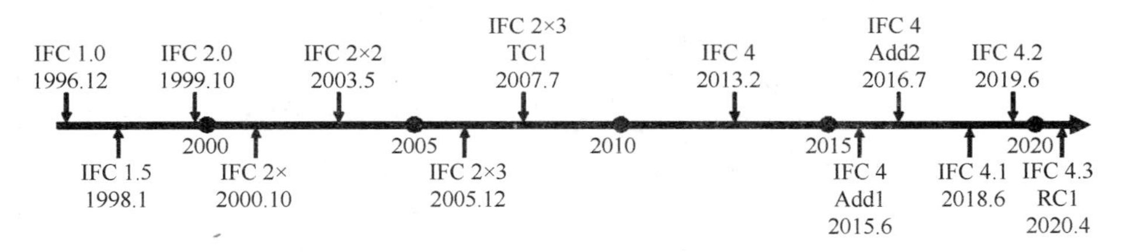


图 5-1 IFC 标准发展历程

表 5-1 对比了部分 IFC 版本所包含的实体（Entities）、类型（Types）以及属性集（Property Sets）。其中，IFC 4.1 包含了 801 个实体、400 个类型、413 个属性集，覆盖了建筑、结构、暖通、电气和施工管理等 8 个专业领域。这些数据反映了 IFC 标准在建筑信息表达方面的丰富性，也可以看出 IFC 标准在整个建筑生命期内都在发挥其在 AEC 互操作性中的核心作用。

**不同版本 IFC 标准（部分）的组成** **表 5-1**

| 版本 | IFC1.5.1 | IFC2.0 | IFC2x | IFC2x2 Add 1 | IFC2x3 | IFC2x3 TC1 | IFC4 | IFC4 Add1 | IFC4 Add2 | IFC4.1 |
|---|---|---|---|---|---|---|---|---|---|---|
| 实体 Entities | 186 | 290 | 370 | 329 | 653 | 653 | 766 | 768 | 776 | 801 |
| 类型 Types | 95 | 157 | 229 | 313 | 327 | 327 | 391 | 396 | 397 | 400 |
| 属性集 Property Sets | — | — | 83 | 312 | 312 | 317 | 408 | 410 | 413 | 413 |

3. IFC 标准数据结构

IFC 标准可从下而上划分为资源层（Resource Layer）、核心层（Core Layer）、交互层（Interoperability Layer）和领域层（Domain Layer）四个层次，如图 5-2 所示。

资源层描述了建设项目中可重复使用的基本数据，如几何资源、属性资源和材料资源等。该层的实体可与其上各层连接，定义上层实体的特性，资源层实体是一切数据的最终载体，核心层及其以上各层是数据载体的组织者。

核心层主要定义了 IFC 标准的基本结构、基础关系和公用概念等，进一步还可以分为扩展层和核心部分。扩展层主要包括产品扩展、流程扩展和控制扩展三部分，其中产品扩展给出了各共享元素均需要的信息实体，如空间、场地、建筑物、建筑构件等实体；核心（Kernel）是 IFC 数据组织的中心，体现着 IFC 数据组织方式的灵魂，其他三个层次内的一切实体皆继承于核心中的 IfcRoot 实体。

交互层总结了建设项目各专业的一些通用构件实体以实现不同领域间的信息共享。交互层是实现多专业协同过程中数据交换的基础，该数据层定义了五种模式供各专业领域所共享，包括共享建筑服务元素模式、共享构件元素模式、共享建筑元素模式、共享管理元素模式和共享设备元素模式。

领域层描述了各专业的特定构件实体，如建筑领域的建筑门窗等实体。

各层 IFC 实体之间的引用遵循以下原则：上层实体可引用下层实体，但下层实体不

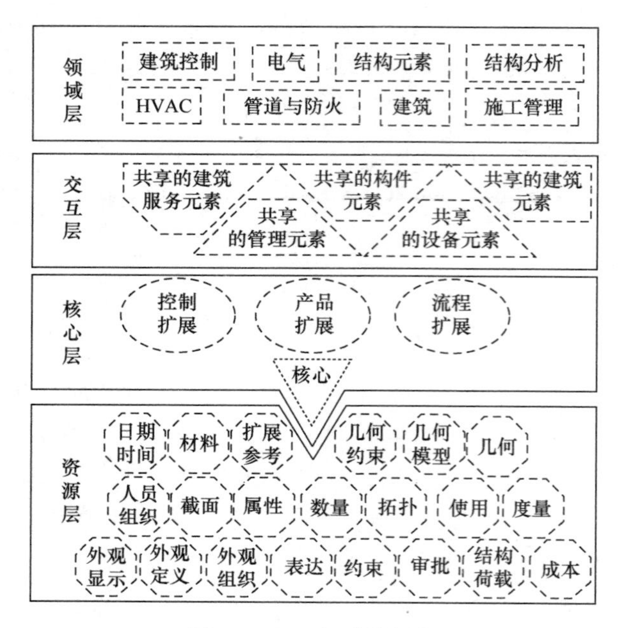


图 5-2 IFC 标准的框架

能引用上层实体。在实际应用中，用户可根据需要调用 IFC 模型中不同类型的数据。

4. IFC 的数据组织方式

如前文所述，核心模块作为 IFC 数据组织的核心体现，包含着三个基础概念：对象定义（IfcObjectDefinition）、属性定义（IfcPropertyDefinition）和关系（IfcRelationship），三者皆继承于根实体（IfcRoot），共同支配着 IFC 的数据组织方式。其中，对象定义又可以细分为对象、类型对象和环境；属性定义可以分为属性集定义和属性模板定义；关系包括了六种来描述各种不同类型的关系。

IFC 标准中，对象实体和属性类实体给出了一致的数据定义格式，并给出每个实体的物理意义。关系类实体给出了一致的数据组织格式，用来将不同对象实体、不同属性实体或对象与属性实体关联起来。通过定义和组织 IFC 标准给出的对象、属性和关系实体，可以描述不同的事物，建立描述不同事物的数据模型。

三个对象定义：由于 IFC 标准是面向对象的数据组织方式，其对现实世界的具体或抽象事物的映射定义由对象定义实体（IfcObjectDefinition）的子类给出，如建筑的柱、墙、梁、板实体均继承于对象定义实体。对象定义实体作为超类实体（被继承的类，也可称作“父类实体”）可进一步分为对象实体（IfcObject）、类型对象实体（IfcTypeObject）和环境实体（IfcContext）三个子类，如图 5-3 所示，其中 ABS 是指抽象实体（Abstract Entity）。

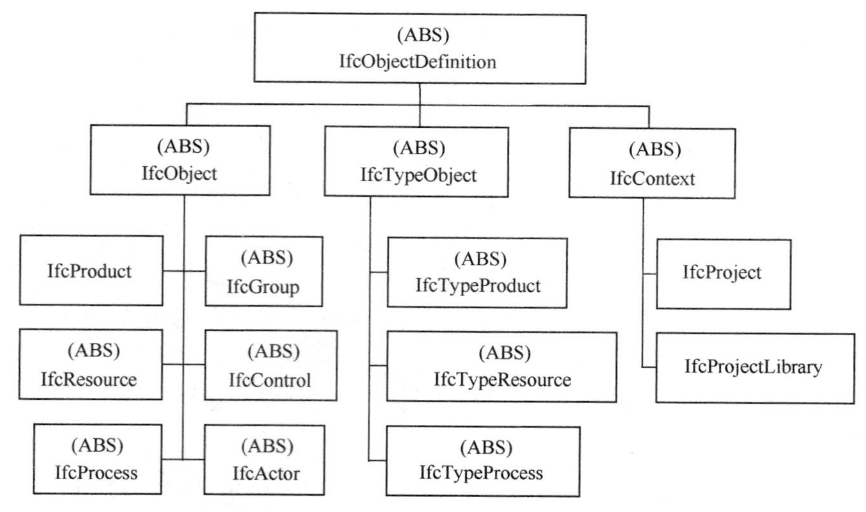


图 5-3 对象定义实体继承关系 EXPRESS-G 图

两个属性定义：IFC 的数据可扩展性来自于其扩展属性机制。IFC 的属性按照使用方法分为两类，静态属性（Attribute）和动态属性（Property）。静态属性是实体定义中已经规定了的最基本的属性，例如全球唯一标示（Global Id）、版本信息（Owner History）、名称（Name）、描述（Description）等属性。动态属性是在属性定义实体中定义的属性，用关联关系关联在实体上的属性，例如物体的分类号、倾斜度、旋转度、跨度等属性。属性定义抽象超类分为属性集定义（IfcPropertySetDefinition）和属性模板定义（IfcPropertyTemplateDefinition）两类，如图 5-4 所示。

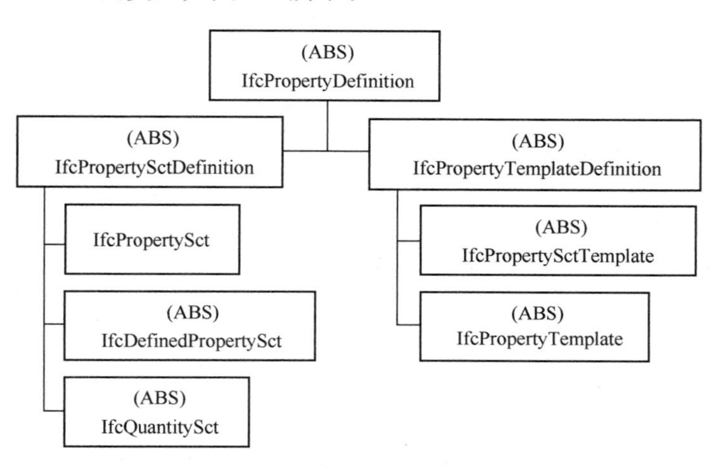


图 5-4　属性定义实体继承关系 EXPRESS-G 图

六种基本关系：在 IFC 标准中共有六种关系，分别是声明关系、定义关系、分解组合关系、连接关系、关联关系和分配关系，如图 5-5 所示，其中，声明关系是直接可以实例化的关系实体，而其他关系实体为不可实例化的抽象超类实体。每种关系必须有被关联对象（Related+）和关联对象（Relating+），两者可以是 1 对 1 的关系或者 1 对多的关系。

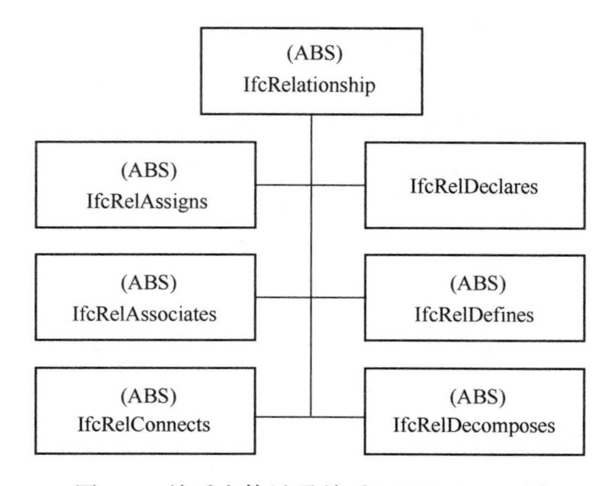


图 5-5　关系实体继承关系 EXPRESS-G 图

5. 实体的 IFC 定义结构（以柱为例）

图 5-6 为一般的柱实体在 IFC 标准下的定义结构，IFC 标准对所有物理对象、过程对象、参与者和其他基本构件都以类似的方式抽象地表示。

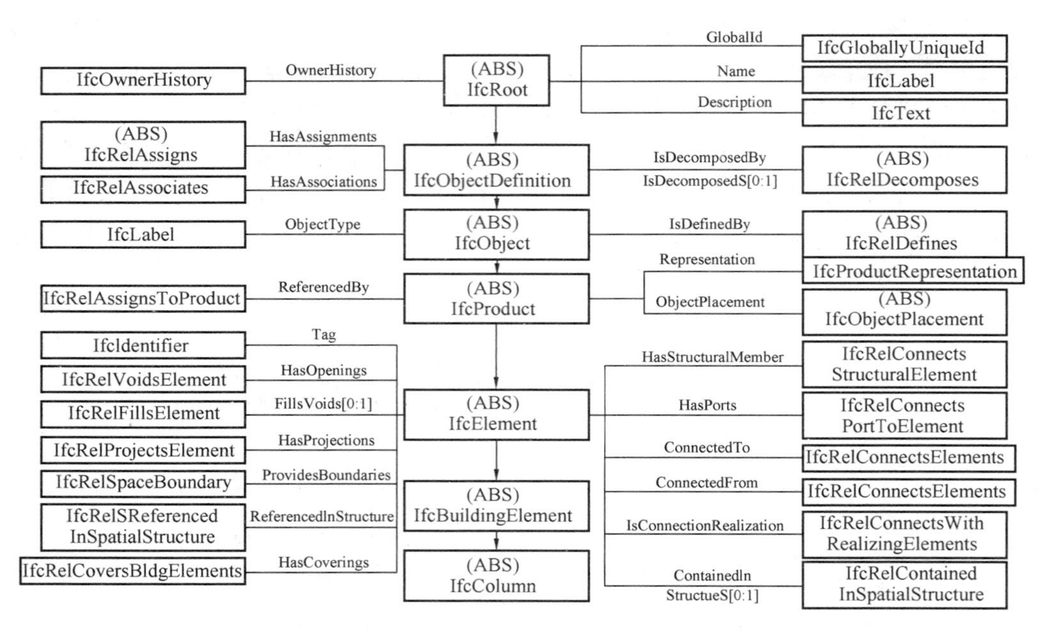


图 5-6　柱实体在 IFC 标准下的定义结构

### 5.1.2　IDM

建筑行业的特点是将许多不同的利益相关者聚集到一个特定于项目的组织中，而为了有效地工作，所有参与者都必须知道哪些以及何时必须传达不同种类的信息。而正是信息交付手册（Information Delivery Manual，IDM）的出现，明确了建设项目不同阶段、不同对象之间需要交换的信息类型和方式。

IDM 是用于采集和规定建筑生命期全过程和信息流的方法。

IDM 旨在确保相关数据以接收方软件能够解释的方式进行交换，具体目标如下：

（1）定义项目生命期内信息交换的所有流程；

（2）确定支持各个流程的 IFC 元素；

（3）描述后续流程可以使用的该流程执行结果；

（4）指定流程中发送和接受信息的角色。

在复杂的建设项目中，建筑的施工和维护涉及众多参与方，各参与方之间的信息交流是至关重要的。IDM 通过充分利用业务流程建模符号（Business Process Modelling Notation，BPMN）和交换需求模板来推进项目参与方之间的交流。

IDM 标准针对指定过程中的信息需求提供了一套合理的方法。该方法主要由流程图（Process Map，PM）、交换需求（Exchange Requirements，ER）和功能部件（Functional Parts，FP）组成。流程图规定了某个特定过程的活动流；交换需求提供了对以上特定过程中所需传递的某组信息的完整表达；功能部件是 IDM 中数据信息的最小单元，通过若干个功能部件的组合来描述一个完整的交换需求，其中单个功能部件也可能对应多个交换需求。在功能部件被定义后，基于各功能部件的模型视图定义就可以被创建，同时把这些信息映射到 IFC 架构中，使信息能够被清晰地表达出来。

截至 2020 年 7 月，buildingSMART 官方发布和认证过的 IDM 版本如图 5-7 所示。

### 5.1.3 MVD

IFC标准可以满足设计师、承包商、建筑产品供应商、制造商、政府部门以及其他利益相关者的不同需求，但正是因为其丰富的内容使得IFC标准也具有了高度冗余性。因此，基于IFC架构的子集任务模型视图定义（Model View Definition，MVD）应运而生，旨在实现不同场景下对相应的数据描述方式进行约定和限制。

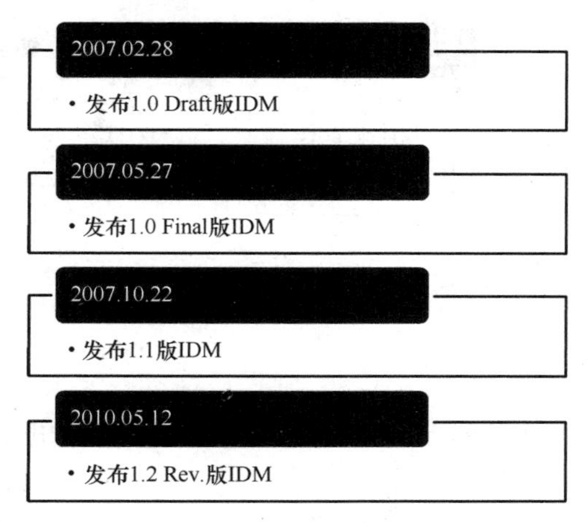


图5-7 IDM历史版本

MVD是面向AEC行业中特定数据交换场景的IFC子集。

MVD定义了一个需要满足AEC行业中一个或多个交换要求的IFC模式的子集，可以说是BIM数据流通和共享的实现途径，它为不同场景下的交换过程提供了相应的数据描述方式的约定和限制。MVD面向的是具体的交换场景，通过规范信息交换的形式，实现了建筑领域内不同阶段、不同专业基于IFC标准的数据交换。

截至2020年7月，buildingSMART官方发布和认证的MVD（最新的10个版本）见表5-2。

**buildingSMART官方发布和认证的MVD** **表5-2**

| MVD名称 | 对应IFC版本 | 目前状态 |
|---|---|---|
| Coordination View | IFC2x3 TC1 | 官方发行 |
| Space Boundary Addon View | IFC2x3 TC1 | 官方发行 |
| Basic FM Handover View | IFC2x3 TC1 | 官方发行 |
| Structural Analysis View | IFC2x3 TC1 | 官方发行 |
| Reference View | IFC4 ADD2 TC1 | 官方发行 |
| Design Transfer View | IFC4 ADD2 TC1 | 官方发行 |
| Quantity Takeoff View | IFC4 ADD2 TC1 | 草案 |
| Energy Analysis View | IFC4 ADD2 TC1 | 草案 |
| Product Library View | IFC4 ADD2 TC1 | 草案 |
| Construction Operations Building Information Exchange | IFC4 ADD2 TC1 | 草案 |

美国建筑信息建模标准第1版第1部分于2007年12月发布（NIBS2008年），它给出了一个开发MVD的步骤，如图5-8所示。

### 5.1.4 bSDD

国际字典框架（International Framework for Dictionaries，IFD）建立了不同语种、不同词汇的信息表述与IFC类型之间的映射关系，给每一信息设定一个全球唯一标识代码GUID，实现信息的准确交换与共享，后更名为bSDD（buildingSMART Data Dictionary）也被ISO采纳，标准号为ISO 12006-3。

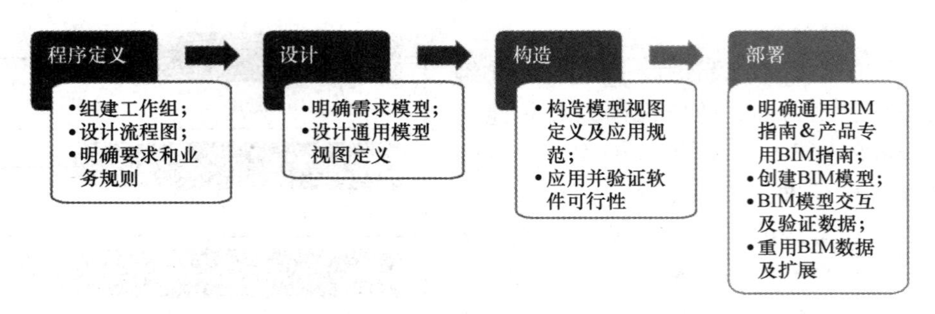


图 5-8 MVD 开发流程

bSDD 是在 BIM 数据交互中提供标准化的工作流程以保证数据质量和信息一致性的在线服务。

为了更好地理解 bSDD 标准，有必要理解 IFD 标准的概念。IFD 是一种面向术语库或面向本体的标准，通过建立 IFC 标准与不同语言和词汇的信息表示之间的映射关系，并规定对象的相关概念语义，保证 BIM 信息交换和共享的准确性。基于 IFD 标准，bSDD 提供了一个在线的共享系统，用于识别和验证建筑信息模型中所使用的构件与属性的名字，从而促进协同工作。

现有的 bSDD 作为一项在线服务，提供对象/分类及其属性和翻译，可用于识别构建环境中的对象及其特定属性，而与自然语言无关。bSDD 是开放的和国际化的，它允许建筑师、工程师与来自世界各地的产品制造商和供应商进行语义信息的共享和交换，并且通过全面的对象建模和数据验证来帮助降低成本并提高质量，简化不同用户和应用程序之间的交换。

作为 buildingSMART 技术路线（图 5-9）中必不可少的一环，未来的 bSDD 除了在可用性和可访问性方面进行改进之外，将在技术方面进行一些更改，使其允许使用产品数据模板，并改善其适用性。

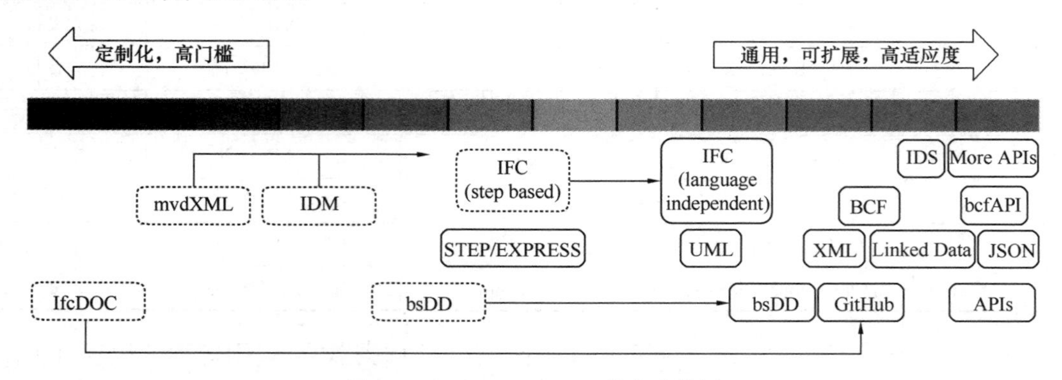


图 5-9 buildingSMART 技术路线图

## 5.2 openBIM 平台与工具

在对现有关于 openBIM 的研究进行分析的基础上，图 5-10 列出了主要的 openBIM 软件平台和工具。

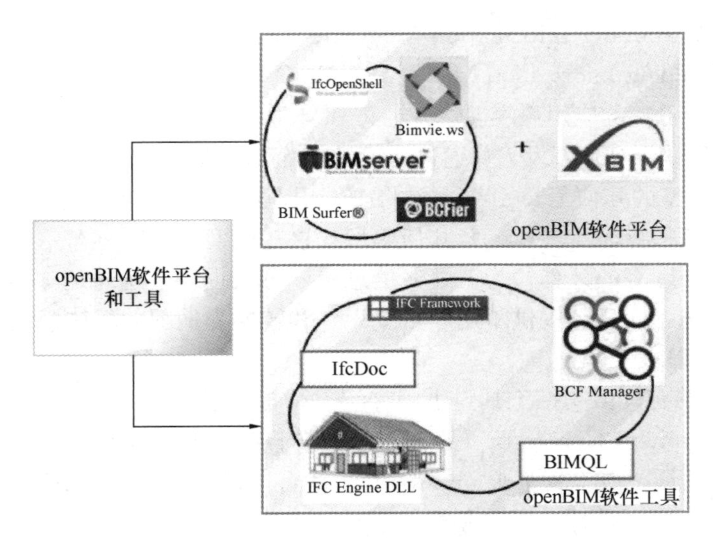


图 5-10 主要使用的 openBIM 软件平台和工具

### 5.2.1 openBIM 平台

建设项目的参与者和利益相关者可以使用不同的 BIM 软件来实现信息的及时共享。目前，BIM 软件主要包括 Autodesk、Bentley 和 Trimble 系列等。同一公司的软件之间具有很高的兼容性，但是不同公司的软件之间的互操作性相对较低，这导致了软件之间信息共享困难。尽管某些软件具有插件开发界面，但仍不能完全满足建筑业有关自定义和模块化的 BIM 软件要求。本节介绍两个典型的开源软件平台。

1. BIMserver

BIMserver 是一个开放、稳定的软件，可以轻松构建可靠的 BIM 软件工具，支持 AEC 领域用户的动态协作过程。BIMserver（BIMserver. org）平台允许用户创建自己的"BIM 操作系统"。软件的核心基于开放的 IFC 标准，可以很好地处理 IFC 数据。在 BIMserver 中，智能核心对 IFC 数据进行解析，并将其作为对象存储在底层数据库中。该方法的主要优点是可以对 BIM 数据进行查询、合并和过滤。除了合并、模型检查、授权、身份验证和比较等核心数据库功能外，还有许多其他功能可以降低开发人员的门槛。BIMserver 的常用插件如下：

（1）IfcOpenShell 是一个开源软件库，帮助用户和软件开发者解析 IFC 模型。

（2）bimvie. ws 开发了内置 HTML 和 Javascript 的 BIM 在线查看软件工具，该工具可以与 BIM 服务接口交换（BIMSie）API 接口兼容，并在云平台上与 BIM 一起使用。BIMSie 是 BIM Web 服务的标准 API，用于在云中获取 BIM。用户可以将 bimvie. ws 与任何 BIMSie 兼容的在线 BIM 服务一起使用。

（3）BIMsurfer 是由 SceneJS 和 WebGL 开发的开放源代码 IFC 模型查看器，用于解析 IFC 和 glTF 格式的 BIM 数据。

（4）BCFier 是可以处理 BIM 协作格式（BCF）文件的应用程序，可以作为插件直接与 BIM 软件集成。BCFier 允许用户在 Autodesk Revit 中创建和打开 BCF 文件，添加多个视图和注释，并轻松与其他团队成员共享。

2. Extensible Building Information Modeling（xBIM）

Extensible Building Information Modeling（xBIM）是一个免费的开源软件开发平台，允许开发人员为基于IFC的应用程序创建自定义BIM中间软件。xBIM为IFC数据标准提供了丰富的API。借助该平台，开发人员通过几行代码就可以读取、写入和更新IFC文件。

xBIM具有完整的几何信息引擎，可将IFC几何数据对象（例如IfcSweptAreaSolid）转换为功能齐全的边界表示（Brep）几何模型。这些模型支持所有布尔运算、交集、并集和体积、面积和长度等的计算行为。几何信息引擎不仅提供了优化的3D三角剖分和网格划分来实现可视化，而且还提供了用于重复识别和转换为地图的整体模型优化功能。

### 5.2.2　openBIM工具

openBIM标准有许多支持工具。下面介绍五种常用工具。

（1）IFC Document Generator（IfcDoc）是用于生成IFC文档（从IFC4开始）和开发MVD的软件工具。该工具基于mvdXML规范，可以应用于所有IFC版本。

（2）BCF Manager使用户可以创建、过滤和查找BIM模型中的问题。用户可以保存、加载问题或从BIMcollab同步问题，以便与使用图5-11所示的相同或不同的BIM工具的项目成员共享问题，从而提高了问题管理的可靠性并缩小了BIM工具之间的差距。

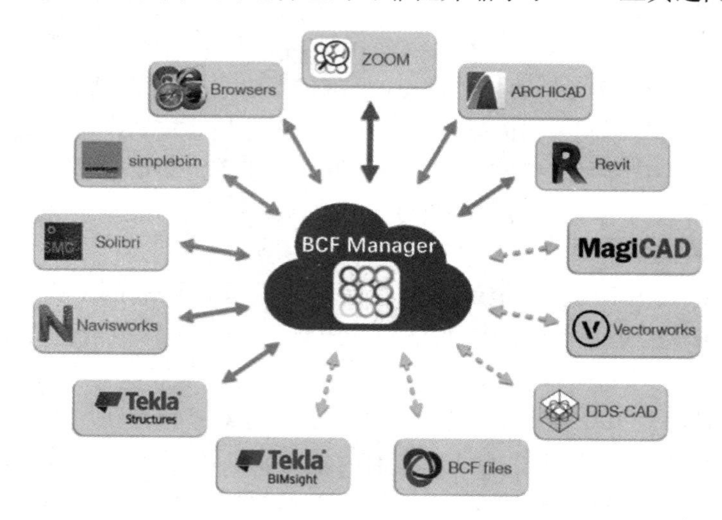


图5-11　可以应用BCF Manager的BIM工具

（3）建筑信息模型查询语言（Building Information Model Query Language，BIMQL）是一种基于IFC的建筑信息模型查询语言。该查询语言可以选择和更新存储在IFC中的数据，目前被使用在BIMserver. org平台中。

（4）Apstex IFC Framework是一个基于Java的面向对象的工具包，它提供对基于IFC的BIM模型的完全访问权限，从而对IFC模型进行读取、写入、修改和创建。它提供了用于访问和可视化基于IFC的BIM工具，以方便软件开发人员将信息库集成到产品中，允许终端用户可视化和检查模型。

（5）IFC Engine DLL是一个STEP工具箱，可以为最新版本的IFC生成3D模型。该组件可以通过自己的对象数据库来加载、编辑和创建STEP物理文件（STEP Physical File）及其框架。

# 5.3 openBIM 支持的工程信息互操作性研究

作为一种常用的信息交换方法，openBIM 已广泛应用于许多研究领域。本节对近些年来 openBIM 支持工程信息互操作性的一些相关研究进行了分析和总结，主要表现在信息表示、信息查询、信息交换、信息扩展和信息集成五个方面，如图 5-12 所示。

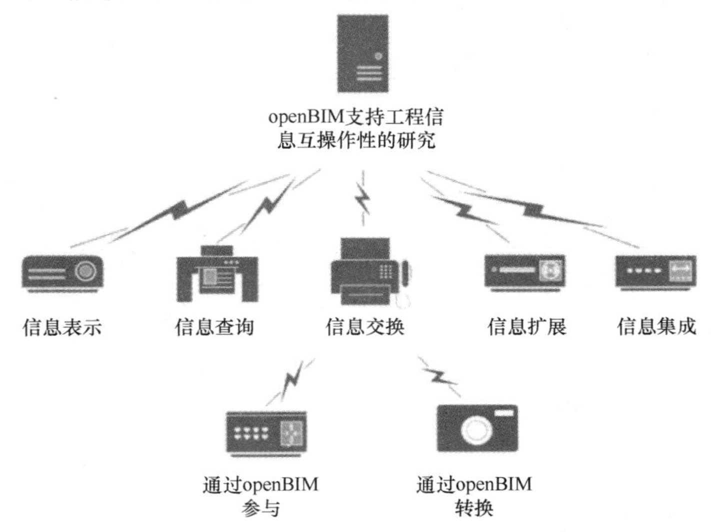


图 5-12 基于 openBIM 的工程信息互操作性研究

## 5.3.1 信息表示

信息表示是信息互操作性的基础。openBIM 标准（例如 IFC 和 IDM）为许多领域的信息表示提供了便利，同时 openBIM 还可以应用于语义信息表示。使用 openBIM 表示信息的框架如图 5-13 所示。

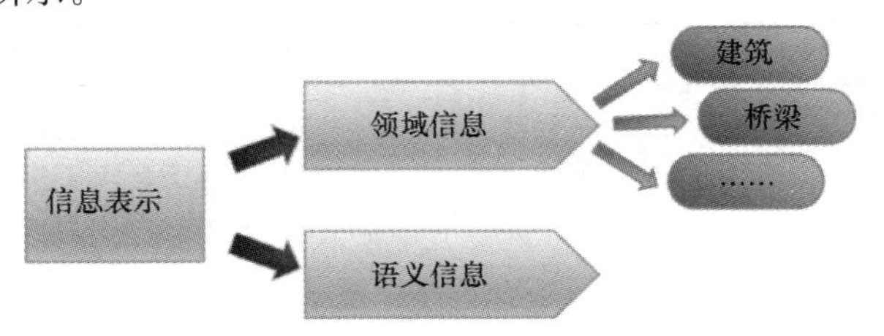


图 5-13 openBIM 用于信息表示框架

根据图 5-13 分类，表 5-3 总结了 openBIM 用于信息表示的相关文献。

**openBIM 用于信息表示的相关文献** **表 5-3**

| 类别 | 作者 | 研究内容及价值 |
|---|---|---|
| 领域信息表示 | Ma 等（2018 年） | 在建筑领域开发了支持推理的 BIM 应用程序，其中 BIM 数据被假定存储在符合 IFC 标准的文件中，以实现更好的可扩展性和可重用性 |
| | Sacks 等（2018 年） | 在桥梁领域，提出了用于桥梁检查的桥梁语义增强引擎（SeeBridge）系统，其中 IDM 负责编译特定信息，而 MVD 主要用于基于 IFC 识别所需信息。所提出的系统可以满足自动信息检查的要求，也可以进一步应用于其他基础设施 |

续表

| 类别 | 作者 | 研究内容及价值 |
|---|---|---|
| 语义信息表示 | Sacks等（2017年） | 在提出的程序中使用IDM来识别拓扑规则处理所需的域数据和相关元素，从而改善建筑模型中BIM语义丰富引擎（SeeBIM）工具的不足 |
| | Pauwels等（2017年） | 在ifcOWL语义表示中优化了几何数据，并提出了ifcOWL几何方面的四个替代表示；作者还量化了这些指标对ifcOWL本体和实例模型的大小的影响，最终建议使用众所周知的文本（Well-Known Text，WKT）表示作为ifcOWL本体的附加组件，大大降低了ifcOWL施工模型的规模和复杂性 |

### 5.3.2 信息查询

除了使用openBIM进行信息表示外，还可以使用openBIM对工程信息的后续处理执行更多操作。IFC、IFD和BCF等标准可用于查询信息以实现数据检索和分析。此外，智能信息查询可以提高传统信息查询的效率和有效性。openBIM提供的数据标准在智能信息查询过程中起着不可或缺的作用。因此，也可以将一些高级技术（例如数据库技术，自然语言处理和机器学习）与openBIM结合使用，以解决信息查询问题。openBIM支持信息查询的框架如图5-14所示。

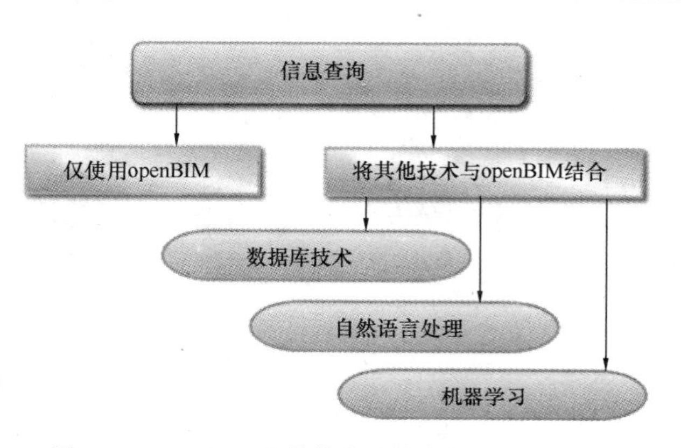


图5-14 openBIM和其他先进技术支持的信息查询

根据图5-14分类，表5-4总结了openBIM用于信息查询的相关文献。

**openBIM用于信息查询的相关文献** **表5-4**

| 类别 | 作者 | 研究内容及价值 |
|---|---|---|
| 仅使用openBIM | Mazairac等（2013年） | 提出了一种基于特定领域和开放查询语言的框架，该框架可用于选择、更新和删除IFC中存储的数据；提供了现有方法的概述和概念图，并记录了服务于开源模型服务器平台bimserver.org的原型插件目前的实现状态 |
| | Khalili等（2013年） | 将IFC作为一种新的拓扑驱动方法，并提出了一种称为图数据模型（Graph Data Model，GDM）的新模式，通过该模式可以将3D对象（例如建筑元素）映射到一组节点中，并使用IFC标准将它们之间的关系转换为一组边。另外，用一种新的基于IFC的算法来推断建筑元素之间的拓扑关系 |
| | Kang（2017年） | 通过基于BIM链接模型的对象查询方法，提出了一种使用LandXML和IFC的集成的BIM对象查询的有效方法，解决了此前难以通过基于形状信息的链接方式获取分别由LandXML模式和IFC表示的土木工程和建筑模型对象的难题 |
| | Nepal等（2012年） | 提出了一种通过组合ifcXML和空间XML数据从BIM模型提取和查询信息的有效方法，该方法可以节省时间并减少手动提取信息的错误 |

续表

| 类别 | 作者 | 研究内容及价值 | |
|---|---|---|---|
| 将其他高级技术与 openBIM 结合使用 | Lee 等（2014 年） | 结合数据库技术 | 结合传统关系数据库的优势，开发了一种创新的对象关系型 IFC 服务器，可以提高传统 IFC 服务器的查询性能 |
| | Lin 等（2016 年） | 结合自然语言处理技术 | 提出了一种基于自然语言处理的智能数据检索与表示方法，该方法可以通过 IFD 将提出的概念“关键字”和“约束”映射到 IFC 实体或属性中，以实现数据检索和分析 |
| | Kuo 等（2016 年） | 结合机器学习 | 提出了一种机器学习步骤来提取和处理 BCF 数据，并引入了可查询知识发现系统的概念框架，从而集成知识以用于对未来的问题预测 |

### 5.3.3 信息交换

BIM 软件的开发有助于提高不同学科的工作效率，从而促进建筑业的信息化进程。但是，在利益相关者的协作过程中，不同 BIM 软件之间的互操作性成为一个关键问题，如何有效地实现信息交换关系到整个协作过程。通过利用 openBIM 的优势，信息交换可以更加顺畅和轻松。在对现有研究进行分析和总结的基础上，openBIM 支持的信息交换过程分为两种方式：① openBIM 标准或平台参与信息交换；②通过 openBIM 标准数据转换实现信息交换。这两种方式的具体分类如图 5-15 所示。

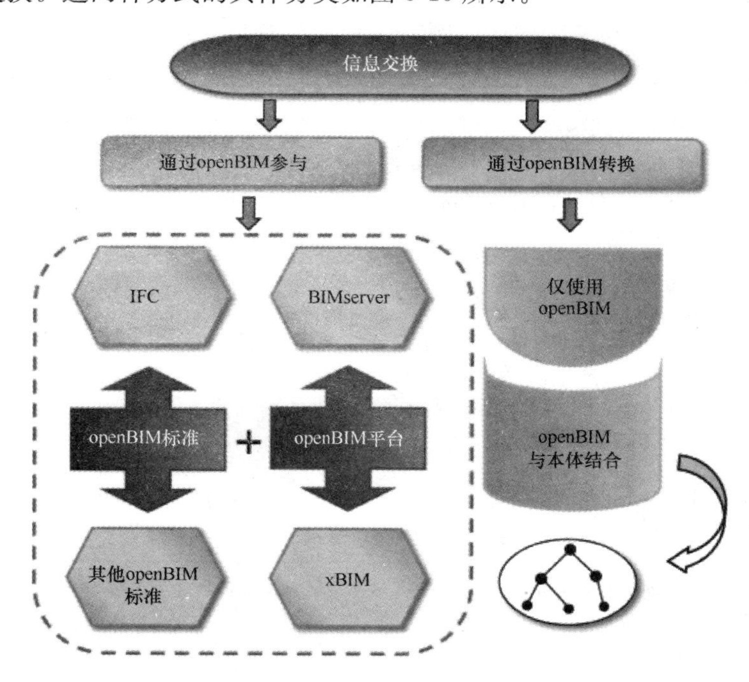


图 5-15 openBIM 支持的信息交换

1. 通过 openBIM 参与进行信息交换

（1）通过 openBIM 标准参与的信息交换

1）仅使用 IFC

一些研究人员在信息交换过程中应用了 openBIM。当前，最广泛采用的 openBIM 标准是 IFC，它应用于建筑物的全生命期，包括设计、施工、运营和维护阶段，如图 5-16 所示。

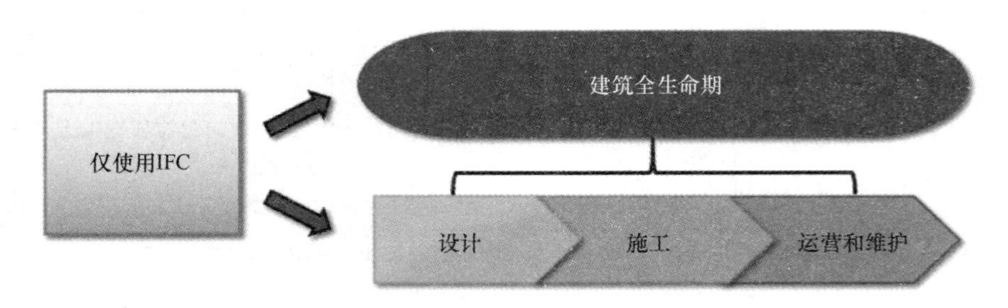


图 5-16　IFC 参与的信息交换

根据建筑物生命期的分类，表 5-5 总结了仅使用 IFC 标准参与信息交换的相关文献。

**仅使用 IFC 标准参与信息交换的相关文献　　表 5-5**

| 阶段 | 作者 | 研究内容及价值 |
| --- | --- | --- |
| 设计阶段 | Hu 等（2016 年） | 提出了一种将基于 IFC 的统一信息模型与各种算法相结合的新方法，其中，基于 IFC 的统一信息模型被用来构成模型转换的综合中心信息层。此外，通过所提出的方法，可以标准化转换所需的实体、属性和关系，以克服不同结构分析应用程序中数据和信息的不一致表示 |
| | Lee 等（2015 年） | 描述了与 BIM 相关的建筑环境规则和分析（Building Environment Rule and Analysis，BERA）语言的实施过程，该过程有助于设计规则检查和许多其他分析目的，其中将 IFC 用作给定的建筑信息模型，以将 BIM 数据传输到 BERA 中语言框架 |
| | Solihin 等（2017 年） | 对使用传统的关系数据库模型的 BIM 3D 几何数据进行了多种表示，以支持与查询相关的高性能规则检查。IFC 在此信息交换过程中发挥了重要作用 |
| | Choi 等（2015 年） | 在 openBIM 框架内提出了一个工程量计算（Quantity Take-Off，QTO）过程和 QTO 原型系统，以提高早期设计阶段估算的低可靠性 |
| 施工阶段 | Park 等（2017 年） | 提出了一种由 Web 和数据库技术支持的可视化方法，以实现 4D BIM 的实时施工进度信息共享和可视化，3D BIM 模型在此之间就已经被创建好并遵循了 IFC 标准。通过基于 IFC 文件格式解析 BIM 模型，可以将 BIM 模型实体的信息记录到 4D BIM 数据库中 |
| | Caldas 等（2004 年） | 提出了一种在基于模型的 IFC 兼容系统中自动集成 AEC/设施管理（Facility Management，FM）项目文档的方法，该方法以 IFC 模型为基准对文本文档进行分类并关联项目对象，从而改善了施工阶段的信息互操作性 |
| | Babic 等（2010 年） | 提出了一种用于建筑公司子系统互连的系统架构，其中 BIM 用于将企业资源计划（Enterprise Resource Planning，ERP）系统中的信息与建筑对象相关的信息链接起来。系统架构基于 IFC 标准，提高了项目参与者之间的互操作性，促进了工业化建设进程 |
| | Caffi 等（2014 年） | 使用 INNOVance 数据库进行施工过程管理，并且通过采用 IFC 协议保证了项目结束时的互操作性 |
| | Ding 等（2017 年） | 开发了基于 IFC 的检查过程模型（Industrial Foundation Classes-based Inspection Process Model，IFC-IPM）。在 IFC-IPM 模式中，存在物理、进度和质量管理模型，以满足在施工过程中实时进行与质量相关的信息交换的需求 |

续表

| 阶段 | 作者 | 研究内容及价值 |
| --- | --- | --- |
| 运营及维护阶段 | Lu 等（2018 年） | 开发了一种半自动图像驱动系统，用于在运营和维护阶段根据现有建筑物的图像在 IFC 中构建原始 BIM 对象。为此开发了三个子系统，其中 IFC BIM 对象生成子系统使用 ifc engine 在 IFC 中创建 BIM 对象，并选择 IFC2X3 和 IFC4 作为其基本架构标准，以便该子系统可以将识别出的对象自动转换为 IFC BIM 对象 |
| | Hu 等（2016 年） | 提出了一个基于 IFC 的实用多尺度 BIM，其中详细描述了在施工管理（Construction Management，CM）和设施管理过程中机械、电气和管道（Mechanical，Electrical and Plumbing，MEP）组件所需要的信息，这些信息使用 IFC2x4 来表示，并在不同的 BIM 应用程序之间进行交换。基于提出的多尺度 BIM，提出了基于 BIM 的 CM 系统和基于 BIM 的 FM 系统，以支持 MEP 项目合作伙伴在运营和维护阶段实现具有多尺度功能的协同管理 |
| | Edmondsona 等（2018 年） | 使用 IFC4 设计和开发了现有污水网络的智能污水资产信息模型（Smart Sewer Asset Information Model，SSAIM），该模型集成了分布式智能传感器，以实现污水资产的实时监控和报告。最后，提出了一种传感器数据分析方法来促进洪水的实时预测 |
| 建筑全生命期 | Vanlande 等（2008 年） | 使用 IFC 作为模型来定义建筑项目的要素和关系，然后构建了一个专用于建筑生命期的信息系统，并开发了一个名为 Active3D 的平台，以促进 AEC 项目整个生命期中的信息共享和交换过程 |
| | Lin 等（2013 年） | 提出了一种使用 IFC 文件作为输入来处理 3D 室内空间路径规划的新方法，其中 IFC 用于还原建筑构件的几何信息和丰富的语义信息，以支持生命期数据共享 |
| | Jeong 等（2009 年） | 对 BIM 工具之间的数据交换进行了一系列结构化的详细基准测试。这些测试表明，需要一个共同商定的标准来定义如何使用建筑元素进行建模并将其映射到 IFC 模式中，以实现完全有效的互操作性 |
| | Wang 等（2015 年） | 开发了基于 IFC 的转换软件，促进实现建筑模型和结构模型之间的有效转换 |

2）使用其他 openBIM 标准

除 IFC 外，其他 openBIM 标准也被用于信息交换，相关文献见表 5-6。

**使用其他 openBIM 标准参与信息交换的相关文献　　表 5-6**

| 作者 | 研究内容及价值 |
| --- | --- |
| Venugopal 等（2012 年） | 通过将语义嵌入信息交换中，将 MVD 用于建筑物子域中的信息交换，以解决 IFC 在特定信息交换过程中定义实体、属性和关系方面的不足 |
| Lee 等（2013 年） | 提出了一种称为产品建模扩展过程（Extended Process to Product Modeling，xPPM）的方法，该方法可以实现 IDM 和 MVD 的集成和无缝开发。基于这种方法，开发了相应的工具，通过复制现有的 IDM 和 MVD 来分析 xPPM 的有效性，从而实现了建筑数据的高效无缝交换 |
| Lee 等（2015 年） | 为了验证 BIM 模型信息更改的准确性，根据可用软件（例如 IFC 服务器 ActiveX Component，IfcDoc 等）对是否符合 IFC、MVD 和设计要求进行了调查，旨在提供集成方法来改善互操作性 |
| Lee 等（2016 年） | 提出了使用模块化验证平台的鲁棒性 MVD 验证过程，该平台根据 MVD 规则集的不同类型对 IFC 实例文件进行了评估，以解决 MVD 验证过程中存在的挑战 |

续表

| 作者 | 研究内容及价值 |
| --- | --- |
| Pärn等（2017年） | 为了实现BIM与设施管理（facility management，FM）的集成，以促进项目运维阶段的信息交换过程，并减少FM团队更新和维护BIM的成本，开发了FinDD API插件。该插件可以管理BIM中的语义FM数据，其中COBie可以提供满足运维阶段要求的相关参数。FinDD是COBie的定制扩展，其API插件的数据要求和模型结构主要受COBie标准影响 |
| Alreshidi等（2018年） | 对BIM协作平台的要求进行了分析，并指出基于标准的软件（例如基于IFC的软件）之间的兼容性是BIM推广应用的一大挫折，而IDM可以在BIM协作过程中发挥重要作用 |
| Lee等（2018年） | 提出了一种根据MVD的各种要求评估BIM数据的新方法，检查了它们的嵌入式检查规则类型并将相应的实现方案进行了分类 |
| Du（2013年） | 在IFC和IDM的基础上，提出了一种基于云计算和开放Web环境的基于云的创新建筑信息交互框架 |

（2）openBIM平台参与的信息交换

除openBIM标准外，一些研究人员还寻求借助一些与openBIM相关的软件平台（例如BIMserver和xBIM）来实现信息交换和共享进度。作为开放，稳定的软件核心，BIMserver可以轻松构建可靠的BIM软件工具以支持AEC用户的动态协作过程。BIMserver.org平台使用户可以创建自己的“BIM操作系统”。而作为一个免费的开源平台，xBIM允许开发人员为基于IFC的应用程序创建定制的BIM中间软件。表5-7总结了使用openBIM平台参与信息交换的相关文献。

**使用openBIM平台参与信息交换的相关文献　　表5-7**

| openBIM平台 | 作者 | 研究内容及价值 |
| --- | --- | --- |
| BIMserver | Beetz等（2010年） | 介绍了开源IFC服务器BIMsever.org，并对现有的IFC工具包和服务器进行了概述；提出了一种基于IFC STEP EXPRESS模式的独立实现的模型，并将其用作数据库持久性框架；还介绍了基于此框架的模型服务器应用程序，该应用程序可以实现不同利益相关者之间有关BIM的存储、维护和查询的互操作性 |
| | Isikdag（2012年） | 提出了三种面向服务的体系结构设计模式，即BIM AJAX，BIM SOAP Facade和RESTful BIM，其中使用IFC模型来促进信息交换和共享进度。在RESTful BIM模式下，IFC对象树用于信息交换，并且BIMserver的REST功能可以进一步促进基于Web的BIM的协作使用 |
| | Ma等（2018年） | 提出了一种基于BIM技术和室内定位技术的综合应用系统，其中IFC格式负责存储BIM模型并建立检测任务生成算法，BIMserver.org平台被用来管理BIM模型或者作为一个IFC分析器和浏览器 |
| | Van Berlo等（2014年） | 利用在线3D查看器、BIMserver和开发的开源BCF服务器来简化工作流程，从而可以为协作设计提供便利 |
| xBIM | Solihin等（2016年） | 提出了通过采用IFC模式和标准化程序在联合环境中集成完全不同的模型的框架。在验证和测试阶段，通过使用经过修改的xBIM工具包来分析IFC文件、导入和集成IFC数据，从而实现了原型开发 |

2. 通过 openBIM 转换进行信息交换

作为信息交换的通用标准，openBIM 不仅可以参与信息交换，还可以通过其标准数据转换来支持信息交换。同时，作为一种有效的结构化信息表示方法和语义技术的核心，本体在近年来备受关注，通过将本体与 openBIM 集成来实现信息交换非常重要。因此，表 5-8 总结了通过 openBIM 转换支持信息交换的文献，并将其划分为仅使用 openBIM 和 openBIM 与本体结合两种类型。

**通过 openBIM 转换支持信息交换的文献　　表 5-8**

| 分类 | 作者 | openBIM 转换 | 研究内容及价值 |
|---|---|---|---|
| 仅使用 openBIM | Solihin 等（2017 年） | IFC to BIMRL | 重点关注模式和转换规则的定义，并提出了一种将 IFC 文件转换为 BIMRL 模式（一种开放和可查询的数据库模式）的方法，该方法可以使用标准 SQL 来实现对 BIM 数据的灵活、高效的查询 |
| | Oldfield 等（2017 年） | IDM to MVD | 遵循一种标准的 BIM 方法，首先使用 IDM 定义需求，然后通过使用 MVD 将 IDM 中描述的过程转换为技术需求。MVD 或 IFC 数据模型的子集的建模有助于创建和交换拓扑对象的边界表示，可以将其组合成 3D 合法空间概览图 |
| openBIM 与本体结合 | Terkaj 等（2015 年） | IFC EXPRESS to OWL | 将 IFC 与本体结合起来，探索了从 IFC EXPRESS 到 OWL 的转换，并证明了 ifcOWL 的可用性，这为 ifcOWL 本体的进一步应用提供了新思路 |
| | Le 等（2016 年） | LandXML to RDF | 提出了一种基于本体的生命期数据交换框架，其中用 LandXML 来描述土木工程 XML 格式的各种设计数据，并提出了一些规则来将 LandXML 设计数据转换为 RDF 图；还使用从 Landxml. org 检索的示例道路项目测试了该机制 |
| | Lee 等（2016 年） | OWL/XML to mvdXML | 由于从 IDM 到 MVD 的数据转换过程中缺少逻辑链接，因此可能导致数据交换需求及规则的冗余。在这种情况下，作者运用本体论在预制混凝土领域产生 IDM，并将其 MVD 与信息模型链接起来，以满足识别被映射的 MVD 意图并跟踪映射问题的要求。另外，为了集成 IDM 和 MVD，将基于本体的 IDM 从 OWL/XML 解析并转换为 mvdXML，后者在 IfcDoc 工具中自动生成了 MVD 文档 |
| | Pauwels 等（2016 年） | IFC EXPRESS to OWL | 为了提高建设项目的互操作性，将 ifcOWL 本体视为语义 Web 技术与 IFC 标准之间的联系。通过分析 ifcOWL 推荐本体关键特性所需的相应应用标准，提出了 IFC 从 EXPRESS 模式到 OWL 本体的转换程序，并将该程序的转换结果作为推荐的 ifcOWL 本体 |

### 5.3.4　信息扩展

使用 openBIM 进行信息扩展的框架可以分为三类：领域信息扩展、属性信息扩展和语义信息扩展，如图 5-17 所示。

使用 openBIM 进行信息扩展的相关研究总结见表 5-9。

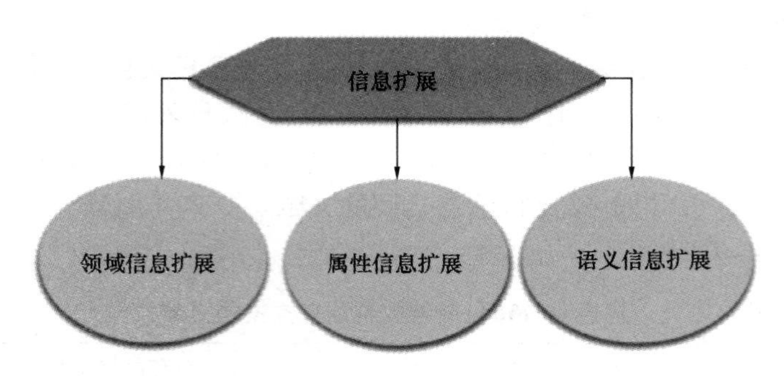


图 5-17　使用 openBIM 进行信息扩展的框架

**openBIM 支持信息扩展的文献**　　**表 5-9**

| 分类 | 作者 | 研究内容及价值 |
| --- | --- | --- |
| 领域信息扩展 | Lee 等（2011 年） | 基于 IFC 框架，在 IFC 中增加了道路结构的主要建筑构件，并开发了道路结构的 IFC 扩展模型，从而扩展了道路结构的 BIM 技术 |
| | Ji 等（2012 年） | 提出对现有 IFC-Bridge 草图进行扩展，其中使用面向对象的数据模型捕获参数的几何描述，然后将其转换为 EXPRESS 模式并与当前 IFC-Bridge 草图集成。所提出的中性数据结构为在不同软件应用程序之间交换参数化的桥模型奠定了基础 |
| 属性信息扩展 | Patacas 等（2015 年） | 通过关注某些特定用例（包括资产注册和使用寿命计划），调查了 IFC 和 COBie 是否可以从整个生命期的角度为设施经理提供所需的资产数据和信息。结果表明，尽管 IFC 和 COBie 默认情况下不能满足资产注册和使用寿命计划的所有信息要求，但它们允许用户使用 Revit 共享参数以属性集的形式添加一些不受支持的信息 |
| 语义信息扩展 | Venugopal 等（2015 年） | 在不同的联合模型之间进行映射时，映射实体、属性和关系缺乏语义清晰度会导致同一信息拥有多个表达式。基于这种考虑，作者从本体框架的角度审视了 IFC，以使其定义更加准确一致。本体将通过提供正式和一致的分类和结构来扩展 IFC 并将 BIM 的子集定义为 MVD，从而建立 BIM 的互操作性 |
| | Belsky 等（2016 年） | 提出了一种可以从 BIM 模型中自动得出有意义的概念的新方法，解决了现有 BIM 工具应用中的一些问题。所提出的方法还可以通过检查元素的空间拓扑来丰富 IFC 文件并实现 MVD 验证 |
| | Fahad 等（2016 年） | 用 bSDD 词汇表扩展了 ifcOWL 本体，并在对 IFC 模型进行一致性检查方面将 MVDXML 和语义网规则语言（Semantic Web Rule Language，SWRL）技术进行了比较 |

### 5.3.5　信息集成

信息集成是指系统中子系统和用户的信息使用统一的标准、规范和代码来实现整个系统的信息共享，从而可以实现交互。openBIM 在此过程中提供了数据交换的通用标准，一个基于 BIM 的定义明确的工作流可以利用和扩展 openBIM 标准来改善信息集成。且近年来，BIM 和 GIS 的集成应用越来越受到关注。但在不同领域中通过简单的模型转换来实现信息交互的方法仅保留少量的语义信息，这使得应用程序的分散且独立。IFC 和 CityGML 分别是 BIM 和 GIS 的通用数据模型标准，几何和语义信息的共享将为 BIM 和 GIS 的集成奠定基础。因此，openBIM 用于信息集成的框架如图 5-18 所示。

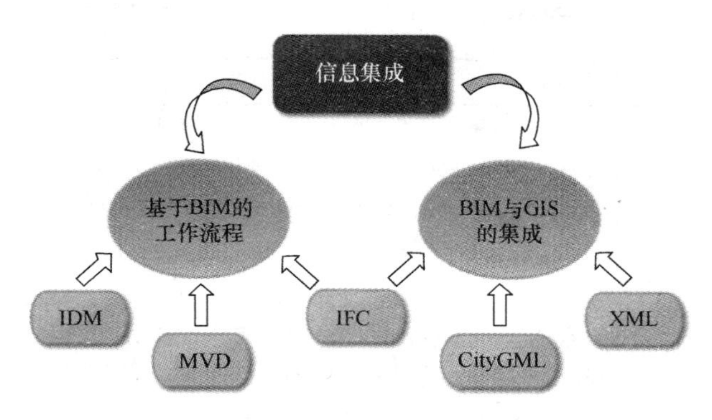


图 5-18 openBIM用于信息集成的框架

表5-10总结了openBIM支持信息扩展的相关文献。

**openBIM支持信息扩展的文献** **表5-10**

| 分类 | 作者 | 研究内容及价值 |
|---|---|---|
| 基于BIM的工作流程 | Andriamamonjya等（2018年） | 描述了集成的基于BIM的工作流中的重要元素，解释了openBIM包含标准化的文件格式，并说明了借助IDM和MVD可以实现的目标。在案例研究中，使用了Python语言和开源IfcOpenShell来说明此工作流程的好处 |
| BIM与GIS的集成 | Laat等（2011年） | 为了将语义IFC数据导入GIS环境，描述了名为GeoBIM的CityGML扩展的开发，它主要是针对CityGML上的IFC数据的GeoBIM扩展的开发和实现，从而促进了BIM和GIS的集成 |
| | Jusuf等（2017年） | 专注于交换信息以及将CityGML和IFC整合在一起的方式。转换系统是使用Safe Software的功能操纵引擎（Feature Manipulation Engine，FME）开发的。借助FME，可以重构数据模型（IFC）并将其转换为目标数据格式（CityGML）。测试结果表明，可以从详细的BIM模型生成CityGML格式以及Sketchup文件。这些模型可以导入用于城市能源建模的网络可视化应用程序中 |
| | Liu等（2017年） | 回顾了BIM和GIS的发展、差异和现有的集成方法，并讨论了它们在许多应用中的潜力。作者指出，语义Web技术提供了一种有希望的通用集成解决方案，而开放性是BIM与GIS集成的关键因素 |
| | El-Mekawy等（2012年） | 描述了一种基于统一建筑模型（Unified Building Model，UBM）的数据集成新方法，该方法不仅封装了CityGML和IFC模型，而且还避免了模型在信息转换过程中的信息丢失。案例和四个查询已经验证了开发的UBM可以无缝整合CityGML数据和IFC数据 |
| | Zhu等（2018年） | 审查了相关研究论文，以确定BIM/GIS集成中使用的最相关的数据模型；寻找可用于数据级集成的其他数据建模的可能性；为将来的BIM/GIS数据集成提供指导 |
| | Kang等（2018年） | 为了解决BIM和GIS异构模型集成的问题，通过BIM-GIS概念映射（BIM-GIS Conceptual Mapping，B2GM）标准定义了BIM-GIS的集成过程，并提出了与其相关的映射机制。基于IFC和CityGML，从BIM-GIS集成的角度分析了BIM和GIS的架构。此外，IFC标准还用于基于B2GM的数据库集成和查询过程 |

续表

| 分类 | 作者 | 研究内容及价值 |
| --- | --- | --- |
| BIM与GIS的集成 | Amirebrahimi等（2016年） | 设计了一个新的概念数据模型，该模型用于集成洪水引起的建筑物破坏的详细评估和三维可视化。在此设计过程中，进行了调查以弄清楚概念是如何以IFC格式或CityGML格式表示的，以便它们可以在所提出的模型的概念与IFC或CityGML之间创建映射 |
| | Teo等（2016年） | 提出了一种基于BIM的多功能几何网络模型（Multi-purpose Geometric Network Model，MGNM），并讨论了室外和室内网络连接以优化应急响应和行人路线计划的方法。为了实现这些目标，在案例研究中讨论并验证了IFC和MGNM之间的转换。IFC到MGNM的转换包括以下内容：①从IFC中提取建筑物信息；②从建筑物信息中分离MGNM信息；③建立MGNM与GIS地理数据库的拓扑关系 |
| | 国际建筑性能模拟协会项目1（IBPSA）（2019年） | 提供了BIM/GIS和Modelica框架，用于建筑和社区能源系统的设计和运营，其中Modelica用于建筑和区域能源系统的性能建模。它旨在创建开源软件，该软件为用于建筑和区域能源与控制系统的设计和运营的下一代计算工具奠定了基础。所有工作都是开源的，并基于三个标准：IFC，CityGML和Modelica |

在过去的几年中，从语义的角度来看，信息集成特别是BIM和GIS集成的工作越来越多，但信息丢失和变更在数据交换过程中仍然很正常。开放和协作是信息集成的关键，目前应充分利用openBIM提供的共享标准以使信息集成得到更广泛的应用。

## 5.4 小　　结

openBIM的出现为BIM平台用户与项目参与者之间的协作奠定了基础，为信息的管理与交流提供了便利。本章分析了openBIM在国际上的研究现状，在阐述openBIM的标准、平台和工具的前提下，从信息表示、信息查询、信息交换、信息扩展和信息集成五个方面总结了openBIM支持的工程信息互操作性研究，对现有的openBIM研究有了深入的理解。

尽管openBIM的应用为信息和数据的管理和交换提供了良好的环境，并在一定程度上克服了项目中跨专业合作的障碍，但仍需要更多基础和应用研究工作，如进一步研究现有的MVD和相关规则以确保BIM数据交换的可靠性和模型视图规范的一致定义；充分利用本体的潜力；着重提高BIM-GIS数据集成的准确性；将openBIM与IT技术相结合来促进基于BIM数据的智能决策等。

作为一个有效解决互操作性和共享问题的方法，openBIM在建筑领域发挥了巨大的作用，促进了项目的协作过程。所以随着openBIM的不断发展，它将为建筑领域存在的问题提供更全面的解决方案。

### 思考与练习题

1. 什么是openBIM，谈谈自己的理解。
2. 概述IFC标准的定义及结构框架。
3. 简要概括IFC标准的数据组织方式。

4. 试查阅文献对柱实体或墙实体进行 EXPRESS 描述。
5. 概述 MVD 开发的大致流程。
6. 结合其他文献，分析 IFC/IDM/IFD（bsDD）三者的关系。
7. 利用 openBIM 能实现 100%的信息交换吗？并给出理由。
8. 查找文献，任选一种 openBIM 支持的信息互操作进行简要介绍。

## 参考文献


[1] Official Definition of Open BIM—Open BIM[EB/OL]. Available online：http：//open. bimreal. com/bim/index. php/2012/03/20/what-is-the-official-definition-of-open-bim/.

[2] 姜韶华，吴峥，王娜，等. openBIM 综述及其工程应用[J]. 图学学报，2018，39(06)：1139-1147.

[3] buildingSMART—The Home of BIM[EB/OL]. Available online：https：//www. buildingsmart. org/.

[4] 赖华辉，邓雪原，刘西拉. 基于 IFC 标准的 BIM 数据共享与交换[J]. 土木工程学报，2018，51(04)：121-128.

[5] 赖华辉，侯铁，钟祖良，等. BIM 数据标准 IFC 发展分析[J]. 土木工程与管理学报，2020，37(01)：126-133.

[6] Cloud-based Data Dictionary Launched—buildingSMART[EB/OL]. Available online：https：//www. buildingsmart. org/cloud-based-data-dictionary-launched/ .

[7] 孟晓晔. 钢筋混凝土结构精细化设计 BIM 及 MVD 的应用研究[D]. 北京：中国建筑科学研究院，2019.

[8] Jiang S，Jiang L，Han Y，et al. openBIM：An Enabling Solution for Information Interoperability[J]. Appl，Sci，2019，9，5358.

[9] Ma Z，Liu Z. Ontology-and freeware-based platform for rapid development of BIM applications with reasoning support[J]. Autom，Constr，2018，90：1-8.

[10] Sacks R，Kedar A，Borrmann A，et al. SeeBridge as next generation bridge inspection：Overview，Information Delivery Manual and Model View Definition[J]. Autom，Constr，2018，90：134-145.

[11] Sacks R，Ma L，Yosef R，et al. Semantic Enrichment for Building Information Modeling：Procedure for Compiling Inference Rules and Operators for Complex Geometry. J，Comput[J]. Civ，Eng，2017，31.

[12] Pauwels P，Krijnen T，Terkaj W，et al. Enhancing the ifcOWL ontology with an alternative representation for geometric data[J]. Autom，Constr，2017，80：77-94.

[13] Mazairac W，Beeta J. BIMQL—An open query language for building information models[J]. Adv，Eng，Inform，2013，27：444-456.

[14] Khalili A，Chua D K H. IFC-Based Graph Data Model for Topological Queries on Building Elements[J]. Comput，Civ，Eng，2013，29.

[15] Kang T W. Object composite query method using IFC and LandXML based on BIM linkage model [J]. Autom，Constr，2017，76：14-23.

[16] Nepal M P，Staub S，Pottinger R，et al. Querying a building information model for construction-specific spatial information[J]. Adv，Eng，Inform，2012，26：904-923.

[17] Ghang L，Jiyong J，Jongsung W，et al. Query Performance of the IFC Model Server Using an Object-Relational Database Approach and a Traditional Relational Database Approach[J]. Comput，Civ，Eng，2014，28：210-222.

[18] Lin J R, Hu Z Z, Zhang J P, etc. A Natural-Language-Based Approach to Intelligent Data Retrieval and Representation for Cloud BIM[J]. Comput, Civ, Infrastruct, Eng, 2016, 31: 18-33.
[19] Kuo V, Oraskari J. A Predictive Semantic Inference System using BIM Collaboration Format (BCF) Cases and Machine Learning[J]. CIB World Build, Congr, 2016, 3: 368-378.
[20] Hu Z Z, Zhang X Y, Wang H W, et al. Improving interoperability between architectural and structural design models: An industry foundation classes-based approach with web-based tools[J]. Autom, Constr, 2016, 66: 29-42.
[21] Lee J K, Eastman C M, Lee Y C. Implementation of a BIM Domain-specific Language for the Building Environment Rule and Analysis [J]. Intell, Robot, Syst, Theory Appl, 2015, 79: 507-522.
[22] Solihin W, Eastman C, Le Y C. Multiple representation approach to achieve high-performance spatial queries of 3D BIM data using a relational database[J]. Autom, Constr, 2017, 81: 369-388.
[23] Choi J, Kim H, Kim I. Open BIM-based quantity take-off system for schematic estimation of building frame in early design stage[J]. Comput, Des, Eng, 2015, 2: 16-25.
[24] Park J, Cai H, Dunston P S, et al. Database-Supported and Web-Based Visualization for Daily 4D BIM[J]. Constr, Eng, Manag, 2017, 143.
[25] Caldas C H, Soibelman L. Integration of Construction Documents in IFC Project Models[A]. American Society of Civil Engineers (ASCE): Preston, Virg. , USA, 2004: 1-8.
[26] BABIČ N Č, PODBREZNIK P, REBOLJ D. Integrating resource production and construction using BIM[J]. Autom, Constr, 2010, 19: 539-543.
[27] Csffi V, Re Cecconi F, Pavan A, et al. INNOVance: Italian BIM Database for Construction Process Management[A]. In Proceedings of the applications of IT in the Architecture, Engineering and Construction Industry, Orlando, FL, USA, 2014: 641-648.
[28] Ding L, Li K, Zhou Y, et al. An IFC-inspection process model for infrastructure projects: Enabling real-time quality monitoring and control[J]. Autom, Constr, 2017, 84: 96-110.
[29] Lu Q, Lee S, Chen L. Image-driven fuzzy-based system to construct as-is IFC BIM objects[J]. Autom, Constr, 2018, 92: 68-87.
[30] Hu Z Z, Zhang J P, Yu F Q, et al. Construction and facility management of large MEP projects using a multi-Scale building information model[J]. Adv, Eng, Softw, 2016, 100: 215-230.
[31] Edmondson V, Cerny M, Lim M, et al. A smart sewer asset information model to enable an'Internet of Things'for operational wastewater management[J]. Autom, Constr, 2018, 91: 193-205.
[32] Vanlande R, Nicolle C, Cruz C. IFC and building lifecycle management[J]. Autom, Constr, 2008, 18: 70-78.
[33] Lin Y H, Lin Y S, Gao G, et al. The IFC-based path planning for 3D indoor spaces[J]. Adv, Eng, Inform, 2013, 27: 189-205.
[34] Jeong Y S, Eastman C M, Sacks R, et al. Benchmark tests for BIM data exchanges of precast concrete[J]. Autom, Constr, 2009, 18: 469-484.
[35] Wang X, Yang H, Zhang Q L. Research of the IFC-based Transformation Methods of Geometry Information for Structural Elements[J]. Intell, Robot, Syst, Theory Appl, 2015, 79: 465-473.
[36] Venugopal M, Eastman C M, Sacks R, et al. Semantics of model views for information exchanges using the industry foundation class schema[J]. Adv, Eng, Inform, 2012, 26: 411-428.
[37] Lee G, Park Y H, Ham S. Extended Process to Product Modeling (xPPM) for integrated and seamless IDM and MVD development[J]. Adv, Eng, Inform, 2013, 27: 636-651.

[38] Lee Y C, Eastman C M, Lee J K. Validations for ensuring the interoperability of data exchange of a building information model[J]. Autom, Constr, 2015, 58: 176-195.

[39] Lee Y C, Eastman C M, Solihin W, et al. Modularized rule-based validation of a BIM model pertaining to model views[J]. Autom, Constr, 2016, 63: 1-11.

[40] Pärn E A, Edwards D J. Conceptualising the FinDD API plug-in: A study of BIM-FM integration [J]. Autom, Constr, 2017, 80: 11-21.

[41] Alreshidi E, Mourshed M, Rezgui Y. Requirements for cloud-based BIM governance solutions to facilitate team collaboration in construction projects[J]. Requir, Eng, 2018, 23: 1-31.

[42] Lee Y C, Eastman C M, Solihin W. Logic for ensuring the data exchange integrity of building information models[J]. Autom, Constr, 2018, 85: 249-262.

[43] Juan D. The research to open BIM-based building information interoperability framework[A]. In Proceedings of the 2013 2nd International Symposium on Instrumentation and Measurement, Sensor Network and Automation, IMSNA 2013, Toronto, ON, Canada, 2013: 440-443.

[44] Beerz J, Berlo L. Van BIMSERVER. ORG—An open source IFC model server[A]. In Proceedings of the 27th International Conference on Information Technology in Construction CIB W78, Cairo, Egypt, 2010: 16-18.

[45] Isikdag U. Design patterns for BIM-based service-oriented architectures[J]. Autom, Constr, 2012, 25: 59-71.

[46] Ma Z, Cai S, Mao N, et al. Construction quality management based on a collaborative system using BIM and indoor positioning[J]. Autom, Constr, 2018, 92: 35-45.

[47] Van Berlo L, Krijnen T. Using the BIM Collaboration Format in a Server Based Workflow[J]. Procedia Environ, 2014, 22: 325-332.

[48] Solihin W, Eastman C, Lee Y C. A framework for fully integrated building information models in a federated environment[J]. Adv, Eng, Inform, 2016, 30: 168-189.

[49] Solihin W, Eastman C, Lee Y C, et al. A simplified relational database schema for transformation of BIM data into a query-efficient and spatially enabled database[J]. Autom, Constr, 2017, 84: 367-383.

[50] Oldfield J, Van Oosterom P, Beetz J, et al. Working with Open BIM Standards to Source Legal Spaces for a 3D Cadastre[J]. 2017, 6: 351.

[51] T erkaj W, Šojić A. Ontology-based representation of IFC EXPRESS rules: An enhancement of the ifcOWL ontology[J]. Autom, Constr, 2015, 57: 188-201.

[52] Le T, David Jeong H. Interlinking life-cycle data spaces to support decision making in highway asset management[J]. Autom, Constr, 2016, 64: 54-64.

[53] Lee Y C, Eastman C M, Solihin W. An ontology-based approach for developing data exchange requirements and model views of building information modeling[J]. Adv, Eng, Inform, 2016, 30: 354-367.

[54] Pauwels P, Terkaj W. EXPRESS to OWL for construction industry: Towards a recommendable and usable ifcOWL ontology[J]. Autom, Constr, 2016, 63: 100-133.

[55] Lee S H, Kim B G. IFC extension for road structures and digital modeling[J]. Procedia, 2011, 14: 1037-1042.

[56] Ji Y, Borrmann A, Beetz J, et al. Exchange of Parametric Bridge Models Using a Neutral Data Format[J]. Comput, Civ, 2012, 27: 593-606.

[57] Patacas J, Dawood N, Vukovic V, et al. BIM for facilities management: Evaluating BIM stand-

ards in asset register creation and service life planning[J]. Technol，Constr，2015，20：313-331.

[58] Venugopal M，Eastman C M，Teizer J. An ontology-based analysis of the industry foundation class schema for building information model exchanges[J]. Adv，Eng，Inform，2015，29：940-957.

[59] Belsky M，Sacks R，Brilakis I. Semantic Enrichment for Building Information Modeling[J]. Comput，Civ，Infrastruct，2016，31：261-274.

[60] Fahad M，Bus N，Andrieux F. Towards Mapping Certification Rules over BIM[A]. In Proceedings of the 33rd CIB W78 Conference，Brisbane，Australia，2016.

[61] Andriamamonjy A，Saelens D，Klein R. An automated IFC-based workflow for building energy performance simulation with Modelica[J]. Autom，Constr，2018，91：163-181.

[62] Laat R，Berlo L. Integration of BIM and GIS：The Development of the CityGML GeoBIM Extension BT—Advances in 3D Geo-Information Sciences[J]. In Advances in 3D Geo-Information Sciences；Springer：Berlin/Heidelberg，Germany，2011：211-225.

[63] Jusuf S，Mousseau B，Godfroid G，et al. Path to an Integrated Modelling between IFC and CityGML for Neighborhood Scale Modelling[J]. Urban Sci，2017，1：25.

[64] Liu X，Liu R，Wright G，et al. A State-of-the-Art Review on the Integration of Building Information Modeling (BIM) and Geographic Information System (GIS)[J]. 2017，6：53.

[65] El-mekawy M，Östman A，Hijazi I. A Unified Building Model for 3D Urban GIS[J]. 2012，1：120-145.

[66] Zhu J，Wright G，Wang J，et al. A Critical Review of the Integration of Geographic Information System and Building Information Modelling at the Data Level[J]. 2018，7：66.

[67] Kang T. Development of a Conceptual Mapping Standard to Link Building and Geospatial Information[J]. 2018，7：162.

[68] Amirebrahimi S，Rajabifard A，Mendis P，et al. A BIM-GIS integration method in support of the assessment and 3D visualisation of flood damage to a building[J]. Spat，2016，61：317-350.

[69] Teo T A，Cho K H. BIM-oriented indoor network model for indoor and outdoor combined route planning[J]. 2016，30：268-282.

[70] IBPSA Project 1[EB/OL]. [2019-11-27]. https：//ibpsa. github. io/project1/.

# 6　工程总承包企业 BIM 应用体系建设

**本章要点及学习目标**

本章将从建筑企业对 BIM 人才的需求情况分析、"1+X"（BIM 证书）试点工作对建筑企业的意义和重要性、对建筑信息模型技术员（BIM 工程师）在培育和招募上的思考与建议等三方面对工程总承包企业 BIM 应用体系建设进行讲解。

本章学习目标主要是了解建筑企业对 BIM 人才的需求情况，理解"1+X"试点工作对建筑企业的意义，理解 BIM 工程师的培育方式。

## 6.1　建筑企业对 BIM 人才的需求情况分析

下面从建筑企业对 BIM 人才的需求成因、建筑企业对 BIM 人才的岗位需求以及建筑企业如何实现这些岗位配置三方面进行详细讲解。

### 6.1.1　建筑企业对 BIM 人才的需求成因

建筑企业对 BIM 技术、BIM 人才的需求现状可以归纳为外因和内因两个方面。

1. 外因方面

目前，越来越多的业主企业对建筑企业的 BIM 人才储备情况、BIM 实施业绩均提出了日趋严谨、细致的要求。主要原因是同传统的以 CAD 技术为媒介的管理方式相比，BIM 技术能够从"所见即所得"的角度丰富业主企业对工程建造全过程的监管方式，降低业主企业对工程建造全过程的监管难度。业主企业对建筑企业的 BIM 人才储备情况、BIM 实施业绩方面的常见要求见表 6-1。

**业主企业对建筑企业的 BIM 人才储备情况、BIM 实施业绩方面的常见要求　　表 6-1**

| 序号 | 常见要求 | 备注 |
|---|---|---|
| 1 | BIM 软硬件配置 | 是否持有一定数量的正版化 BIM 软件并配置了配套的硬件 |
| 2 | BIM 人才储备情况 | 各类 BIM 等级考试证书的持有数量 |
| 3 | BIM 实施业绩 | 类似工程 BIM 应用数量、类似工程在重要 BIM 大赛获奖情况 |
| 4 | BIM 技能要求 | 模型创建能力、现场应用能力、自有知识产权成果的开发能力 |

如上所述，对于建筑企业而言，无论是投标阶段还是工程履约阶段，BIM 人才储备情况、BIM 实施业绩已经从早期的"技术加分项"，逐步演变为目前的"技术门槛项"。即市场倒逼迫使所有建筑企业必须作出积极的应对。

2. 内因方面

目前，建筑企业在工程建造全生命期中 BIM 应用内容分析如图 6-1 所示。

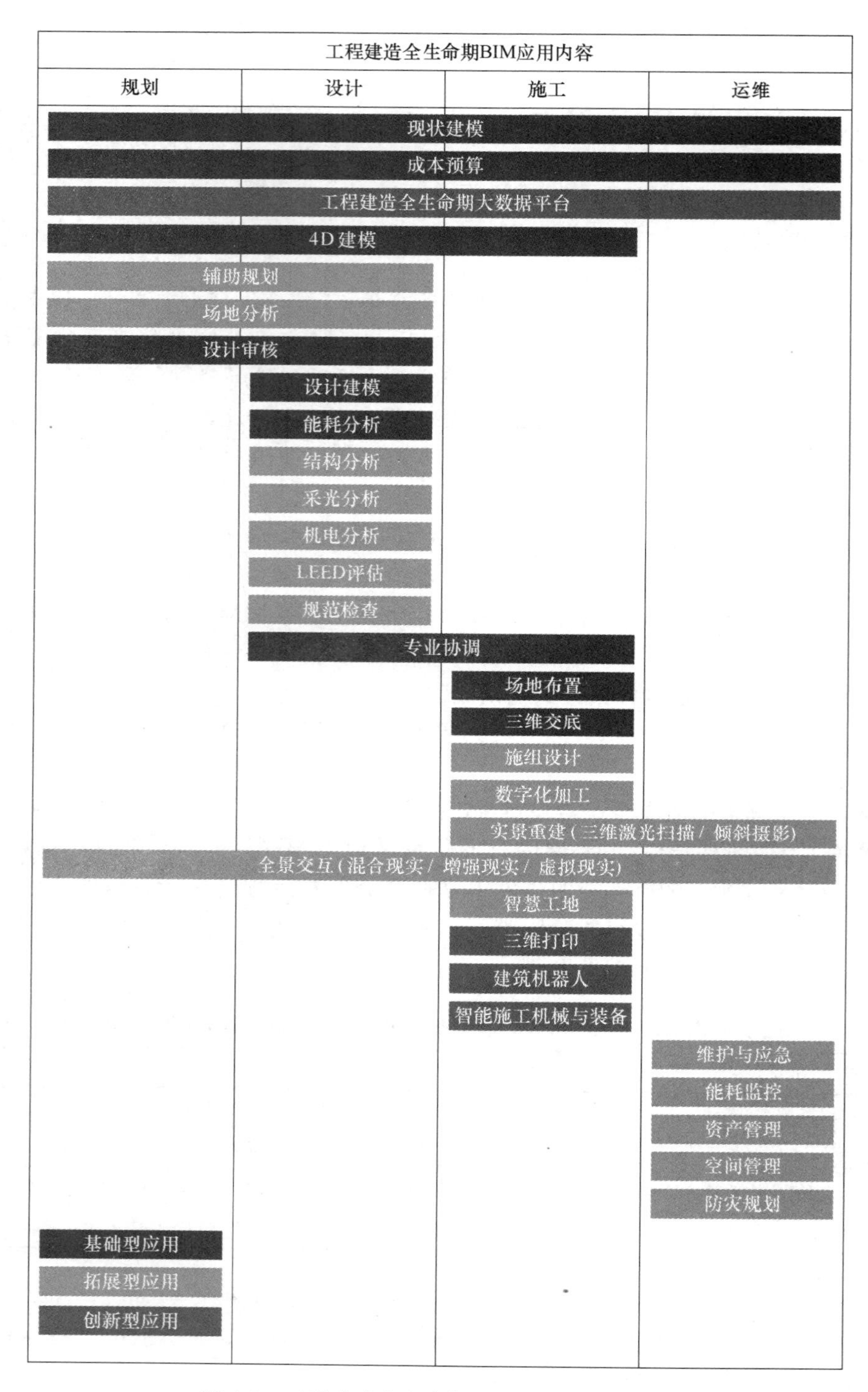


图 6-1 工程建造全生命期 BIM 应用内容分析

注：图 6-1 引自中国建筑股份有限公司主编的《建筑工程设计 BIM 应用指南》以及《建筑工程施工 BIM 应用指南》，中国建筑工业出版社，2017。

对于建筑企业而言，BIM技术的引进、应用与科技研发，一方面有助于建筑企业在传统业务领域的精细化管控，无论是设计企业还是施工企业，如果没有采用BIM技术，很多工作（如一些结构复杂、环境复杂工程的设计管理工作与施工管理工作）则做不好甚至是做不了；另一方面，也有助于拓展建筑企业传统的业务领域，使其由单一业务领域（设计或施工），向工程建造全生命期进行拓展和延伸。

### 6.1.2 建筑企业对BIM人才的岗位需求

基于上述工程建造全生命期BIM应用内容分析，建筑企业对BIM人才的岗位需求体现在如下几个方面：

（1）基本建模人员：这类人员精通主流BIM软件的操作技能，具备读图、识图能力，能够独立完成模型创建与现场应用这一基础性工作。

（2）复合技能人员：这类人员具备多种BIM软件的复合操作技能。能够独立完成多种BIM软件之间的数据传递和交互，甚至具备BIM软件和施工现场精密仪器（如三维激光扫描技术、BIM放线机器人技术、影像测量与分析技术）之间的复合应用能力。

（3）顾问级人才：这类人员能够独立组织、带领一个BIM团队，依据业主企业的要求，驻场完成从模型创建、现场应用、成果凝练与交付这一BIM履约全过程，具备较强的现场业务能力和沟通协调能力，能够组织带领基本建模人员和复合技能人员完成从技术实施到辅助管理直至价值创造这一全过程BIM技术应用。

（4）BIM科研人员：这类人员行走在传统行业与信息技术的交界处，主修土木工程，辅修软件工程、机械电子工程等学科的新型“跨界式”人才，能够从“解现场所困、补技术短板、适度超前引领”的角度，完成建筑企业在BIM领域的自主创新研发与成果转化。这一类型的人员也将是下一阶段从高校培育到建筑企业招聘的重点对象。

### 6.1.3 建筑企业如何实现这些岗位配置

以某大型施工总承包企业在BIM人才体系建设方面的实施经验为例进行介绍。

人才是BIM技术在建筑企业生根、壮大、发展的基础。具备BIM人才的自我造血能力是建筑企业BIM工作可持续发展的基石。在这一思想指导下，该大型施工总承包企业通过技术系统与人力资源系统的横向联动，初步建立起了以“六位一体”为特色、以“全人员覆盖”为核心的BIM人才培育计划。“六位一体”和“全人员覆盖”的含义如下：

1. 新员工入职培训

从2012年07月开始，该大型施工总承包企业依托自身的师资力量，面向所属各单位的新入职员工进行为期3天左右的BIM知识和技能的“通识性培训”。培训的目的不在于使新员工彻底掌握这一知识和技能，在于使新员工对这一新技术与其即将从事的工作之间的联系进行全面的了解。从起点高、时效新的角度辅助新员工进行人生职业生涯的合理规划。

目前，该大型施工总承包企业所有的二级单位均把新员工入职培训作为每年新员工入职的必选科目，进行持续性实施。

2. 老员工驻场培训

该大型施工总承包企业有四级BIM垂直管理体系。从2012年07月开始，该大型施工总承包企业初步建立起了“局总部BIM工作站/二级单位BIM工作站/三级单位BIM工作站/现场BIM工作室”共四级BIM垂直管理体系。

对于现场的老员工，该大型施工总承包企业依托现行的四级BIM垂直管理体系，派出如前所述的“顾问级人才”进驻工程现场，以2周为一个周期进行BIM技术培训。其中，前7天为BIM技能基础培训，后7天则依据现场图纸，从实操、实战的角度进行强化实训。

3. 新技术集中培训

对于一些刚刚进入到工程建设行业的与BIM相关的新技术，如三维激光扫描技术、BIM放线机器人技术、影像测量与分析技术，该大型施工总承包企业邀请上述新技术厂商对上述新技术的基本原理与工程应用领域进行集中培训，使得一些国内甚至国际上刚刚崭露头角的BIM新理念、新技术能够在第一时间走进工程现场。

4. 重大工程全员轮岗培训

对于一些结构复杂、环境复杂的工程，该大型施工总承包企业建立起了重大工程80后、90后员工全员轮岗培训机制。如在建筑高度530m的天津周大福金融中心项目，该大型施工总承包企业编制了面向现场全体人员的BIM授课讲义与课件，现场全体人员以2个月为一个周期，进行BIM知识和技能的全员轮岗培训。实践显示：在该项目中，除专职的BIM技术人员外，生产、技术、质量、安全等业务体系中约有80人自发地将所学的BIM技术与本职工作进行了创造性的融合，主动将BIM技术作为一种常态化手段应用于自己的日常工作中。

5. 业务骨干拔尖培训

业务骨干拔尖培训主要针对前述的BIM科研人员。如前所述，BIM科研人员是实现建筑企业在BIM领域的自主创新研发与成果转化的中坚力量。BIM科研人员的培育不仅仅依靠高校，也应发挥建筑企业具有其自身特色的教书育人作用。在这一指导思想下，该大型施工总承包企业通过邀请国内知名的BIM领域的专家和学者面向全局BIM业务骨干定期进行诸如科研课题如何申请、如何做科学研究、如何撰写高水平论文等以提升科学素养为主题的系统化培训。通过这一方式夯实建筑企业在BIM领域的自主创新研发与成果转化的人才基础。

6. 建筑企业网络大讲堂

从员工的职业生涯规划与健康成长的角度分析，建筑企业也是一所大学，而且是一所更为重要的大学。自2014年开始，该大型施工总承包企业的人力资源系统整合了内外部师资力量，从工程实践性和时效新颖性相统一的角度，编制了涵盖工程建造多业务领域的专家授课视频。同时，通过开发建筑企业网络大讲堂平台，要求所有的员工每年必须完成一定学分的课程学习。该大型施工总承包企业将BIM课程也植入建筑企业网络大讲堂，通过这一方式，使全体员工能够依据自身的工作内容选取相应难易程度的BIM课程进行在线学习。

如上所述，通过上述以“六位一体”为特色、以“全人员覆盖”为核心的方式，目前，该大型施工总承包企业累计培训员工2.18万人次，实现了建筑企业BIM人才的自我孵化以及BIM知识和技能的梯次传递。

其中以下两个方面值得注意：

1. 要依托建筑企业自身的师资力量

建筑企业自身的师资熟悉工程现场，熟悉建筑企业文化，能够以现场人员所熟悉的语言将BIM知识和技能讲授给现场人员。

2. 要编制建筑企业自有的培训课件

建筑企业自编的培训课件不仅是软件功能的介绍，更是BIM技术在工程实践中的经验总结。通过学习能够使现场人员具备基于BIM技术切实解决工程实践问题的能力。

该大型施工总承包企业建立起了四级BIM垂直管理体系。这四级BIM垂直管理体系和前述的四类BIM人员（岗位）之间的对应关系见表6-2。

**现行的四级BIM垂直管理体系和BIM人员（岗位）之间的对应关系　　表6-2**

| 序号 | BIM管理体系 | BIM人员 | 职责 |
| --- | --- | --- | --- |
| 1 | 局总部BIM工作站 | BIM科研人员 | 1. 牵头完成企业在BIM领域的自主创新研发与成果转化；<br>2. 担任重大工程驻场BIM履约负责人；<br>3. 牵头实施建筑企业BIM人才培养 |
| 2 | 二级单位BIM工作站 | 顾问级人员 | 1. 参与完成企业在BIM领域的自主创新研发与成果转化；<br>2. 担任驻场BIM履约负责人；<br>3. 承担建筑企业BIM人才培养 |
| 3 | 三级单位BIM工作站 | 复合技能人员 | 1. 担任驻场BIM履约负责人；<br>2. 承担建筑企业BIM人才培养 |
| 4 | 现场BIM工作室 | 基本建模人员 | 驻场BIM履约骨干 |

目前，除“局总部BIM工作站-二级单位BIM工作站-三级单位BIM工作站”外，该大型施工总承包企业没有专职的BIM技术人员，所有的基本建模人员均来自工程现场，即由传统意义上技术员通过进行BIM知识和技能学习后担任基本建模人员。

## 6.2 “1+X”(BIM证书)试点工作对建筑企业的意义和重要性

对于建筑企业而言，BIM技术的应用价值在于通过“全过程前置”“全专业覆盖”“全参建方协同”实现工程建造的全方位协同管理。那么，“1+X”(BIM证书)试点工作对建筑企业的意义在于通过政府牵头、校企合作，实现新一代复合型技术人才的储备。

### 6.2.1 国内外BIM技能与考试认证体系介绍

近年来国家、地方和行业主管部门，对BIM技术、BIM人才的重视程度日益增强。在人才培育方面，我国已经建立起了人力资源和社会保障部、工业和信息化部为代表的BIM技能与考试认证体系。对全行业BIM人才培育发挥了重要的推动作用。如在校园招聘中，除原有的毕业证、学位证以外，拥有BIM技能与考试认证的毕业生往往能够受到用人单位更多的青睐。国内外BIM技能与考试认证体系介绍见表6-3。

**国内外BIM技能与考试认证体系介绍　　表6-3**

| 序号 | 考试认证名称 | 颁发机构 | 证书等级 |
| --- | --- | --- | --- |
| 1 | 全国BIM等级考试 | 人力资源和<br>社会保障部<br>中国图学学会 | 一级：BIM建模师 |
| | | | 二级：BIM高级建模师 |
| | | | 三级：BIM应用设计师 |

续表

<table>
<tr><th>序号</th><th>考试认证名称</th><th>颁发机构</th><th>证书等级</th></tr>
<tr><td rowspan="3">2</td><td rowspan="3">全国·BIM应用技能考试</td><td rowspan="3">中国建设教育协会</td><td>一级：BIM建模师</td></tr>
<tr><td>二级：专业BIM应用师</td></tr>
<tr><td>三级：综合BIM应用师</td></tr>
<tr><td rowspan="3">3</td><td rowspan="3">全国BIM专业<br>技术能力水平考试</td><td rowspan="3">工业和信息化部</td><td>建模技术</td></tr>
<tr><td>项目管理</td></tr>
<tr><td>战略规划</td></tr>
<tr><td rowspan="2">4</td><td rowspan="2">欧特克专业认证考试</td><td rowspan="2">欧特克有限公司</td><td>Level 1</td></tr>
<tr><td>Level 2</td></tr>
<tr><td>5</td><td>BuildingSMART<br>国际专业人员评价</td><td>BuilidngSMART<br>国际总部和中国分部</td><td>基础类</td></tr>
</table>

### 6.2.2 建筑企业在“1+X”(BIM证书)试点工作中的发挥的作用分析

从全国范围看，参加各类BIM等级考试证书的考生可以分成两类：在校学生和社会从业人员。目前，从各类BIM等级考试大纲、培训教材的编制到考前培训班的师资选拔直至考试试题的编制，主体上由高校以及社会培训机构承担。一方面，高校和社会培训机构在上述工作中发挥了重要作用。另一方面，同建筑企业相比，高校和社会培训机构的优势在于“教书育人”中的理论完备性和实践上的循序渐进，但施教效果可能缺乏“工程实战价值”。以该大型施工总承包企业为例，目前，该企业约有1200余名员工通过了上述的各类BIM等级考试。但在工程实践中，上述员工仍需通过自有的师资，通过采用在建工程图纸、结合在建工程施工重难点进行二次培训，才能够具备基于BIM技术切实解决工程实践问题的能力。

因此，今后的BIM等级考试应有更多的建筑企业积极参与，从“实战、实操、解决实际问题、技术和管理相结合”的角度，对BIM等级考试从各类BIM等级考试大纲、培训教材的编制到考前培训班的师资选拔直至考试试题的编制进行全新的组织。

## 6.3 对建筑信息模型技术员(BIM工程师)在培育和招募上的思考与建议

国家人力资源与社会保障部近期发布的公告中指出：将建筑信息模型技术员(BIM工程师)纳入新职业范畴。这意味着BIM工程师正式成为一个国家承认且有市场需求的新的职业发展方向。这一新职业岗位的设立，一方面为BIM技术在中国工程建设行业的全面落地提供了一条全新的途径；另一方面，这一制度的落地实施还需要进行相关的配套研究和实践来配合。

20世纪80年代，CAD技术开始进入到中国工程建设行业中，CAD技术的引入使得广大工程建设人员告别了“甩图板”，第一次实现了计算机辅助设计与施工领域的技术飞跃。当CAD技术进入该大型施工总承包企业时，该企业为这一新技术设置了独立的部门(CAD技术工作室)，招聘了高学历的技术人员进行专管。专管人员要换上拖鞋、穿上白大褂，才能进入CAD技术工作室进行工作。如今，CAD技术已经普及到现场的每一名工作人员的电脑中，即CAD技术经历了从“独立性的工作”到“普适性的工具”的历史转变。BIM技术也将经历同样的演进过程，在早期BIM技术属于一种“独立性的工作”，但可能在不久的将来BIM技术就会成为一种“普适性的工具”。从“工作”到“工具”，这一字之差反映出：一种新技术必须实现人员全覆盖才可能充分发挥其技术优势与价值创造。

基于工程实践，在建筑信息模型技术员(BIM工程师)的培育和招募上，建议采取以下的方式：

(1) 求学阶段，高校应选拔一批精通业务、熟悉现场的建筑企业专业技术人才，参与高校相关课程的教材编写和理论教学。

(2) 建筑企业应依托在建工程，为高校学生提供BIM领域的实习、实训、实践基地。

(3) 通过校企合作进行建筑信息模型技术员(BIM工程师)培育的同时，建筑企业也不应忽视对既有人员的BIM知识和技能培训。但在培训对象的选拔上，应把员工的业务能力(即生产、技术、质量、安全、成本业务能力)选拔放在第一位，把员工BIM能力的选拔放在第二位，即只有业务能力强的员工才有资格接受最好的BIM技能培训，也才能做出更符合工程实践需求的BIM成果，通过采用“业务牵引、BIM辅助”的模式，才能充分发挥BIM技术在工程建造中的辅助功效。

## 6.4 小结

本章主要介绍工程总承包企业BIM应用体系建设情况。具体从建筑企业对BIM人才的需求情况、“1+X”(BIM证书)试点工作对建筑企业的意义和重要性、建筑企业对建筑信息模型技术员(BIM工程师)的培育和招募三个方面进行阐述。

### 思考与练习题

1. 建筑企业对BIM技术、BIM人才的需求的原因是什么?

2. 建筑企业需要什么样的BIM人才?

3. 建筑信息模型技术员(BIM工程师)应如何培训和招募才能更好地发挥BIM技术在工程建造中的辅助功效?

# 7 工程总承包管理 BIM 应用

**本章要点及学习目标**

本章从工程总承包 BIM 应用策划、BIM 实施管理应用等几个方面来说明各个实施主体在项目中如何应用 BIM 技术，发挥 BIM 三维可视化、虚拟仿真、信息协同等功能。工程总承包通过 BIM 管理，加强项目策划能力，提高信息沟通效率，增强项目过程管控能力，提升项目精细化管理水平，实现实体工程与数字工程的同步验收，为后期物业运营维护服务提供帮助，实现资产管理的增值。

本章学习目标主要是掌握施工阶段工程总承包 BIM 策划的内容，理解工程总承包实施 BIM 管理的内容，了解各个专业 BIM 发展现状，理解各专业在实际施工过程中的应用内容。

## 7.1 工程总承包 BIM 应用

### 7.1.1 现状分析

随着近些年若干超大型项目的建设，各施工企业在总承包管理方面都积累了一定的经验，并分别形成了独有的总承包管理体系与制度。但工程总承包单位面对分包单位众多、协调工作量大、交叉作业面复杂、工期紧、质量安全定位高的项目时，仍然会遇到考虑不周全、信息传递不畅、管理不到位的问题，因此容易造成成本浪费及工期拖延。为高质高效完成合约履约，总承包应具备优秀的管理团队、科学的管理模式及高效的组织协调方式，要提升团队的协作水平进行科学有效的管理和及时正确的组织协调，要发挥信息化的优势进行有效的协同管理。

以 BIM 为核心技术的项目全生命期的高效管理方法及其潜在效益正在不断地被认识和实现，BIM 技术具有可视化、参数化、标准化、协同性的特点，具有信息共享、协同工作的核心价值，在工程总承包管理中，正确、合理应用 BIM 技术可以提高管理效率和工作质量。

### 7.1.2 工程总承包 BIM 策划

在项目开始之前，项目团队应该制定详细和全面的策划。如果经验不足或者应用策略和计划不完善，项目应用 BIM 技术可能带来一些额外的实施风险。实际工程项目中确实存在因没有规划好 BIM 应用，脱离项目实际情况，导致增加建模投入、BIM 应用效果不显著等问题。所以，成功应用 BIM 技术的前提条件是事先制定详细、全面的策划，策划要与具体业务紧密结合。

一个详细和全面的 BIM 应用策划，可使项目参与者清楚地认识到各自责任和义务。一旦计划制定，项目团队就能据此顺利地将 BIM 整合到施工相关的工作流程中，并正确实施和监控，为工程施工带来效益。

通过制定 BIM 策划项目团队可以实现以下目标：

(1) 所有的分包团队成员都能清晰地理解 BIM 应用的战略目标；

(2) 相关专业能够理解各自的角色和责任；

(3) 能够根据各分包团队的业务经验和组织流程，制定切实可行的执行计划；

(4) 通过计划描述保证 BIM 成功应用所需的额外资源、培训等条件；

(5) BIM 应用策划为未来加入团队的成员提供一个描述应用过程的标准；

(6) 营销部门可以据此制订合同条款，体现工程项目的增值服务和竞争优势；

(7) 在工程施工期内 BIM 应用策划为度量施工进展提供一个基准。

基于建设工程的独特性，项目团队应当根据每一个项目的特点和需求，有针对性地制定项目 BIM 应用策划。BIM 策划是对合同中 BIM 相关要求的细化，应能充分指导项目参与方的 BIM 工作，并满足合同中所约定的业务工作计划。

BIM 应用策划的内容有：

(1) BIM 实施的目标：确定 BIM 实施的成果目标，分析项目 BIM 实施的重难点，明确 BIM 应用为项目带来的潜在价值。这些目标一般为提升项目施工效益，例如缩短工期、提升工作效率、提升施工质量、减少工程变更等，也可以是提升项目团队协作能力，例如通过示范项目提升施工各分包单位之间以及与设计方之间信息交换的能力。

(2) BIM 实施的范围：根据 BIM 实施目标以及合同约定，设置项目策划阶段、项目实施阶段、项目竣工阶段的 BIM 应用目标，帮助项目从技术层面进行信息管理、深化设计、施工模拟、协同作业等 BIM 应用。从管理层面进行 BIM 管理体系的建立，实现 BIM 在技术管理、进度管理、平面协调管理、造价管理、质量安全管理、信息化管理等多方面的结合应用，让 BIM 技术融入日常管理流程中，帮助项目提高信息共享和协同能力，为实现精细化施工提供支持。总承包典型 BIM 工作见表 7-1。

**总承包典型 BIM 工作** **表 7-1**

| 序号 | 实施阶段 | BIM 实施应用 | BIM 实施内容和说明 |
|---|---|---|---|
| 1 | 项目策划阶段 | 明确项目 BIM 实施目标 | 根据项目特点及业主需求明确项目 BIM 应用目标 |
| | | 明确 BIM 管理体系 | 制定 BIM 人员组织架构、BIM 工作计划、BIM 工作职责、BIM 培训计划、BIM 工作制度等 |
| | | 明确 BIM 工作流程和实施方案 | 梳理项目工作流程，制定 BIM 工作流程图，明确工作间关系，编制《BIM 实施方案》 |
| | | 建立 BIM 工作环境 | 进行电脑、网络、工作室等硬件准备、同时进行 BIM 软件及协同工作平台等软件准备 |
| 2 | 项目实施阶段 | BIM 模型创建、维护和管理 | 按照模型精度要求，创建或检查土建、机电、钢结构等各类 BIM 模型，实施科学的管理与共享，为 BIM 应用做准备 |
| | | 利用 BIM 模型加强项目设计及施工的协调 | 利用 BIM 模型辅助各类协调会议，如基于 BIM 的图纸会审会议，基于 BIM 的进度协调会议等 |

续表

| 序号 | 实施阶段 | BIM实施应用 | BIM实施内容和说明 |
|---|---|---|---|
| 2 | 项目实施阶段 | 三维化动态平面布置提升现场施工平面管理水平 | 绘制各阶段三维平面布置模型，动态三维布置辅助判别现场平面布置合理性 |
| | | 4D模拟优化施工进度计划及流程 | 通过施工工序模拟、施工进度模拟检查计划合理性，如判断各专业搭接时间是否合理 |
| | | 模型交底指导现场施工，提高现场质量管控效果 | 利用BIM模型进行交底，现场BIM模型与实体对比 |
| | | 快速评估变更引起的成本变化，提高项目成本决策能力 | BIM模型信息快速改变，自动归集变更前后工程量，辅助商务管理 |
| | | 项目管理应用集成 | 通过BIM技术加强施工总包单位在技术、进度、平面协调、造价、质量安全等方面的协同作用 |
| | | 其他应用 | 其他专业及新业务的BIM应用 |
| 3 | 项目竣工阶段 | BIM竣工验收模型 | 提供带有各类建造信息的BIM信息竣工验收模型，实施数字化竣工验收 |

(3) BIM实施的团队：明确BIM实施团队组织架构，根据BIM实施的范围落实人员的数量和技术能力要求，关键位置的组织协调和责任人，BIM团队的内部和外部的组织关联，配置详细的实施人员清单。

项目初期可配置专门的团队完成BIM应用以及对项目管理人员的BIM应用培训，后期可由项目管理人员自行进行BIM应用，总包BIM负责人、各专业BIM负责人及BIM工程师可由项目管理人员专职或兼职，项目BIM管理部宜由工程总承包单位与各分包方BIM小组共同组成，人员数量根据项目大小进行调整，各专业分包单位BIM小组在工程总承包BIM负责人的统一管理和组织下开展BIM工作。项目BIM组织架构如图7-1所示。

(4) BIM实施的软硬件环境：在项目策划阶段应进行电脑、网络、工作室等硬件准备，配置能流畅运行BIM工作软件的笔记本、工作站；架设满足BIM协同需要的网络；准备好方便各单位之间沟通协作的办公场所。

统一项目所需的各类软件，常见的有模型创建类软件、模拟和分析类软件、模型浏览类软件、二维绘图软件、平台管理类软件。规定各类软件的版本、数据传递及存储的标准。

(5) BIM应用的价值点及方案：描述典型BIM应用的工作方法，应针对招标文件的BIM应用清单详细说明如何开展BIM实施工作，如实施流程、技术方法、交付物、实施计划、模型创建标准等。

(6) BIM协同的实施流程：描述典型BIM应用的管理流程，说明各参建单位之间如何基于BIM技术协同工作的流程、方法和步骤。以流程图的形式体现BIM应用从开始到结束的过程管理，包括各个步骤的前置资料、所需完成工作、责任单位、输出成果等。

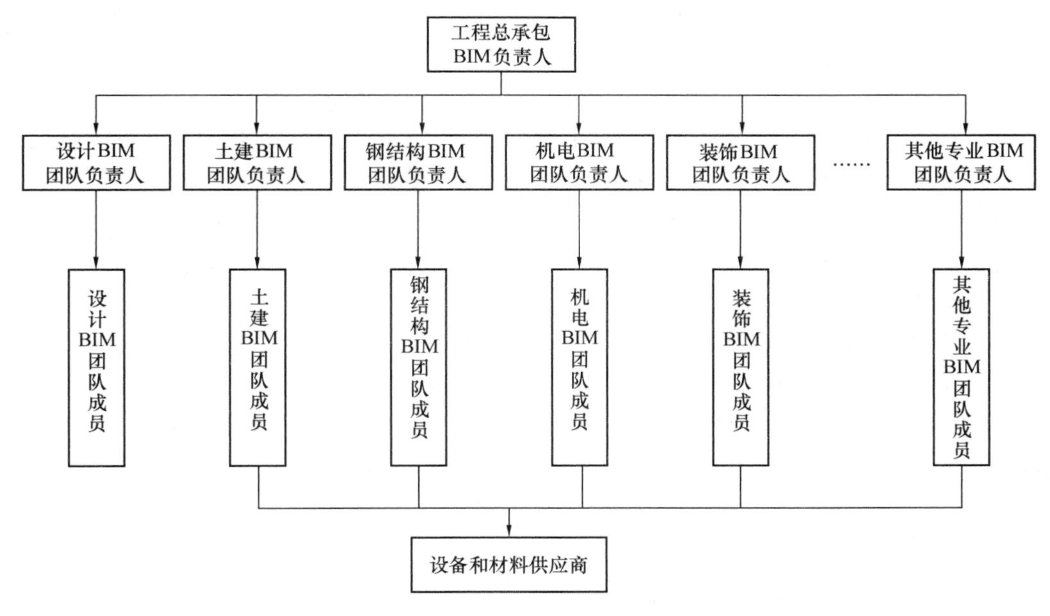


图 7-1　BIM 组织架构

（7）BIM 工作的进度计划：各单位应按照不同阶段、不同专业，依据各自的设计或施工进度计划制定与之相匹配的 BIM 工作进度计划。如施工图设计模型进度计划应与施工图设计进度计划同步，施工深化设计模型进度计划应与深化设计图纸同时提交并早于相应位置的施工计划。

（8）BIM 实施的保障措施：BIM 实施的技术保障、沟通机制、管理制度等，以及人员、质量、进度等的保障措施。

### 7.1.3　工程总承包 BIM 管理

1. BIM 模型和文档管理

（1）BIM 模型创建及维护

BIM 模型是 BIM 应用的基础，模型的细度关系到应用的深度和广度，总包单位应严格把控模型创建及变更维护的质量，确保 BIM 模型能真正反映项目的实际情况。

采取工程总承包模式时，宜由设计单位通过 BIM 手段辅助正向设计并提供 BIM 模型，总包单位需要根据自身施工需要及施工细度要求进行模型的审核，审核时发现的问题汇集后在图纸会审会议上进行介绍，提出合理化修改建议供业主及设计方参考。

若无法获得设计 BIM 模型，总包单位需要制定 BIM 模型创建的标准及计划，提前基于设计图纸组织完成模型创建。

在服务期内，总包单位应基于合同要求保证 BIM 模型及模型信息的准确性、完整性，在深化设计和现场施工过程中不断深化模型和丰富模型的信息。总包单位应根据设计变更以及现场实际进度修改和更新 BIM 模型，同时根据合约要求的时间节点，提交与施工进度和深化设计相一致的 BIM 模型供业主审核。

（2）BIM 模型综合协调

总包单位和业主在专业工程和独立分包工程合同中应明确分包单位创建和维护 BIM

模型的责任，总包单位负责协调、审核和集成由各专业分包单位、供货商、独立施工单位、工程顾问单位等提供的BIM模型及相关信息。总包单位对各施工分包单位进行BIM方案交底、提供技术支持和培训以保证施工分包单位在施工过程中应用BIM模型和技术，分包单位要安排专人积极配合BIM模型的综合应用，及时反馈出现的问题及修改意见。

在施工中，总包单位督促及审核各分包单位完成模型的更新、深化以及相关信息的录入，分阶段验证BIM模型及应用成效，形成审核意见，在项目结束时，基于合约要求向业主提交真实准确的竣工BIM模型、BIM应用资料和设备信息等，确保业主和物业管理公司在运营阶段具备充足的信息。

（3）BIM模型管理流程图

在施工总承包管理过程中，总包单位及各分包方在BIM方面的工作中主要包括应用施工图设计模型、深化设计模型、施工过程模型，完成竣工验收模型。模型应用与完成工作以及在实施过程中的工作协同按照流程进行，从施工图设计模型到深化设计模型管理流程如图7-2所示，从深化设计模型到施工过程模型管理流程如图7-3所示，竣工验收模型移交管理流程如图7-4所示。

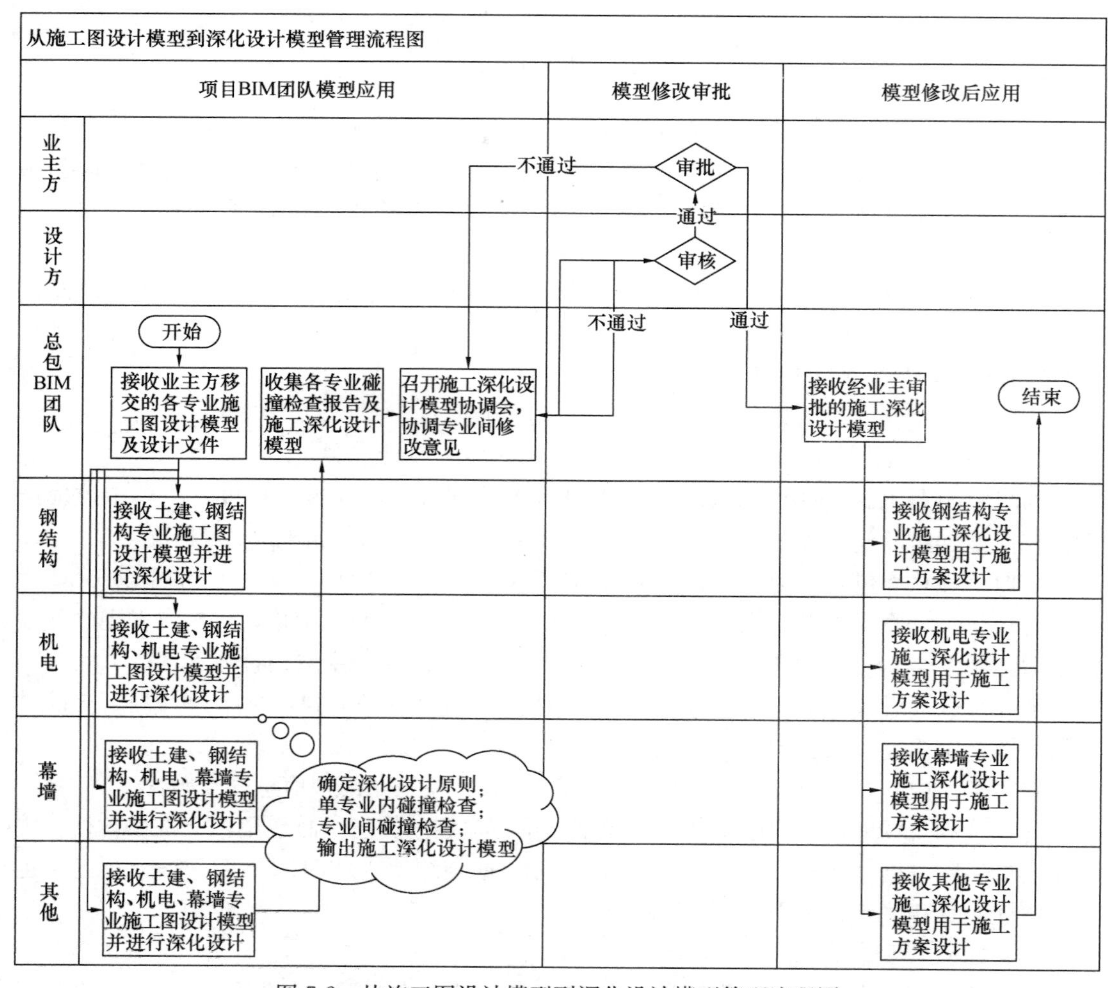


图7-2 从施工图设计模型到深化设计模型管理流程图

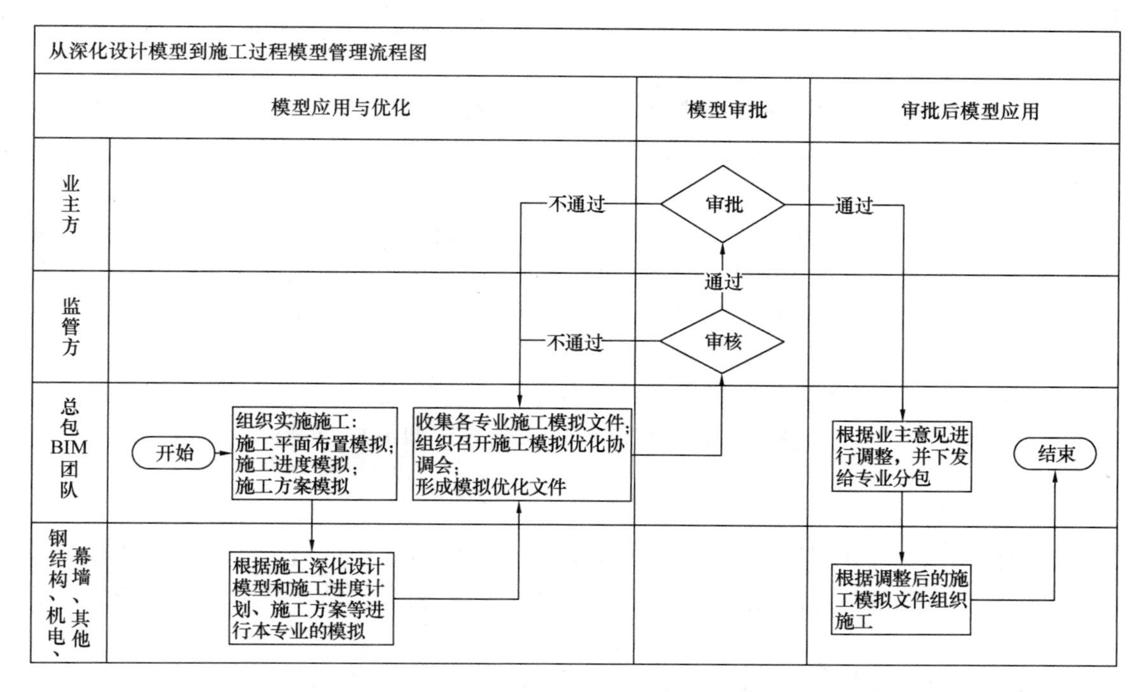


图 7-3　从深化设计模型到施工过程模型管理流程图

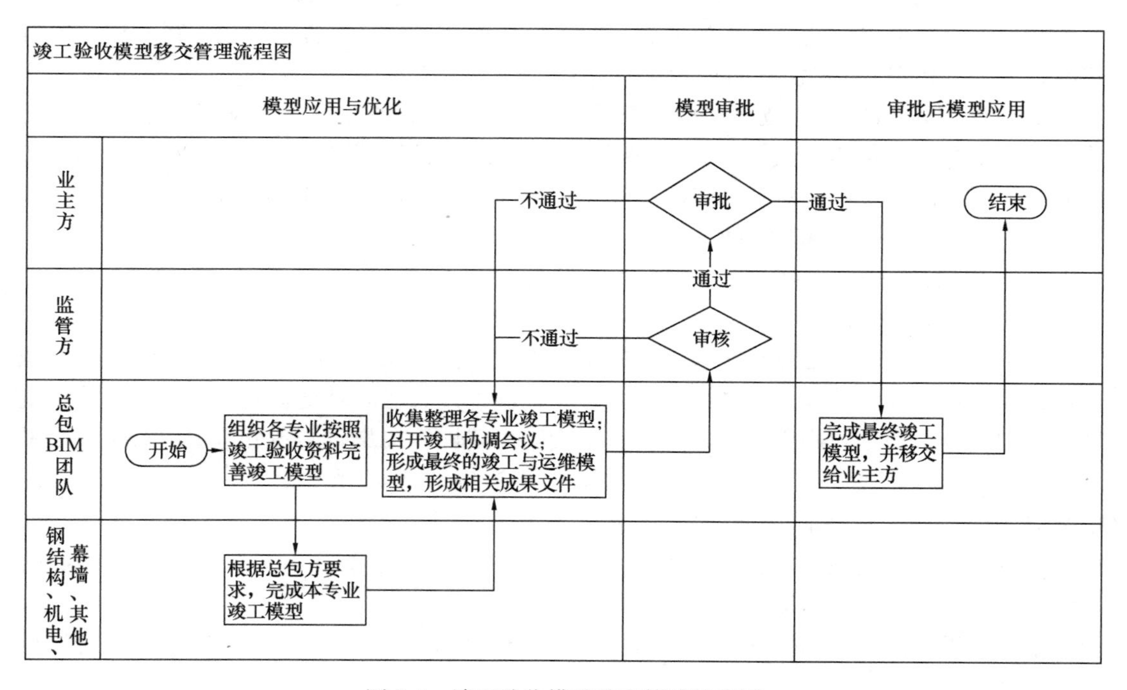


图 7-4　竣工验收模型移交管理流程图

（4）BIM 模型验收要求

项目 BIM 团队按总体施工计划，分层、分区、分专业对 BIM 模型进行有计划、有目的的集成和应用。在合约有要求的情况下，总承包单位可负责汇总、整理最终的竣工验收模型，向业主提交真实准确的竣工验收模型、BIM应用资料和设备信息等，为业主和物业运营单位在运行阶段提供必要的信息。

1）深化设计阶段BIM模型的验收。各专业深化的BIM模型需满足深化设计阶段BIM模型标准的要求，并符合总包单位综合协调的要求和业主审批的要求，满足深化设计阶段BIM模型的验收要求，由总包单位负责汇总BIM模型并交付设计审核。

2）施工阶段BIM模型验收。各专业分包在施工过程中将不断更新深化设计BIM模型，满足施工模型的要求，包括设计变更的BIM模型修改、材料统计信息的完善、进度管理信息的完善和施工工艺模拟的完善等方面，并将更新模型提交总承包单位重新进行综合协调检查审核，由总承包单位负责汇总BIM模型交付业主。

3）竣工BIM模型验收。工程竣工后，各专业分包将各自专业施工BIM模型和信息按照竣工BIM模型的标准进行完善，总承包单位进行模型汇总及资料的审核并最终上交业主。

（5）文档管理

项目的协同文档管理是项目文件管理的核心，也是项目BIM管理能否实现的最重要的步骤。文档管理的最终目的是为项目的施工和竣工资料移交服务、为业主或运营方提供数据信息。

总承包单位建立基础文档管理目录，分包方按照自身需求补充文档管理目录，总包单位汇总协调后进行整合并统一规定，同时给予分包其施工范围内目录及文档的管理权限。文档管理需要总包单位安排专人定期进行检查，形成相关检查报告对分包进行督促及更新整改，作为分包BIM应用评价的一部分内容。

BIM模型和BIM应用成果文档是项目文件的一部分。各分包方BIM团队应根据合约要求按时提交给总包单位全部BIM模型文件（包括过程和成果模型）和BIM应用成果文档的最终版本。总包单位对各分包模型的验收标准进行规定和管理，各级模型的验收标准按约定的模型细度标准和合同执行。

2. 平面协调管理

（1）平面动态管理

施工平面协调管理是总承包管理中的重要组成部分，在传统的平面布置设计中，管理人员往往通过工程经验和二维图纸的堆叠查看，这种方式在面对复杂的周边环境、堆场变换、大型设备移动路线确定等问题时就有很大的局限性，很难协调各分包单位对于施工平面的需求，容易导致平面布置不合理，影响施工进度，甚至引起安全事故的发生。采用BIM技术进行施工总平面辅助管理，对施工现场进行虚拟模拟，通过基于施工现场BIM模型的创建，达到施工现场总平面的合理布置，并通过BIM技术高效安排各有效平面的功能作用和使用时间，保证工程的高质量完成。

基于施工平面管理BIM模型建立施工总平面现场管理流程，对现场可利用场地进行合理规划。

通过BIM技术，总包单位综合考虑和安排施工各阶段各专业分包单位对总平面的需求，对施工总平面内各关键位置进行全方位的掌控。通过布设在各场地的信息窗口发布该场地的实时安排，以视频监控采集场地的实时图像数据，并由现场管理人员通过信息反馈任务处理和完成情况。通过对现场的直接管理控制，合理高效地安排任务，能够避免材料和加工构件的二次运输和重复垂直运输，缩短物料运输时间。

为提高现场平面协调的效率，可将BIM技术与RFID技术相结合，对所有可用场地采用标牌、标识二维码管理，并对进出场情况进行扫码登记，利用信息反馈设备将信息返回至管理模型，反映现场使用需求情况，同时利用视频监控系统对现场实际情况进行监控。

（2）垂直运输管理

创建超高层垂直运输系统的BIM模型，辅助进行超高层垂直运输管理，综合各专业工程进度、材料需求计划、材料加工场地和场内场外交通组织信息，合理安排每一台垂直运输设备的服务区域、运输服务时间、运输任务等，避免材料的二次运输。

3. 技术管理

（1）施工组织模拟

施工组织文件是总包管理中技术策划的纲领性文件，是总包单位用来指导项目施工全过程各项活动的技术、经济和组织的综合性文件，是施工技术与施工项目管理有机结合的产物，它能保证工程开工后施工活动有序、高效、科学合理地进行。

在施工前，总包单位以施工模型以及施工组织文件为依据，结合人力、资金、材料、机械和平面组织等信息与模型关联进行施工组织模拟，优化施工组织方案，指导虚拟漫游、视频、说明文档等成果的制作。各分包单位在总包单位的施工组织设计的框架下进行各自专业的施工组织设计模拟。

总包单位在进行施工组织设计模拟过程中对施工进度相关控制节点进行施工模拟，展示不同的进度控制节点。基于BIM的施工组织设计为劳动力计算、材料、机械、加工预制品等的统计提供了新的解决方法。进行施工模拟的过程中将资金以及相关材料资源数据录入模型当中，在进行施工模拟的同时也可查看在不同的进度节点相关资源的投入情况。

（2）图纸会审

图纸会审是施工准备阶段总包单位技术管理的重要内容之一，图纸的质量直接影响施工的正常进行，对于保证施工进度与质量有重要意义。传统的图纸会审需要各专业自行进行二维图纸的对比、审查，检查图纸内容是否有错漏、是否有影响施工的因素，耗时耗力，很多空间错误及与其他专业交叉作业的问题无法提前发现，会审的效率也比较低。

利用BIM模型进行图纸会审相当于先在电脑上进行一遍施工，图纸的问题在建模过程中暴露出来，模型汇总后的碰撞检查还可进一步发现各专业图之间的问题，大大提高图纸检查的质量与可预见性。在图纸会审会议上还可利用BIM模型进行问题的汇报，让各参与方可在统一平台下进行问题的讨论，提高会审会议的效率与质量。应用BIM的三维可视化辅助图纸会审，形象直观。

（3）深化设计

深化设计是深化设计人员在原设计图纸的基础上结合现场实际情况对图纸进行完善、补充，绘制成具有可实施性的施工图纸，深化设计后的图纸需满足原设计技术要求，符合相关地域设计规范和施工规范，并通过设计单位审查确认，能直接指导施工。总包单位在组织各专业分包单位进行各自专业内的深化设计之后，还要组织各专业进行专业间的协调深化设计，解决专业间的冲突问题。基于BIM的深化设计应用BIM软件进行深化设计工作极大地提高了深化设计质量和效率。基于BIM的深化设计流程如图7-5所示。

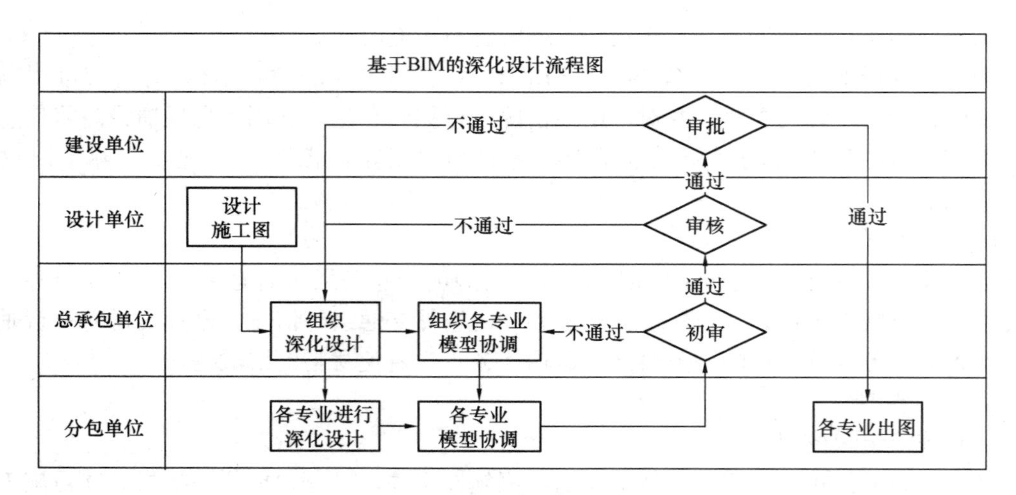


图 7-5 基于 BIM 的深化设计流程

4. 进度管理

进度管理是总包管理中的核心工作，相比传统的进度计划横道图、网络图、燃尽图等进度控制手段，BIM 进度控制更加直观，对整体进度情况的反映也较好，便于总包单位对项目总体进度的把握，在大量进度任务并行或交叉时，施工进度模拟的三维可视化及信息协同作用尤其显著，可辅助项目进行进度的分析与优化，当进度滞后时，还可进行合理调整，确保进度管理的顺利进行。

（1）进度计划编制

总包单位在进行进度计划编制过程中，通过前期创建施工项目的进度工期模板，统一进度计划子项与模型命名规则。将项目每个施工构件作为单独的模块，合理地设置施工构件体量与施工工期之间的计算公式，在编制进度计划过程中，只需要输入项目相关参数以及采用的主要施工工艺，总包单位即可快速生成项目的进度计划。

完成进度计划的初步编制后，可利用 BIM 模型对编制的项目进度计划进行模拟验证，对项目工作面的分配、交叉以及工序搭接之间的合理性进行分析，利用进度模拟的成果对项目进度计划进行优化更新，得出项目的最终进度计划。

（2）进度计划控制

总包单位对进度计划的控制主要包括进度计划执行情况的跟踪、进度计划数据的分析以及进度的协调变更。

进度计划的跟踪需要在进度计划软件中输入进度信息与成本信息，数据录入后同步至施工进度模拟中，对进度计划的完成情况形成动画展示。结合收集的进度实施数据将实际的进度信息与进度计划进行对比分析，检查实际进度是否存在偏差，分析偏差发生的原因。明确进度出现偏差的原因后，总包单位组织各参与单位进行协调，结合各方的意见对进度计划进行变更处理，并将相关的变更信息同步到项目管理平台中，作为后期工期追踪的一个重要数据。

5. 质量管理

在质量管理中，BIM 模型可辅助进行图纸质量的把控，提前发现图纸问题，减少现场修改及返工现象，提高工程质量。在面对复杂节点或复杂工艺的施工及检查时，利用模型或施工模拟动画可给现场管理人员提供帮助，提高工程质量的预判及监督能力。

质量管理 BIM 典型应用如下：

（1）设计与施工交底

通过建立企业级的质量验收标准及工艺标准数据库，将基于 BIM 技术创建的建筑信息模型连接到此数据库，质量验收信息录入模型。

将施工 BIM 三维模型通过可视化设备显示在交流屏幕上，通过交流屏幕分解施工 BIM 三维模型，讲解各项技术参数，对施工人员进行技术交底，施工人员通过技术交底反馈意见，从而使施工人员了解施工步骤和各项施工要求，确保施工质量。

（2）移动终端应用

利用 BIM 模型的可视化 3D 空间展现能力，以 BIM 模型为载体，将空间信息和各种机电设备参数进行一体化整合，可以对设备设施的维修空间进行校验复核，确保机电管道和各种设施和材料的存放符合质量要求、符合消防安全要求等。

（3）动态样板演示

在施工过程中，总包单位将项目施工过程中的项目质量控制要点，以及施工过程中的质控措施，通过 BIM 模型以及相应的演示视频向项目工作人员进行动态演示，使得施工人员更加直观清楚地了解施工步骤以及施工要求，确保施工质量。

6. 安全管理

在安全管理中，主要利用标准构件进行现场安全设施模型的布置，提前规划安全路线。现场利用 BIM 模型进行检查，提高项目安全管理水平，总包单位基于 BIM 的安全管理应用流程如图 7-6 所示。

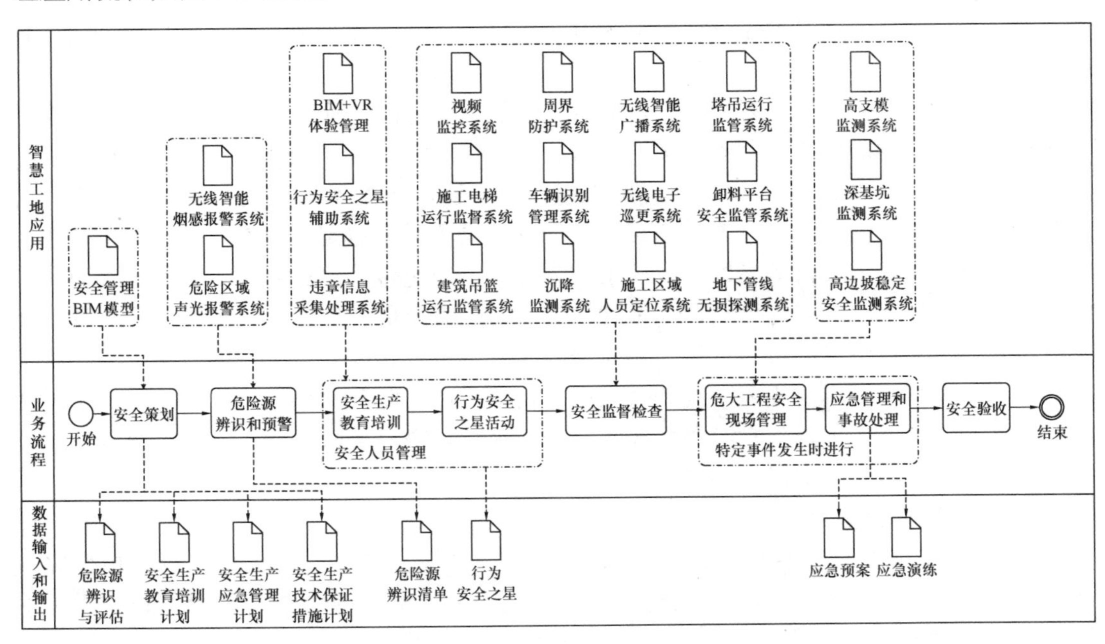


注：危大工程是指危险性较大的分部分项工程。

图 7-6　总包单位基于 BIM 的安全管理应用总图

安全管理BIM典型应用如下：

（1）危险源识别

传统的安全管理，危险源的判断和防护设施的布置都需要依靠管理人员的经验来进行，然而各分包方对于各自施工区域的危险源的判断往往比较模糊。总包单位在安全管理实施过程中通过创建的三维模型让各分包管理人员提前对施工面的危险源进行判断，并通过建立防护设施模型内容库快速地在危险源附近进行防护设施模型的布置，比较直观地将安全死角进行提前排查。

（2）安全交底

将防护设施模型的布置对项目管理人员进行可视化交底，确保管理人员对布置内容的理解。并利用模型的三维标准化设计及可视化布置提高对劳务人员的交底质量及效率，保证现场布置与设计方案一致，提高项目安全交底成效。

（3）模型与视频监控结合管理

可将现场监控等设备资源与BIM平台进行结合，在BIM模型中增加对应摄像头位置的链接，通过现场监控画面实时与BIM模型进行对比查看并将对比情况记入周报，直观检查每日、每周的现场进度及相应情况。

7. 智慧工地管理

“智慧工地”是智慧城市理念在建筑施工行业的具体体现，是建立在高度的信息化基础上的一种对人和物的全面感知、施工技术全面智能、工作互通互联、信息协同共享、决策科学分析、风险智慧预控的新型信息化手段。它聚焦工程施工现场，紧紧围绕人、机、料、法、环等关键要素，综合运用BIM、物联网、云计算、大数据、移动和智能设备等软硬件信息化技术，与一线生产过程相融合，对施工生产、商务、技术等管理过程加以改造，提高工地现场的生产效率、管理效率和决策能力等，实现工地的数字化、精细化、智慧化管理。

“智慧工地”会利用更多的信息技术来解决施工现场的管理问题，而施工现场的管理可划分为事前策划、施工控制和事后决策分析三个方面，每个方面都有其核心技术手段。在施工策划方面，以BIM为核心，对施工组织过程和施工技术方案进行模拟、分析，提前发现可能出现的问题，优化方案或提前采取预防措施，以达到优化设计与方案、节约工期、减少浪费、降低造价的目的。在施工控制方面，通过传感器、射频识别（RFID）、二维码等物联网技术，随时随地获取工地现场信息，实现全面感知、实时采集。通过移动互联网和云平台实现信息的可靠传送，实时交互与共享以及智能施工设备的应用等。在决策分析方面通过基于云端的集成系统和大数据分析技术，对海量的、多维度和相对完备的业务数据进行分析与处理，建立各管理要素的分析模型，进行关联性分析，并结合分析结果实现智慧预测、实时反馈或自动控制。

### 7.1.4 工程典型BIM应用

工程总承包除了完成BIM策划和日常管理职责外，还应指导、督促各分包单位完成日常BIM工作。这里将BIM应用分为三大类，一类是BIM模型本身的操作；一类是对创建完成的BIM模型的应用，包括基于模型几何形状的三维可视化应用和基于模型信息的数据应用；还有一类是用于BIM协同工作的各类平台应用。表7-2中列举了一些典型的BIM应用，随着BIM应用的日渐深入，将来工程施工中还会有越来越多的BIM应用。

典型的BIM应用　　表7-2

| 应用项 | 应用点 | 工作内容 |
| --- | --- | --- |
| BIM模型 | （一）BIM模型创建和更新维护 | 1. 依据设计图纸创建BIM模型 |
| | | 2. 依据变更进行BIM模型更新、维护 |
| | | 3. 完成竣工模型 |
| | （二）基于BIM技术的深化设计 | 4. 土建专业深化设计 |
| | | 5. 机电专业深化设计 |
| | | 6. 装饰专业深化设计 |
| | | 7. 钢结构专业深化设计 |
| | | 8. 其他专业、专项深化设计 |
| BIM模型应用 | （一）场地平面布置应用 | 1. 辅助施工现场平面布置 |
| | （二）BIM技术辅助优化施工方案 | 2. 方案优化和比选 |
| | | 3. 辅助机电设备、吊装设备选型 |
| | （三）施工模拟 | 4. 施工方案模拟 |
| | | 5. 施工工序模拟 |
| | | 6. 施工工艺模拟 |
| | | 7. 施工进度模拟 |
| | （四）基于BIM的虚拟样板和可视化交底 | 8. 基于BIM的虚拟样板（模型样板和基于模型的实物样板） |
| | | 9. 基于BIM的可视化施工交底 |
| | （五）基于BIM技术的工程算量 | 10. 设备材料工程量统计 |
| | | 11. 辅助商务成本核算 |
| | （六）基于BIM的装配化施工 | 12. 基于BIM的装配化技术，通过更高精度的加工级别的BIM模型，完成工厂化预制，现场装配化施工 |
| | （七）新技术 | 13. 三维激光扫描技术 |
| | | 14. 无人机倾斜摄影技术 |
| | | 15. VR/AR技术 |
| | | 16. 其他新技术 |
| BIM平台应用 | （一）BIM协同管理 | 1. BIM成果和文档管理 |
| | | 2. 基于BIM平台的协同管理 |
| | （二）施工过程信息化管理 | 3. 基于BIM的工程质量管控 |
| | | 4. 基于BIM的工程安全管控 |
| | | 5. 基于BIM的工程成本管控 |
| | | 6. 基于BIM的工程进度管控 |

## 7.2 施工图设计中的BIM应用

### 7.2.1 现状分析

目前设计企业的IT应用环境大多是为了满足二维工程设计而建立的，主要是支持基于二维图纸的信息表达。在这种应用环境中，设计信息常由点、线、标注等符号化信息组成，信息之间是离散且非关联的，需要通过手工方式来建立图纸与相关信息之间的关联。这种应用环境下，信息的组织和管理处于一种结构化程度不高的管理模式。

基于 BIM 的工程设计则需要不同的应用环境，BIM 提供的是一种数字化的统一建筑信息模型表达方式，通常由三维模型及其关联关系等语义信息组成，信息是完整统一的，具有内在的关联性。

为了实现设计资源的共享、重复利用和规模化生产，设计企业在 BIM 应用过程中需要明确企业 BIM 应用模式，并定义和规范企业实施的 IT 基础条件，建立与 BIM 应用配套的人员组织结构，以及以 BIM 模型为核心的资源管理方法等。

基于 BIM 的应用模式，设计企业 BIM 应用环境一般包括三方面的内容：

（1）人员组织管理：指设计企业中与 BIM 应用相关以及受 BIM 应用影响的组织模式和人员配备；

（2）IT 环境：指企业 BIM 应用所需的软硬件技术条件，如 BIM 应用所需的各类 BIM 软件工具、桌面计算机和服务器、网络环境及配置等；

（3）资源环境：指企业在 BIM 应用过程中积累并经过标准化处理形成的，支持 BIM 应用并可重复利用的信息内容的总称，也包括与资源管理相关的规范。

### 7.2.2 应用流程

设计团队确定 BIM 应用目标和技术后，要设计 BIM 应用流程，应该从 BIM 应用的总体流程设计开始，定义 BIM 应用的总体顺序和信息交换过程全貌，如图 7-7 所示。

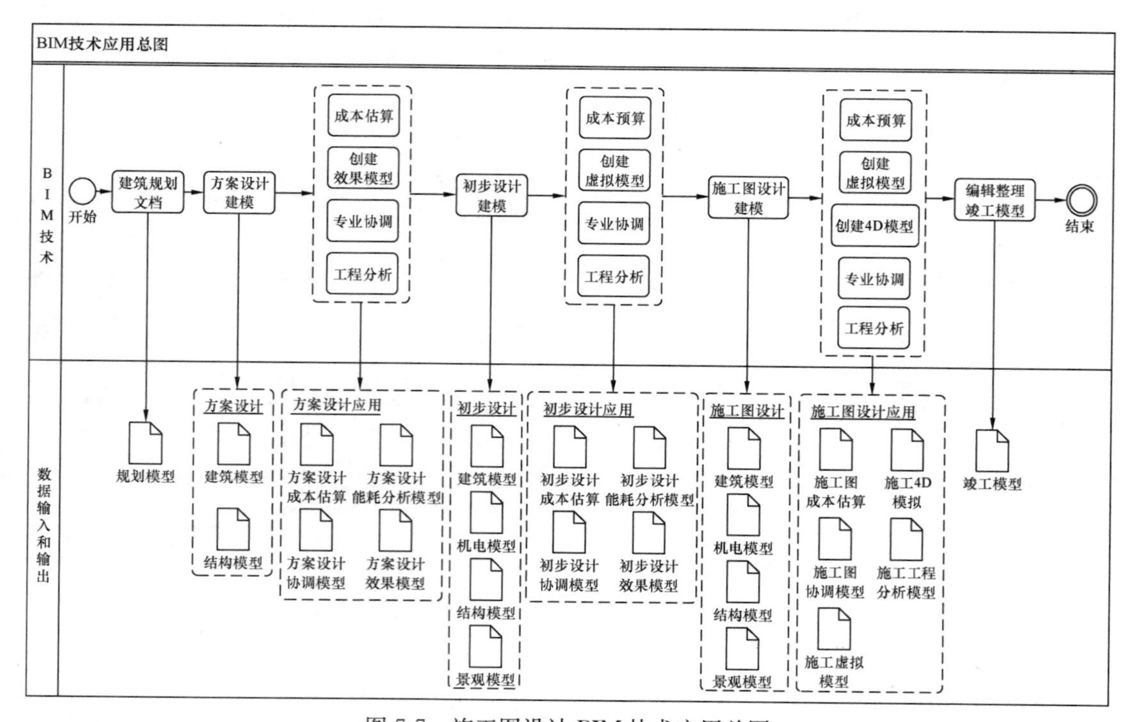


图 7-7 施工图设计 BIM 技术应用总图

### 7.2.3 应用内容

1. 设计模型创建

设计阶段BIM模型的创建、命名和编码应以《建筑信息模型应用统一标准》GB/T 51212—2016、《建筑信息模型分类和编码标准》GB/T 51269—2017、《建筑工程设计信息模型制图标准》JGJ/T 448—2018及项目设计BIM标准为依据，各阶段、各专业的模型应与相应的图纸保持一致，设计和施工模型的命名和编码扩展原则亦应保持一致。

设计BIM模型应从创建、拆分、参数信息等多方面综合考虑BIM模型从设计阶段向施工阶段传递和深入应用的需要，以实现工程项目从设计到施工全过程的BIM一体化应用。

BIM模型是BIM实施的基础，为了使BIM模型能够在实施过程中无障碍地传递和共享，项目各参建方应使用相同名称和版本的BIM软件。

（1）在设计阶段，应统一并形成可以参照的建模标准。如建立项目统一坐标系统、统一轴网和标高系统；统一标高命名方式；统一度量单位；统一颜色表达和设置等。

（2）应确立模型的拆分和合成原则。模型应能按照系统拆分，也可以进一步按照空间区域拆分。模型可以实现按专业、按建筑分区、按部位、按楼层、按标高、按功能区或房间、按构件进行拆分，通常拆分的单个模型文件大小不宜超过200M，以保证计算机操作的流畅性。

（3）应确定模型文件的命名规则和模型构建的命名规则，以满足文件和构件的管理需要。

（4）模型中应包含必要的视图。模型可以按照楼层、专业创建设计模型视图，特殊需要的专业视图应在视图创建方案中详细规定。

2. 专业综合

在施工图设计阶段应基于设计BIM模型进行专业综合并提供分析报告，解决各专业错漏碰缺的实际问题。

BIM模型在进行专业综合时应达到一定的深度并具备相应的信息，专业综合工作才能发挥应有价值。在专业综合前，须对模型专业完整性和建模规范性进行检查。

BIM专业综合的实施范围应包含专业内和专业间的综合。

BIM专业综合问题需进行分类，具体分类要求见表7-3。

**BIM专业综合问题分类表** **表7-3**

| 序号 | 问题分类 | 描述 |
| --- | --- | --- |
| 1 | A类 | 设计净空、净高不足类 |
| 2 | B类 | 土建专业预留洞口与管线冲突类 |
| 3 | C类 | 综合管线（包含安装、维修）设计空间不足类 |
| 4 | D类 | 设计图纸标注问题类 |
| 5 | E类 | 图纸与BIM模型不对应类 |

BIM专业综合问题在分类的基础上，需要结合问题的严重程度进行分级，具体分级要求见表7-4。

**BIM专业综合问题分级表** **表7-4**

| 序号 | 问题分级 | 等级描述 | 问题描述 |
|---|---|---|---|
| 1 | 甲级 | 等级较轻 | 设计深度不足或设计笔误 |
| 2 | 乙级 | 等级较重 | 工程设计专业间设计冲突 |
| 3 | 丙级 | 等级严重 | 违反国家强制性条文 |

专业综合发现的问题应反馈到设计过程中并辅助设计不断修改完善，以此提升设计质量。

3. 建筑指标、性能化分析

在设计过程中应利用设计BIM模型的参数化功能，对项目设计的各项技术指标的合理性、合规性、正确性进行分析、优化，提升项目设计质量。

利用BIM模型结合专业分析工具对建筑所要求的某一或某几个性能进行分析，并将分析结果通过直观可视的方式进行展现，主要包括日照、风、光、声、热环境分析等。

BIM日照分析报告须包含日照分析计算精度、日照分析结果等内容。风、光、声、热环境分析应形成分析报告，并针对分析中的问题给出优化建议和措施。

设计BIM风环境分析是指建筑室外自然风在城市地形地貌或自然地形地貌影响下，形成受到影响后的风场，利用BIM模型对风场及其影响进行分析。

设计BIM热环境分析指利用BIM模型针对建筑室内温度环境，室内热环境的舒适要求进行的专项分析，是人对建筑环境最基本的需求之一。

设计BIM光环境分析指对建筑室内光环境进行的专项分析，利用BIM模型分析自然采光和人工照明对建筑室内光环境的综合影响。

设计BIM声环境分析指利用BIM模型对建筑周边室外噪声，以及部分建筑室内空间（如音乐厅、歌剧院、电影院等场所）声音传播的综合分析。

4. 设计BIM净空、净高分析

对项目重点和难点区域（包含特殊净高要求区域）的空间高度进行分析，对不满足净高要求或有较大优化提升空间的区域，利用BIM模型对相关区域的净空、净高进行优化和提升。BIM净空、净高分析内容与具体措施应包含以下内容：

（1）对建筑主体结构的分析

1）建筑空间梁与主体结构楼板之间的间距分析；

2）建筑空间梁与地面完成面之间的净高间距分析；

3）建筑吊顶与地面完成面的间距；

4）建筑空间内楼梯高度的检查与分析；

5）建筑停车库（包含地上或地下车库）的梁下高度分析；

6）坡道设计高度分析。

（2）对建筑机电专业间、机电专业与土建专业的分析

1）分析机电专业管线的底标高是否满足设计要求；

2）结合机电管线支吊架分析建筑空间净高；

3）针对机电不同专业（建筑电气、给水与排水专业、暖通专业）的管线进行分项净高验证与调整；

4）对电气设备（例如配电柜、配电箱、水泵、空调机组等设备）进行净高模拟验证。

5. 设计阶段与施工阶段BIM应用对接

BIM实施应贯穿工程项目建设的全过程，设计阶段的BIM成果是施工阶段BIM实施的基础，设计BIM实施应为施工阶段的BIM实施做好准备。

施工总包单位接收的设计BIM成果应包括各设计阶段的BIM模型和与之对应的图纸、文档、统计表格以及综合协调、模拟分析、可视化表达等形成的数字化成果文件。

为确保设计阶段的BIM成果在施工阶段的延续性，设计单位应在施工准备阶段对施工总包单位和专业分包单位进行设计交底，内容包括施工图及与之对应的设计BIM成果。

施工总包单位应对接收的BIM成果进行审核，审核内容包括：

（1）设计BIM模型与施工图设计图纸是否一致；

（2）设计BIM模型是否符合建设单位BIM相关标准要求；

（3）设计BIM模型深度和精度是否满足施工总包单位接收要求；

（4）接收的其他设计BIM成果是否满足施工总包单位接收要求。设计单位将完整的设计BIM成果移交给建设单位后，建设单位应将设计BIM成果提供给施工单位，作为深化设计的依据。

6. 多专业BIM协同应用

（1）概述

基于BIM的设计协同是通过一定的软件工具和环境，以BIM数据交换为核心的设计协作方式，其目标是让BIM数据信息在设计不同阶段、不同专业之间尽可能完整准确地传递与交互，从而更好地达到设计效果，提高设计质量。

对于设计企业而言，由于项目的BIM应用时期不同，参与专业不同，存在不同的协同要求和协同方法。基于BIM的设计协同工作主要可以分为以下几个方面：

1）设计阶段不同时期的BIM协同；

2）同一时期不同专业间的BIM协同；

3）同一时期同一专业的BIM协同。

基于BIM的设计协同需要在一定的网络环境下实现项目参与者对设计文件的实时或定时操作。由于BIM模型文件通常比较大，对网络要求较高，一般建议是千兆局域网环境，对于需要借助互联网进行异地协同的情况，鉴于目前互联网的带宽所限，暂时还难以实现高效的实时协同的操作，建议采用在一定时间间隔内同步异地中央数据服务器的数据，实现“定时节点式”的设计协同。

（2）BIM协同方法

在一个具体的项目中设计方常用的BIM协同方法主要有三种：中心文件方式、文件链接方式、文件集成方式。

1）中心文件方式

根据各专业的参与人员及专业性质确定权限，划分工作范围，各自独立完成工作，将成果汇总至中心文件，同时在各成员处有一个中心文件的实时副本，可查看同伴的工作进度。这种多专业共享模型的方式对模型进行集中存储，数据交换的及时性强，但对服务器配置要求较高。Autodesk Revit的工作集、ArchiCAD的Teamwork功能提供的就是这种协同方式。

该方式仅适用于设计人员使用同一个软件进行设计的情况，由于采用中心文件方式时设计人员共用一个模型文件，项目规模和模型文件的大小是使用该方式时需要谨慎考虑的问题。

2）文件链接方式

这种方式也称为外部参照，相对简单、方便，使用者可以依据需要随时加载模型文件，各专业之间的调整相对独立，尤其是对于大型模型在协同工作时性能表现良好，特别是在软件的操作响应上，但数据相对分散，协作的时效性稍差。

该方法可适合大型项目、不同专业间或设计人员使用不同软件进行设计的情形。

3）文件集成方式

这种方式是采用专用的集成工具将不同的模型数据都转成集成工具的格式，之后利用集成工具进行模型整合。这种集成工具较多，比如 Autodesk Navisworks、Bentley Navigator、Tekla BIMsight 等，都可用于整合多种软件格式设计数据，形成统一集成的项目模型。

（3）小结

上述三种协同方式各有优缺点，理论上"中心文件方式"是最理想的协同工作方式，"中心文件方式"允许多人同时编辑相同模型，既解决了一个模型多人同时划分范围建模的问题，又解决了同一模型可被多人同时编辑的问题。但由于"中心文件方式"在软件实现上比较复杂，对软硬件处理大数据量的性能表现要求很高，而且由于采用这种工作方式对团队的整体协同能力有较高要求，实施前需要详细的部署和规划。

"文件链接方式"是最常用的协同工作方式，链接的模型文件只能"读"而不能"改"，同一模型只能被一人打开并进行编辑。在一些超大型项目或是多种格式模型数据的整合上，"文件集成方式"是经常采用的方式。这种集成方式的好处在于数据轻量级，便于集成大数据，并且支持同时整合多种不同格式的模型数据，便于多种数据之间的检查，但一般的集成工具都不提供对模型数据的编辑功能，所有模型数据的修改都需要回到原始的模型文件中去进行。

所以在实际项目的协同应用上，大多是两种或三种协同方式的混合应用。

### 7.2.4 应用评价

通过应用3D建模软件，基于建筑设计规范创建BIM模型，完成正向设计，这是应用BIM的第一步，也是最重要的一步。通过可视化，它为项目所有参与方提供了清晰、直观的设计方案，能更好地控制成本、提高设计质量；基于BIM的协同平台为项目参与者和用户提供一个良好的相互协作环境。

建筑系统分析是将实际测量的建筑性能与设计目标不断比对的过程，这包括电气系统的运行和建筑能耗分析。其他的分析还包括通风分析、照明分析、内外部的CFD（流体动力学）气流分析和太阳能分析等。通过建筑系统分析可以确保建筑按照设计目标运行，并符合节能标准；确定改善、提升系统运转的方案；在建筑修缮时，模拟改变材料时的建筑性能。

在设计阶段使用3D模型和冲突检查软件，可以通过模型协调各专业，减少现场冲突，与传统方法相比能够大量减少返工；通过可视化手段完成施工交底；提高现场生产效率；降低施工成本，减少工程变更；缩短工期；形成更加精准的竣工文档。

# 7.3 土建施工中的BIM应用

### 7.3.1 现状分析

在土建施工中BIM技术的应用点很多，既有常规的可视化技术交底、深化设计、专业协调、工艺工序模拟，也包括前期场地平整BIM应用、基坑工程BIM应用、主体施工（如模板脚手架工程、钢筋工程、混凝土工程）BIM应用。

土建专业与其他各类专业关联性强，绝大多数专业都需要在土建专业的基础上完成工作，协调工作繁杂，而专业本身工程量大，任一疏漏都可能带来成本和计划上的巨大损失。

随着BIM技术的不断发展，BIM应用软件的不断完善，越来越多的应用点被挖掘用于土建施工过程的优化。

### 7.3.2 应用流程

土建施工中的典型BIM应用流程如图7-8所示。

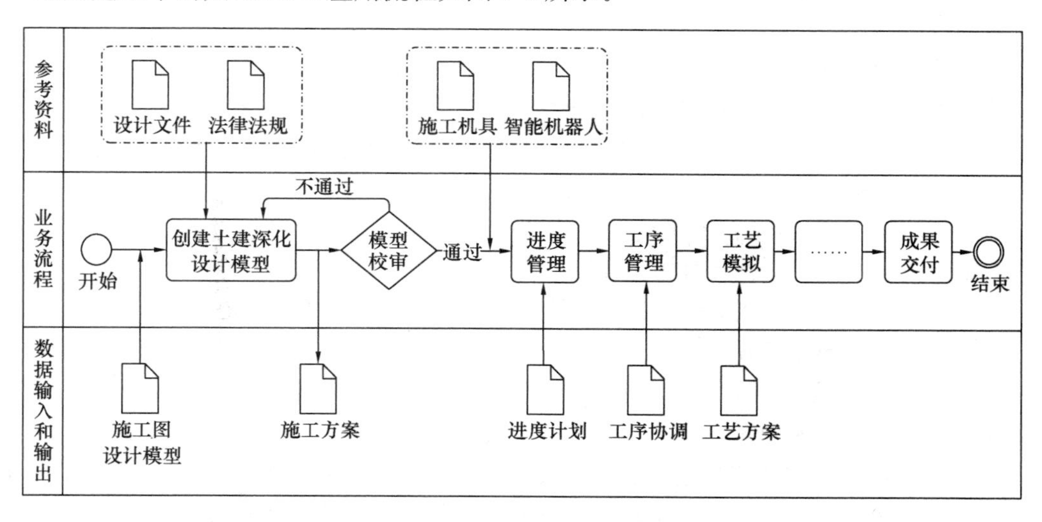


图7-8 土建典型应用流程图

### 7.3.3 应用内容

1. 场地平整BIM应用

（1）概述

通过应用BIM技术合理分析场地标高、土方挖填方量、施工道路规划、排水方案等，旨在场地平整工程中通过BIM技术的应用进行直观分析和优化，并根据实际情况制定合理化施工方案，优化施工工艺，从而降低成本、缩短工期。

（2）流程

1）提出初步施工方案

项目在进行场地平整工程施工时，应充分掌握土质情况、水文情况等信息，并制定初步的施工方案，BIM建模及进行BIM应用策划时应结合施工方案，有重点地进行模型细化和BIM应用选择。

2）创建BIM模型

根据场地平整初步施工方案创建相应的BIM模型，模型应包含场地标高、土石方挖填方量、施工道路规划、排水方案等信息。

3）提取工程量信息

依据模型中的信息，确定土石方工程量、临时设施及物资的场地，将提取的工程量信息用于施工。

4）编制场地平整进度

按照模型中的地形信息，对场地平整方案进行优化，同时合理安排场地平整进度，结合机械台班及人工制定有效合理的进度计划。

5）通过BIM数据优化施工方案

通过模型分析方案施工工艺的可实施性，并计算工程方案的工程量，通过工程量计算工期、成本信息，避免方案中出现实施难度大、施工成本高等情况，从而优化施工方案。

6）确定最优施工方案

通过对施工方案的模拟施工和比选，不断优化施工方案，得出可实施性高、成本低、工期短的最优施工方案。

（3）成果

场地平整工程BIM应用主要成果包括：

1）场地标高图：从三维模型中直观看出场地中不同标高的数量；场地标高图应可得出各标高的精确数值。

2）计算挖方和填方量：创建场地平整模型后，可计算挖方和填方的工程量，分析土石方方案，得出最优外运量，使方案最优化。

3）施工道路规划图：施工道路规划图有利于场地平整方案的实施，且包含道路的走向、宽度、硬化材料等信息。

4）排水方案：创建排水方案模型，且应符合场地平整方案。在展示时可根据模型制作动画或截取所需的断面图。

5）出地形平面和剖面图：应包含地形道路信息、道路的长宽高等信息，有利于场地平整的机械选择，同时直观地展示超过地平面高度的地形情况，也可以展示地平面以下地形内的任意位置的断面结构。

2. 基坑工程BIM应用

（1）概述

BIM技术在基坑工程的应用目标是通过创建基坑的BIM信息模型，打破基坑设计、施工和监测之间的传统隔阂，直观体现项目全貌，实现多方无障碍的信息共享，让不同的团队可以在同一环境工作。通过三维可视化沟通，全面评估基坑工程，使管理决策更科学，采取措施更有效，并加强管理团队对成本、进度计划及质量的直观控制，提高工作效率，降低差错率，节约投资。

BIM技术在基坑工程的应用内容，主要包括以下几个方面：地下基坑支护结构三维模型的建立；项目所在环境的三维地质模型的建立；基坑开挖各工况施工顺序的模拟；自动统计支护结构各部分的工程数量；三维模型转二维的自动成图；基于BIM的基坑信息化施工与检测。

（2）流程

基坑工程BIM应用流程如图7-9所示。

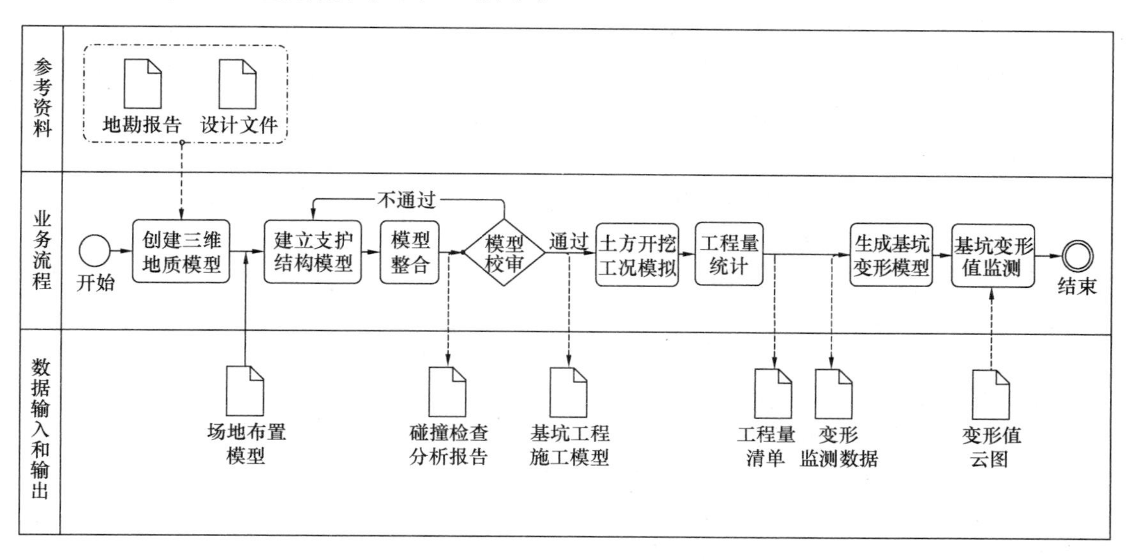


图7-9 基坑工程BIM应用流程图

1）收集项目相关岩土工程地勘报告和设计资料，获取地形、地质数据，建立三维地质数据模型。通过适当的可视化方式，该数字化模型能够展现虚拟的真实地质环境，更重要的是，基于模型的数值模拟和空间分析，能够辅助用户进行科学决策和规避风险。

2）获取周边建筑物、道路及地下管线等设施的数据，建立施工场地布置模型。

3）导入地形数据模型及施工场地数据模型，进行基坑工程的支护体系模型建立。模型除了对工程对象进行3D几何信息和拓扑关系的描述外，还包括完整的工程信息描述，如对象名称、支护类型、材料类别、工程物理等。

4）土方开挖施工方案设计及施工模拟。通过土方开挖施工方案工程仿真了解桩基变位、支护结构变形、地形变形对周边设施（相邻建筑物及管线等设施）的影响等情况。

5）根据土方开挖设计数据及地形数据进行土方算量。

6）导入基坑变形监测数据，通过读取该数据生成基坑变形形状可以查看到临界区域和超限危险点，还可以将某时间点的变形模型与初始模型叠合并进行误差检验。

7）基坑监测人员及管理人员确定危险点后调取基坑监测报表，确认危险点是否属实并及时启动应急预案，在第一时间开始基坑危险事件处置工作。

（3）成果

基坑工程基于BIM技术应用成果主要有：

1）三维可视化模型：用于指导基坑施工的BIM模型，主要包含有地质结构模型、支护结构模型和施工场地模型。

2）施工模拟：利用BIM技术可直观地看到土方开挖和支护施工过程、周边环境变化、建成后的运营效果等。同时可以科学指导方案优化和现场施工，方便业主和监理及时了解工程进展状况。

3）工程算量：根据支护结构各构件定义对应的属性、名称，在视图区可自动生成工程明细表。在土方工程中根据开挖前后各工况的基坑模型体量差集计算，可以准确得出各阶段土方工程量。

4）信息共享：BIM技术最大的一个特点是信息资源共享，这可以成为各项目参与方最佳的沟通平台，也为基坑支护设计、施工、监测等参与方及时反馈相关信息，提高基坑支护施工效率、质量和安全性。

5）信息化监测：将BIM技术引入基坑工程监测工作，通过信息化手段和智慧工地系统结合监测基坑实时信息，保障基坑工程的安全。

3. 钢筋工程BIM应用

（1）概述

作为建设工程的三大主材之一，钢筋是工程结构的主要受力单元，在建筑施工中起着极其重要的作用。但钢筋工程长期以来缺少先进的技术手段，生产效率较低、发展水平不高。BIM技术具有三维可视化、模型与信息关联的特点，能分析钢筋施工的缺陷。

利用BIM及二次开发技术，结合设计文件及相关图集规范要求，在三维模型中进行钢筋高效建模和智能化翻样，根据项目的需要，可以对复杂节点的钢筋模型进行综合优化，保证施工可行性，完成钢筋翻样后，利用BIM模型自动导出钢筋料单，并通过料单处理程序自动导出后续所需的各类应用料单，同时将钢筋加工料单转换为钢筋数控设备可识别的数据格式，采用数控加工设备自动生产，提高生产作业的效率。

利用钢筋BIM云管理平台对钢筋的加工全过程进行信息的采集和管理，钢筋加工任务产生后将钢筋翻样的成果上传至BIM云管理系统，在平台中进行料单分解合并、任务分配、生产管理、动态追踪、信息查询、效率统计、数据展示、打印输出等功能应用，利用平台数据库自动记录、统计生产过程数据，同时在钢筋半成品的存储、运输、安装、验收过程中，通过对钢筋的编码与识别系统设计，应用物联网技术以及图像识别技术可以正确辨识钢筋的数量，并通过手持终端随时查看钢筋施工全过程信息。

（2）流程

钢筋工程BIM技术主要应用于钢筋生命期中的钢筋翻样、钢筋加工及钢筋运输安装。

钢筋翻样环节根据相关信息创建钢筋翻样模型，应用BIM钢筋高效布筋组件开展钢筋建模，布筋组件具有可自动获取混凝土相关信息、内置规范规则并自动计算参数值、参数智能校核等特点，可显著提高钢筋建模效率。

钢筋加工环节通过云管理系统将翻样模型导出清单报表，转化成相关设备加工的数控文件，数控文件传输至数控钢筋加工设备。云管理系统根据施工现场进度推送生产任务，半成品加工验收完毕、赋予编码信息后储存，编码信息来源于云管理系统料单。半成品加工、储存及出库信息则反馈至云管理系统。

钢筋运输安装环节，根据云管理系统信息指定钢筋半成品运输目的地、垂直运输使用的塔吊及卸货区域，通过查询绑扎料单及钢筋翻样模型信息进行钢筋现场安装及绑扎，验收合格后相关验收信息将反馈至翻样模型。钢筋工程BIM应用流程如图7-10所示。

（3）成果

BIM技术在钢筋工程的应用成果包括：钢筋的三维模型、通过模型生成的钢筋排布图、钢筋加工料单、钢筋分拣料单、钢筋绑扎料单、数控文件、二维码标签、钢筋加工统计报表等。

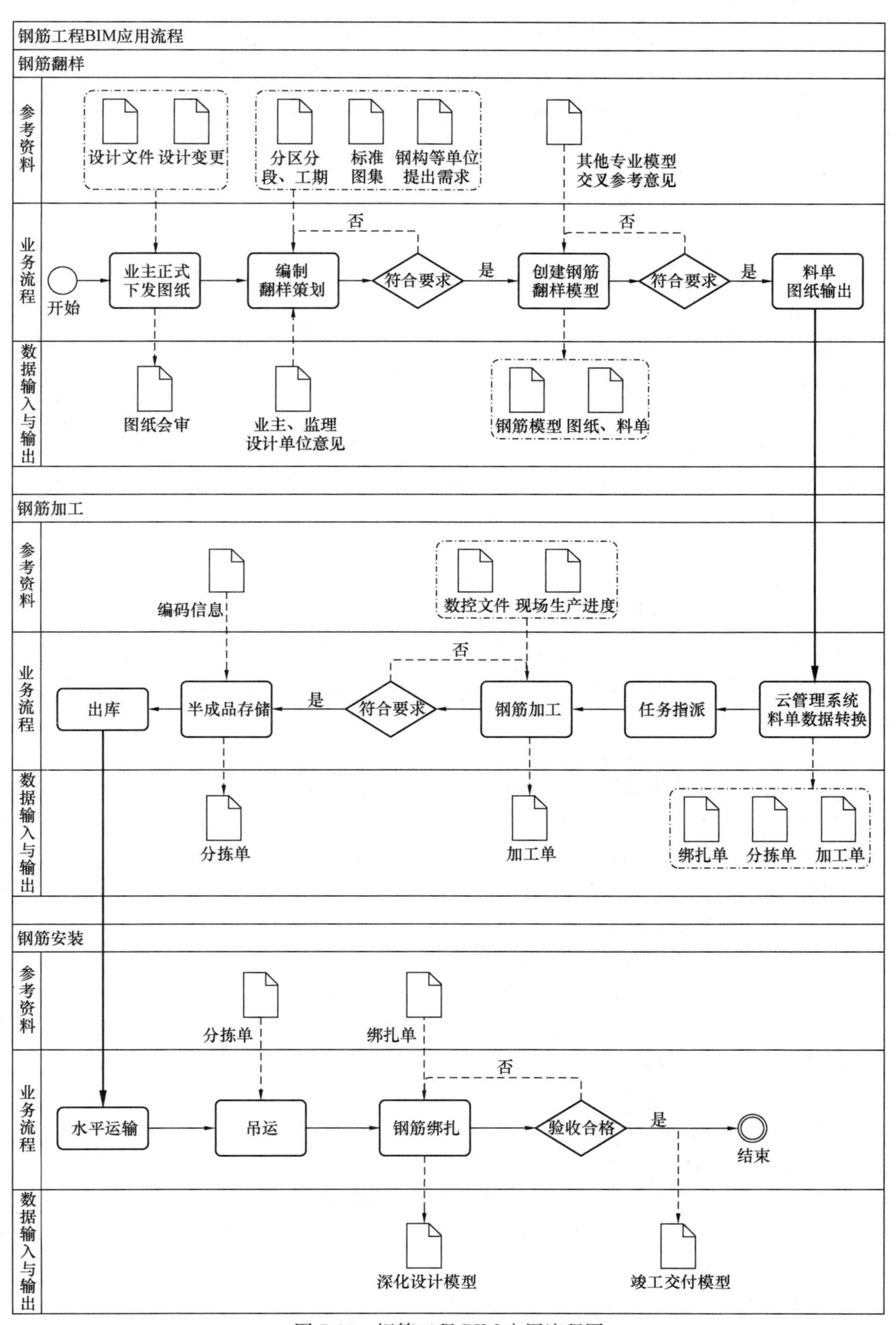


图 7-10 钢筋工程 BIM 应用流程图

相比传统钢筋翻样及生产加工作业方式，钢筋原材加工直接利用率、钢筋作业效率、直接经济效益率均得到大幅提高，基于 BIM 的钢筋工程技术应用可实现钢筋模型化翻样、集成化数控加工、信息化高效配送、作业效率高、质量可靠、节约成本、降低劳动强度、减少环境污染、有助于提高钢筋工程水平和产业化升级，具有良好的社会与经济价值，符合绿色施工、节能减排的发展趋势。

4. 混凝土工程 BIM 应用

（1）概述

BIM 技术应用于混凝土工程是采用 BIM 技术改造传统混凝土工程施工技术与过程管理的一种新方式。

在混凝土工程中 BIM 技术的典型应用包括：可视化展示、深化设计、专业协调、施工模拟、材料统计、成本管控以及质量安全管理等。

（2）流程

混凝土 BIM 应用分建模阶段和应用阶段。在建模阶段要明确建模需求、建模流程和建模标准，组织相关人员建立起满足要求的模型，在应用阶段，相关人员要完善模型数据，根据业务需求展开应用。

（3）成果

1）基于 BIM 的深化设计

和传统二维深化设计模式相比，基于 BIM 的混凝土工程深化设计的成果既包含了图纸，也包括了模型。并且基于 BIM 的深化设计是指对各专业 BIM 模型进行优化并对其进行集成、协调、修订，最终在模型的基础上得到各专业详细施工图纸以满足施工及工程管理的需要。

2）基于 BIM 的专业协调

通过专业协调可解决建筑和结构与设备的冲突，在设计时往往会出现各专业设计师之间的沟通不到位，出现各种专业之间的碰撞问题。创建全专业的 BIM 模型，施工单位可以将各专业模型综合到一起，进行三维空间的虚拟碰撞，从而检查出土建与其他专业的碰撞和空间预留是否合理。

3）基于 BIM 的施工模拟

基于 BIM 的施工模拟就是用三维建模软件创建一个 BIM 模型，然后用专业分析软件对该模型进行综合性能评估，建立与之对应的三维施工模型，再对该模型进行施工组织设计，构建合理的施工工序，进而继续编制详细的施工进度计划，制定施工方案，再结合 BIM 仿真优化工具实现施工过程 4D 模拟。通过观察模拟演示，形象地表达出目前的施工状态，有利于现场技术人员对整个工序的把控，也能在模拟中发现问题，有利于现场施工前对施工方法进行及时的调整。

4）基于 BIM 的材料统计

在材料统计之前，应在施工图设计模型的基础上创建用于统计工程量的施工模型，结合施工定额和清单规范，确定要计算的清单内容，进行工程量的统计工作。

5）基于 BIM 的质量安全管理

在质量安全管理中，基于深化设计模型创建质量管理模型，基于质量验收标准和施工资料标准确定质量验收计划，进行质量验收、质量问题处理、质量问题分析工作。在安全管理 BIM 应用中，基于深化设计模型创建安全管理模型，基于安全管理标准确定安全技术措施计划，采取安全技术措施，处理安全隐患和事故，分析安全问题。

5. 砌体工程 BIM 应用

（1）概述

砌体工程是土建施工中最常见的施工内容之一，砌筑工程包括材料运输、脚手架搭设、砌筑和勾缝等，其中材料运输和脚手架搭设是砌筑的准备工作。在施工现场常规作业中，砌体工程砌筑作业施工前通常绘制砌筑的排砖图并进行砌筑材料统计，以便统计材料进场和现场施工组织。

在砌体工程中 BIM 技术的应用点有：基于 BIM 的深化设计、基于 BIM 的专业协调、基于 BIM 的可视化展示、基于 BIM 的材料管理、基于 BIM 的工程算量和造价管理等。这里主要介绍基于 BIM 的砌块排布系统的应用，通过 BIM 软件快速进行砌块排布和工程量提取，提高施工质量和外观质量观感，减少材料损耗，节约成本。

（2）流程

砌体工程是结构工程和机电安装工程、装饰装修工程等一系列工作的衔接点，不仅在深化设计阶段需要多个专业综合考虑，而且在施工阶段又涉及多专业穿插施工，因此砌体工程的施工质量对项目的管理水平是一个很大的考验。应用 BIM 技术时，应注意在多专业模型整合的前提下进行综合协调和碰撞检查，这样才能在符合现场实际的情况下发现和解决问题。

砌体工程深化设计 BIM 应用流程如图 7-11 所示。

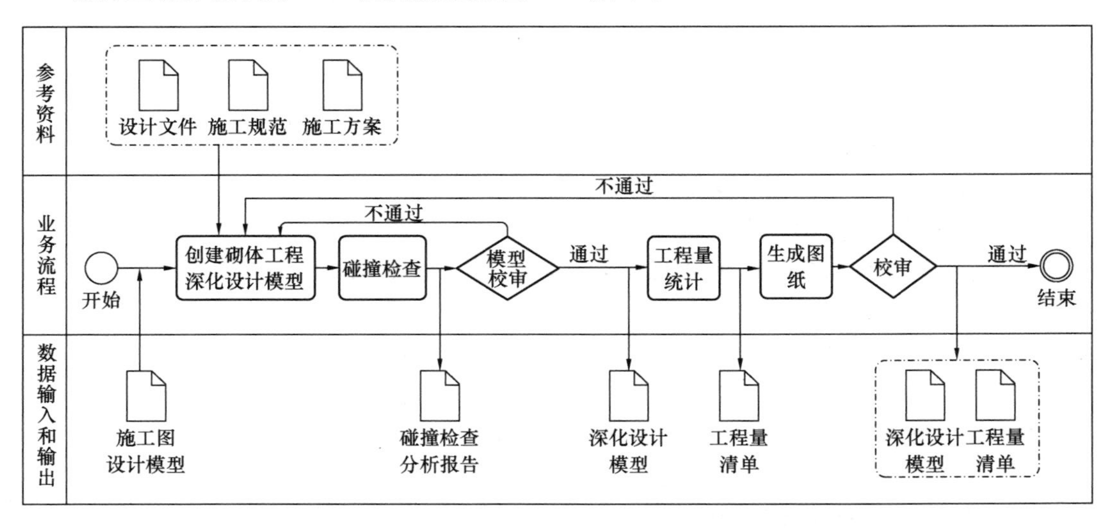


图 7-11　砌体工程深化设计 BIM 应用流程

1）依据设计图纸及相关规范编制砌体工程专项施工方案。

2）基于上游传递的土建和其他专业模型进行深化，其中，土建模型可以是设计模型，机电模型应是经过管线综合并优化后的深化设计模型。

3）砌体的深化设计可以在主流的模型创建软件中进行，目前国内主流软件和基于 Revit 的二次开发软件都可以做到高效、批量的排砖功能。

4）利用软件功能可以提取砌块的规格种类信息，计算工程量。

（3）成果

砌体工程BIM应用成果包括三维模型、视频动画以及BIM模型生成的二维图纸和砌体材料表。

**7.3.4 应用评价**

目前土建施工BIM应用中最能体现价值的是专业协调。专业协调越早，对项目成本和计划的潜在影响越大。在开始施工之前能够看到建筑构件之间的关系，允许更早准备材料采购、设备车间加工，以及每个专业工作位置，避免与其他专业冲突，从而节约成本、缩短工期。

施工模拟也是BIM技术在土建施工中应用较多的应用点。用三维建模软件创建模型，之后编制详细的施工进度计划，制定出施工方案，按照已制定的施工进度计划，再结合BIM仿真优化工具来实现施工过程三维模拟。通过对施工全过程或关键过程进行模拟以验证施工方案的可行性，以便指导施工和制定出最佳的施工方案，从而加强可控性管理，提高工程质量，保证施工安全。

土方平衡计算是在基础设施建设中常用的BIM应用点。土方平衡就是通过“土方平衡图”计算出场内高处需要挖出的土方量和低处需要填进的土方量，从而得知计划外运进、出的土方量。在计划基础开挖施工时，尽量减少外运进、出的土方量的工作，这不仅关系土方费用，而且对现场平面布置有很大的影响。传统基于AutoCAD的土方挖方量和填方量计算操作繁碎，计算准确度不高，而利用BIM技术结合三维扫描和GIS模型，可精确计算挖出和填进的土方量，而且效率大幅度提高。

## 7.4 钢结构施工中的BIM应用

**7.4.1 现状分析**

钢结构建筑是一种清洁环保符合可持续发展政策的建筑结构，是绿色建筑物的代表之一。它被广泛应用于大型厂房、高层建筑工程、大跨度结构工程、会议会展工程、高铁站房工程等工程领域中。在当前国家大力推广装配式结构的政策下，钢结构工程将会成为主要、普遍的建筑结构之一。

传统钢结构项目施工过程中存在以下难点：第一，钢结构工程中如构件制造工艺和连接节点复杂，设计出现误差的概率较大，较难对施工关键点进行预测分析；第二，钢结构使用寿命短，导致部分企业为节约成本及增加经济效益，忽视质量问题而影响施工质量及安全。第三，项目安装中存在不安全及不确定因素，管理效率低，容易造成风险。

在钢结构工程的实施过程中，BIM技术在早期主要应用于深化设计阶段建模和出图，随着BIM概念的推广、研究和应用，钢结构的BIM应用也日益重视软件输出信息接口的标准化以满足钢结构BIM技术在建筑工程各阶段、各专业间的协同与信息共享，最终达到通过信息化的管理方法和技术手段对钢结构项目进行高效的计划、组织、控制，实现施工全过程的动态管理和项目目标的综合协调与优化目的，进一步采用科学、合理、系统的管理方法来调配各分支资源，打破信息壁垒，建立充分的信息共享机制。因此，解决施工各阶段的协同作业和信息共享问题是钢结构施工BIM应用的核心价值之一。在钢结构施工过程中应用BIM技术并建立新型管理模式，已成为钢结构施工管理发展的必然趋势。

### 7.4.2 应用流程

钢结构施工经历深化设计、构件制造、项目安装几个阶段，在施工过程中会涉及深化设计、生产管理、物资管理、技术管理、质量管理、物流管理、制造车间等多个专业和业务部门。在钢结构施工的全过程中，不同岗位的工程人员可以从施工过程模型中获取、更新与本岗位相关的信息，既能用来指导实际工作，又能将相应工作的成果更新到模型中，使工程人员对钢结构施工信息做出正确理解和高效共享，起到提升钢结构施工管理水平的作用。因此，钢结构施工的 BIM 应用应充分考虑深化设计、构件制造及项目安装几个阶段，通过 BIM 实现多个专业和业务部门的信息共享和协同作业，主要应用流程如图 7-12 所示。

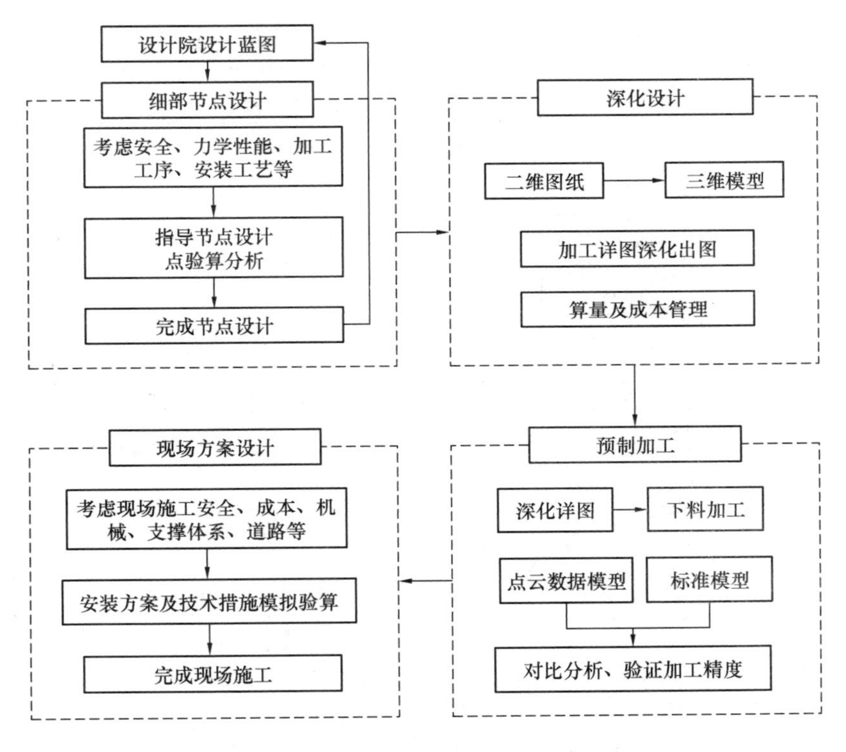


图 7-12 钢结构工程 BIM 应用流程

### 7.4.3 应用内容

在建筑工程中钢结构 BIM 技术的应用通常由钢结构施工企业作为专业分包商进行驱动。BIM 技术在钢结构施工中的应用主要体现在三个方面：一是钢结构深化设计阶段，二是钢结构预制加工阶段，三是钢结构现场施工管理。

1. BIM 在钢结构深化设计阶段的应用

通过 BIM 技术对钢结构进行深化设计，在深化设计阶段对工程结构、构件规格和材质、节点形式、制作工艺及安装工艺可行性等方面进行分析，提前考虑各方面因素，可以使整个项目在施工全过程的管理过程中具有预测性、全面性和技术合理性，提高深化设计质量与效率。

钢结构专业在深化设计阶段基于设计文件、现场施工工艺文件、构件加工工艺文件和设计模型创建钢结构深化设计模型，完成节点深化设计和优化工作，输出工程量清单、钢结构深化设计总说明、焊接通图、结构平立面布置图、构件图、零件图等信息内容，从而应用于后期构件加工和现场安装阶段的 BIM 应用。

一般情况下，企业在接到设计图纸后的第一要务是通过 BIM 软件进行 3D 实体建模，建模过程中发现设计图纸中的问题及时反馈给设计院。在钢结构深化建模的过程中，首先把所有的构件、零件、节点连接、螺栓、焊缝、混凝土梁柱等信息都通过三维实体建模输入整体模型，该三维实体模型与以后实际建造的建筑完全一致；其次，所有加工详图（包括布置图、构件图、零件图等）均是利用三视图原理投影生成，图纸中所有尺寸，包括杆件长度、断面尺寸、杆件相交角度等均是从三维实体模型上直接投影产生的。

钢结构深化设计基本流程如图 7-13 所示。

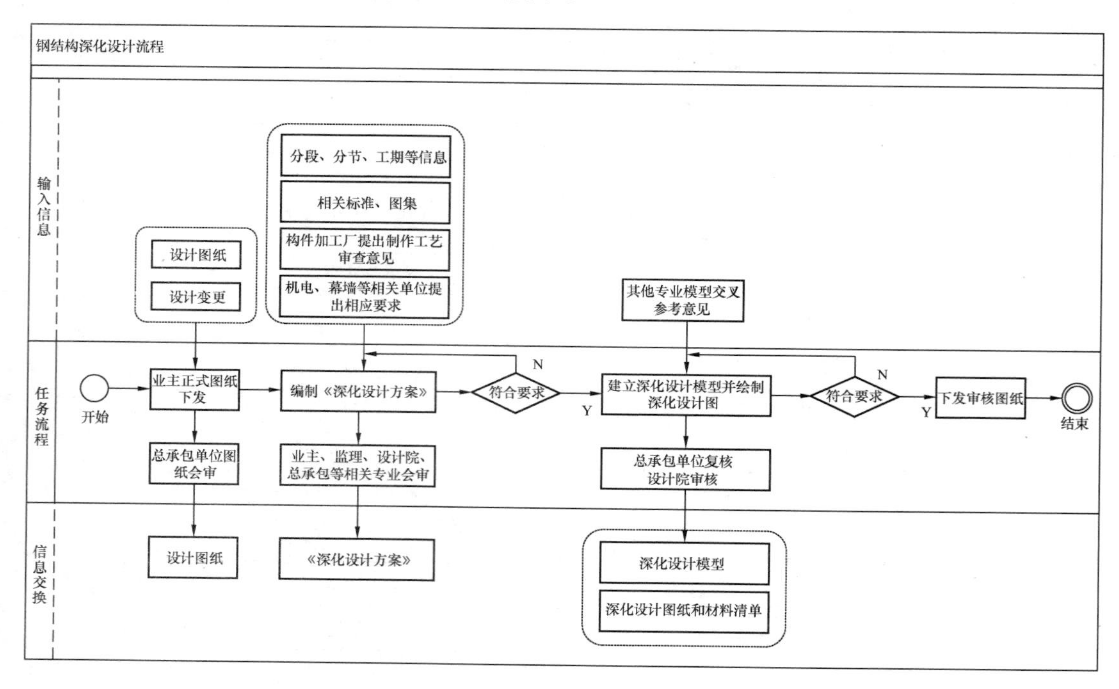


图 7-13　钢结构工程深化设计流程图

(1) 钢结构深化设计与其他专业协调

钢结构深化设计与其他专业协调可进一步优化施工设计，在深化阶段就减少可能存在的错误引起的损失。

1) 钢结构自身的碰撞和不合理性

在深化建模的过程中建模人员发现设计蓝图的不合理性，需提交项目部、设计方来协商变更，且需业主审批通过。钢结构自身碰撞检查见表 7-5。

2) 钢结构与其他专业的碰撞协调

钢结构与土建机电专业的碰撞涉及预留孔洞、混凝土浇筑、钢筋搭接等相关问题，在深化过程中需及时与其他专业做碰撞检查以减少错误、避免损失。钢结构与其他专业碰撞检查见表 7-6。

**钢结构自身碰撞检查**　　　　**表 7-5**

| 钢结构碰撞 | | |
|---|---|---|
| 某会展综合体项目（北块）总承包工程（二标段）碰撞案例分析 | | |
| | 发现钢结构自身碰撞 | 碰撞修改后 |
| 图示 | 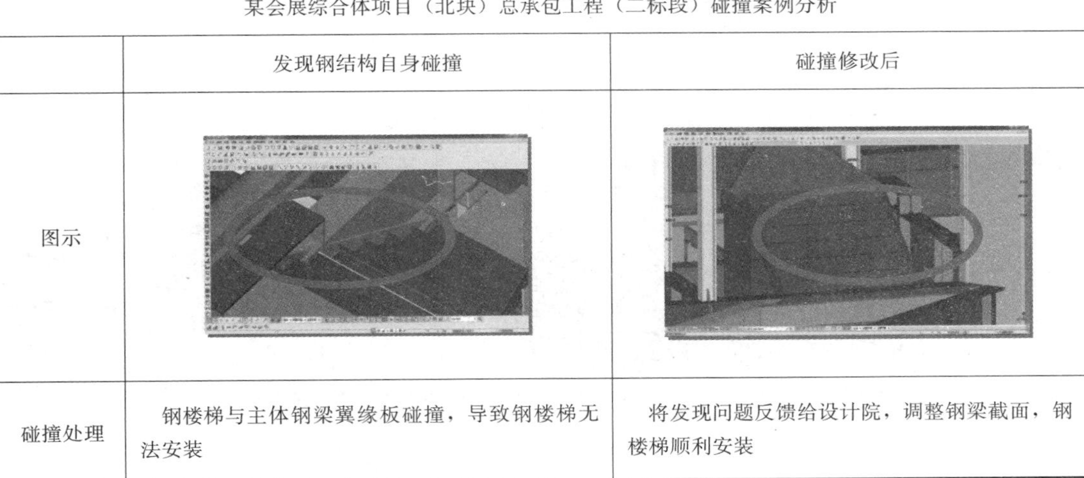 | |
| 碰撞处理 | 钢楼梯与主体钢梁翼缘板碰撞，导致钢楼梯无法安装 | 将发现问题反馈给设计院，调整钢梁截面，钢楼梯顺利安装 |

**钢结构与其他专业碰撞检查**　　　　**表 7-6**

| 钢结构碰撞 | | |
|---|---|---|
| 某会展综合体项目（北块）总承包工程（二标段）碰撞案例分析 | | |
| | 发现钢结构与钢筋的碰撞 | 碰撞修改后 |
| 图示 | | |
| 碰撞处理 | 地梁钢筋，钢柱纵筋均与钢结构有交叉作业，导致土建钢筋无法绑扎 | 钢柱上焊搭接钢板便于地梁水平筋和箍筋搭接；在梁柱交接部位的加劲板上镂空，便于柱子纵筋排布；地梁翼缘板安装套筒，便于地梁钢筋穿插 |

（2）钢结构深化设计节点优化

根据业主和设计院提供的资料，在不改变结构形式、结构布置、受力杆件、构件型号、材料种类、节点类型的前提下，对各节点（连接节点、支座节点）的细部尺寸、焊缝坡口尺寸、杆件分段等进行深化。钢结构节点优化案例见表 7-7。

**钢结构节点优化** **表 7-7**

| 钢结构节点优化 | | |
|---|---|---|
| 某国际航空服务中心 X-1 地块项目优化案例分析 | | |
| | 优化前 | 优化后 |
| 图示 | 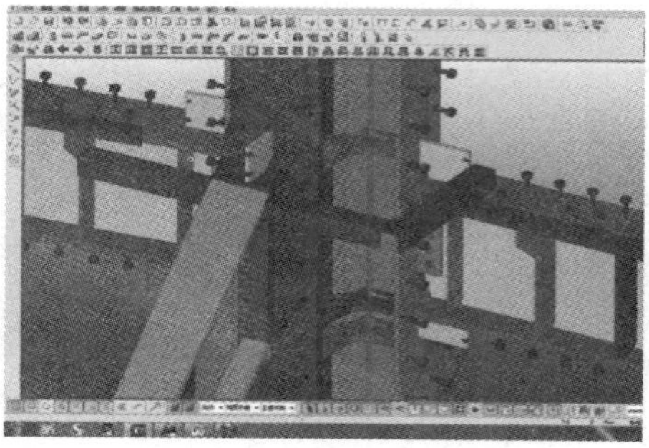 | 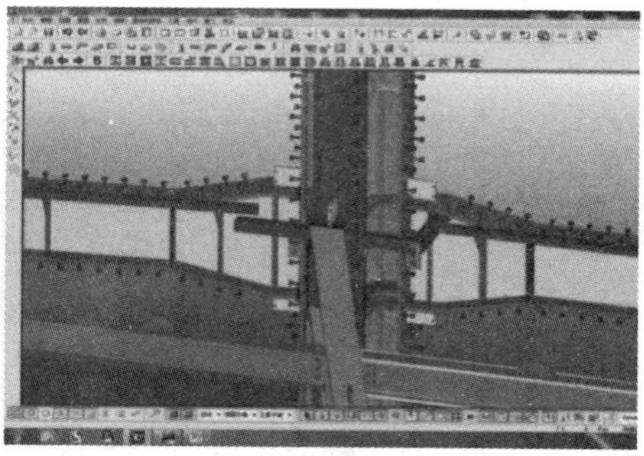 |
| 受力性能优化 | 钢柱钢梁对接面较小，且钢梁本身板厚，自重大，造成稳固性差 | 钢柱钢梁为刚接，钢梁端口处截面加大，使钢柱钢梁对接面加大，连接更稳定 |
| 交叉作业优化 | 钢结构需设置钢筋搭接板，深化工作量大，且与土建施工易出现交叉碰撞 | 土建混凝土梁钢筋可直接搭接于钢梁翼缘板，现场施工方便，碰撞率减少，使钢结构和土建施工更好地结合 |

（3）复杂节点的创建

如今的钢结构造型已经变得十分复杂，如高层建筑的避难层桁架构件、雨篷网壳结构和顶冠造型，又如各种场馆的空间大跨度立体桁架构件和巨型的高架桥梁等，给钢构件的检验增加了很大难度。在处理钢结构复杂节点模型创建过程中，通过结合多软件配合处理，如 Tekla、Advance Steel 的深化建模、Dynamo 可视化编程建模、SolidWorks 异型构件放样等，控制节点几何尺寸、空间定位等信息，保证模型精度，提高建模效率。钢结构复杂节点创建案例见表 7-8。

**钢结构复杂节点** **表 7-8**

| 钢结构复杂节点案例 | | | |
|---|---|---|---|
| 腰桁架节点 | 巨柱变截面节点 | 异型巨柱柱脚节点 | 环带桁架中弦节点 |
| 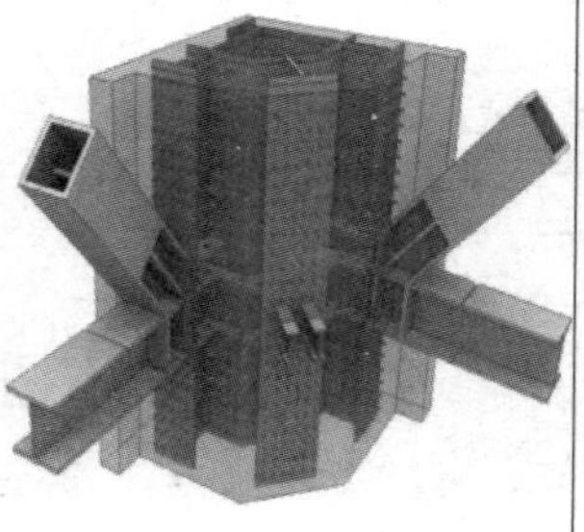 |  |  |  |

Tekla与Advance Steel应用对比见表7-9。

**Tekla与Advance Steel对比** **表7-9**

| 对比内容 | 内容说明 | Tekla | Advance Steel |
| --- | --- | --- | --- |
| 适用性 | 可满足的工程结构类型 | 常规框架结构、桁架结构、网架结构等均可适用，对于复杂空间扭转结构难度较大 | 常规结构均可使用，复杂的空间扭转结构亦可实现精确的建模 |
| 开放性 | 给予用户的二次开发性 | 开放性更完善，用户可根据需要，只需掌握简单的程序语言便可以自定义参数化的钢结构节点，为用户提供了更大的二次开发的可能和操作空间 | 用户可实现节点的自定义，参数化的钢结构节点要掌握更深层次的计算机语言能力 |
| 数据共享性 | 与各专业BIM软件之间的数据互通 | 与部分软件无法完全实现数据信息的共享 | 基于CAD平台dwg格式，与各专业数据共享信息完整度更好 |
| 效率 | 建模、出图的效率问题 | 建模、出图效率较好 | 建模、出图效率较好 |

2. BIM在钢结构预制加工阶段的应用

钢结构工程中的大部分构件是由工厂制造再运送到现场进行安装，因此，钢结构构件加工是钢结构工程中的一个重要环节。为了保证构件加工质量、构件供货进度，减少材料浪费，通过利用BIM模型，基于加工确认函、变更确认函、加工方案、工厂设备加工能力、排产计划及工期、资源计划等文件的需求，提取不同阶段、不同情况中模型数据信息。这些数据信息包括数字控制（Numerical Control，简称NC）文件以及各种零构件清单、材质等，利用模型数据完成构件的下料、运输、批次划分、工艺模拟等工作，提高构件加工效率，获得良好的效益。

（1）钢结构深化模型提取清单

利用BIM软件的自动构件统计功能可以从深化完成后的钢结构模型中快速准确地提取各类清单，包括图纸目录、构件清单、预埋件清单、零件清单、螺栓清单等。软件自带不同形式的清单模板，针对不同需求情况设置清单样式，满足加工制作过程中各种需求。例如：通过BIM软件提供的清单数据可以优先选用符合条件的余料、库存，不够用时才生成采购预算表，避免盲目采购导致库存增加资金占用。利用清单模板创建模型清单如图7-14所示。

（2）数控下料应用

钢结构加工厂可以利用BIM软件直接生成自动加工的标准化NC文件，BIM模型输出的NC文件夹中的多个NC文件可以进行批量转入，为前期数据输入节省大量的时间，并保证所有输入数据的准确性。工厂数控下料流程示意如图7-15所示，BIM模型NC文件输出如图7-16所示。

也可以通过BIM软件导出零件图，并将其与XSuperNEST、INTEgnps、SmartNEST、FASTcam等套料软件结合实现自动排版，可以缩短人工排版时间，节约生产准备时间，并在指定范围自动计算最优尺寸，提高材料利用率从而达到最经济采购批量，方便快速提料。

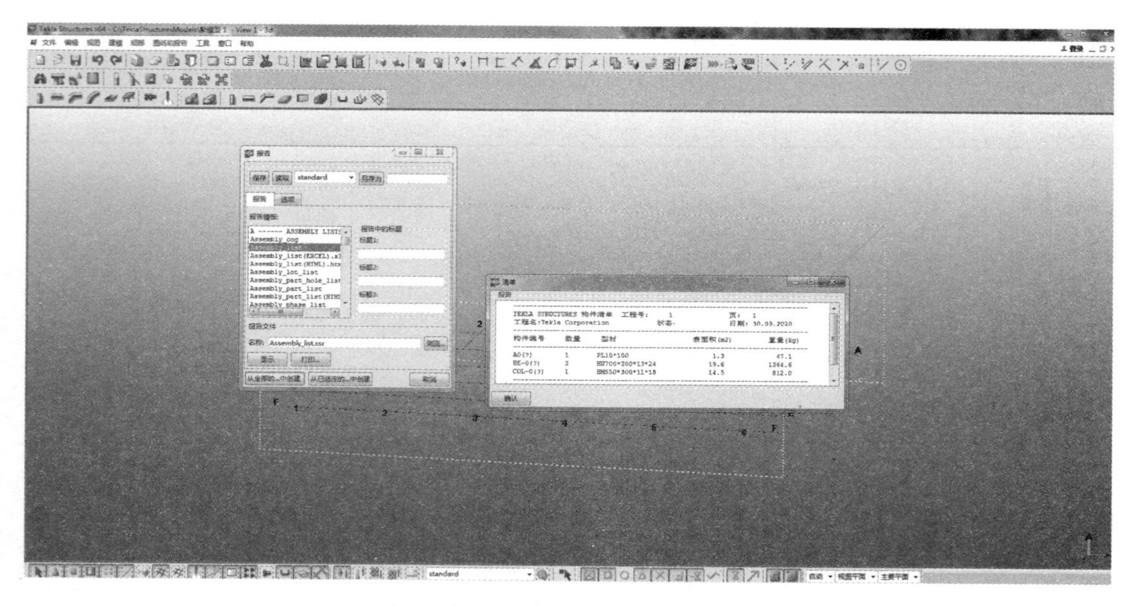

图 7-14　利用清单模板创建模型清单

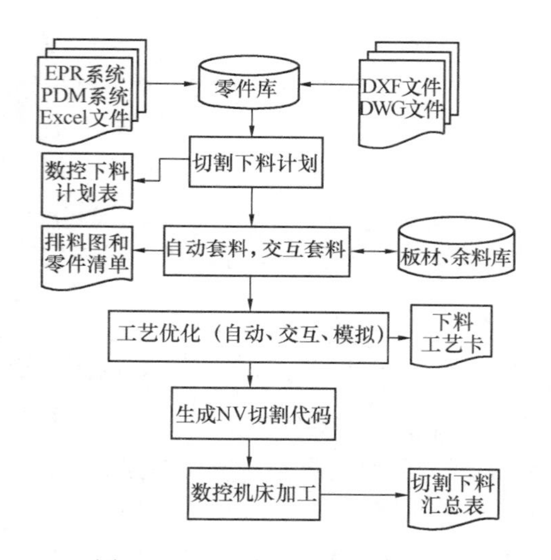


图 7-15　工厂数控下料流程示意

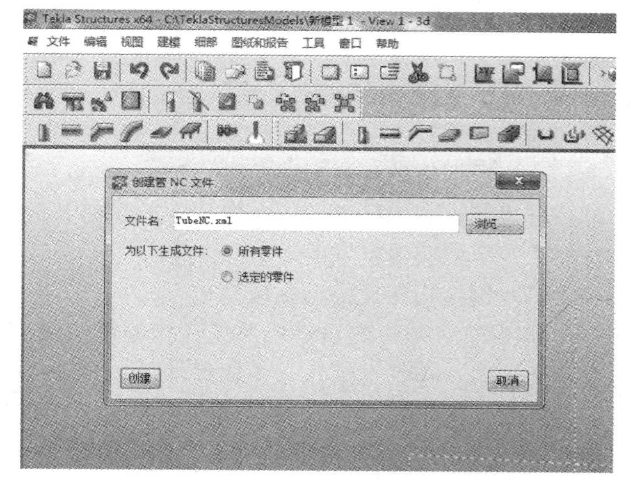


图 7-16　BIM 模型 NC 文件输出

（3）三维激光扫描应用

目前，国内大多数的钢结构加工企业普遍采用钢卷尺、直角尺、拉线、放样吊线和检验模板等传统方法来检验钢构件是否符合设计的要求。对于复杂的钢构件还要进行实物预拼装，检验构件每个接口之间的配合情况是否满足设计要求。采用现有的检测手段不但需要大片的场地，检测过程繁琐，测量时间长，检测费用高，而且检测精度低，已经无法满足钢结构加工制造技术的需要。

采用三维激光扫描技术，对钢结构工程的复杂节点、构件，如组合钢柱、铸钢件等通过三维激光扫描检测构件加工质量已经越来越多地应用在钢构件加工过程中。通过结合前后扫描数据与实际 BIM 模型进行对比分析，输出三维色谱图可以直观地查看构件加工偏差，同时也可以对关键位置的具体偏差进行注释。基于三维激光扫描技术的对比分析方法如图 7-17 所示。

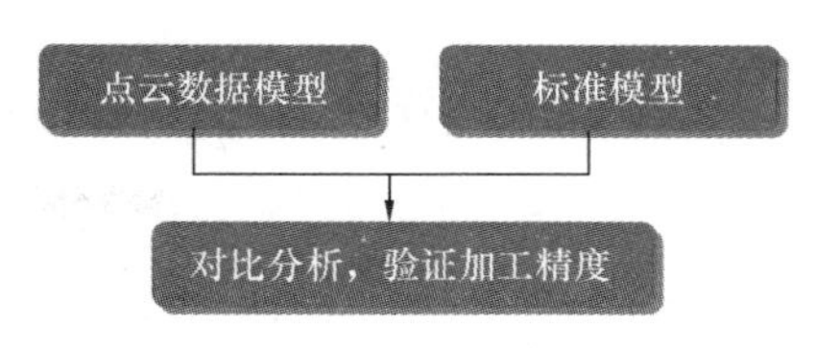


图 7-17 基于三维激光扫描技术对比分析

通过三维激光扫描技术对构件加工尺寸精度进行复合检查具有传统方法不具备的优势，能够对任意物体进行扫描，快速扫描的点云信息可以转换成计算机能够处理的数据。尤其在对不规则曲面多方向扭曲的构件进行检查的时候，传统的方法很难全面准确地检查出构件的尺寸，通过采用三维激光扫描技术可以准确地将标准数字化模型和三维扫描的点云数据模型进行比对，解决这种问题。现场扫描如图 7-18 所示，对比分析报告如图 7-19 所示。

图 7-18 现场扫描

（4）物联网应用

基于物联网技术的 BIM 应用在钢结构工程中具有较高实用价值，在构件加工完成运输至现场的过程中，通过用软件制作构件二维码并粘贴在各构件上与 BIM 数据库进行对接可以实现以下功能：

1）便于构件管理；

2）便于施工现场材料堆放、构件查询、安装定位等；

3）利于构件的全生命期追踪及管理。

对每个钢构件的二维码，可以将构件的编号、材质、加工单位、进场/安装时间、焊接人员、探伤人员、探伤结果、验收人员等信息，实时上传至云端，让各级管理人员可以查看现场钢结构材料生产情况。同时，附加交底资料，方便劳务人员及时查看技术资料，提高各级管理人员效率。

QUALIFY

日期: 10/11/2020, 4:23 pm

Annotated View: 全部

单位: mm

| 名称 | 偏差 | 状态 | 上公差 | 下公差 | 参考 X | 参考 Y | 参考 Z | 偏差半径 | 偏差 X | 偏差 Y | 偏差 Z | Measured X | Measured Y | Measured Z | 法线 X | 法线 Y | 法线 Z |
|---|---|---|---|---|---|---|---|---|---|---|---|---|---|---|---|---|---|
| A001 | -0.0014 | 通过 | 1.0000 | -1.0000 | 65.4009 | 102.1500 | -5.4712 | 1.0000 | 0.0000 | 0.0014 | 0.0000 | 65.4009 | 102.1514 | -5.4712 | 0.0000 | -1.0000 | 0.0000 |
| A002 | -0.0014 | 通过 | 1.0000 | -1.0000 | 65.6736 | 102.1500 | -5.3674 | 1.0000 | 0.0000 | 0.0014 | 0.0000 | 65.6736 | 102.1514 | -5.3674 | 0.0000 | -1.0000 | 0.0000 |
| A003 | -0.0014 | 通过 | 1.0000 | -1.0000 | 65.9583 | 102.1500 | -5.3055 | 1.0000 | 0.0000 | 0.0014 | 0.0000 | 65.9583 | 102.1514 | -5.3055 | 0.0000 | -1.0000 | 0.0000 |
| A004 | -0.0011 | 通过 | 1.0000 | -1.0000 | 66.5226 | 102.1500 | -5.4455 | 1.0000 | 0.0000 | 0.0011 | 0.0000 | 66.5226 | 102.1511 | -5.4455 | 0.0000 | -1.0000 | 0.0000 |
| A006 | -0.0010 | 通过 | 1.0000 | -1.0000 | 66.6499 | 102.1500 | -5.5832 | 1.0000 | 0.0000 | 0.0010 | 0.0000 | 66.6499 | 102.1510 | -5.5832 | 0.0000 | -1.0000 | 0.0000 |
| A008 | -0.0038 | 通过 | 1.0000 | -1.0000 | 69.1728 | 102.1500 | -5.8626 | 1.0000 | 0.0000 | 0.0038 | 0.0000 | 69.1728 | 102.1538 | -5.8626 | 0.0000 | -1.0000 | 0.0000 |
| A009 | 0.0868 | 通过 | 1.0000 | -1.0000 | 69.1186 | 102.4500 | -5.8064 | 1.0000 | 0.0000 | -0.0868 | 0.0000 | 69.1186 | 102.3632 | -5.8064 | 0.0000 | -1.0000 | 0.0000 |
| A010 | -0.0039 | 通过 | 1.0000 | -1.0000 | 69.6010 | 102.1500 | -5.3826 | 1.0000 | 0.0000 | 0.0039 | 0.0000 | 69.6010 | 102.1539 | -5.3826 | 0.0000 | -1.0000 | 0.0000 |
| A011 | -0.0040 | 通过 | 1.0000 | -1.0000 | 70.6512 | 102.1500 | -5.5452 | 1.0000 | 0.0000 | 0.0040 | 0.0000 | 70.6512 | 102.1540 | -5.5452 | 0.0000 | -1.0000 | 0.0000 |
| A012 | -0.0038 | 通过 | 1.0000 | -1.0000 | 69.2606 | 102.1500 | -6.5560 | 1.0000 | 0.0000 | 0.0038 | 0.0000 | 69.2606 | 102.1538 | -6.5560 | 0.0000 | -1.0000 | 0.0000 |
| A013 | 0.0867 | 通过 | 1.0000 | -1.0000 | 69.0524 | 102.4500 | -6.2730 | 1.0000 | 0.0000 | -0.0867 | 0.0000 | 69.0524 | 102.3633 | -6.2730 | 0.0000 | -1.0000 | 0.0000 |
| A014 | 0.0875 | 通过 | 1.0000 | -1.0000 | 69.1505 | 102.4500 | -6.5589 | 1.0000 | 0.0000 | -0.0875 | 0.0000 | 69.1505 | 102.3625 | -6.5589 | 0.0000 | -1.0000 | 0.0000 |
| A015 | -0.0033 | 通过 | 1.0000 | -1.0000 | 69.8138 | 102.1500 | -6.9681 | 1.0000 | 0.0000 | 0.0033 | 0.0000 | 69.8138 | 102.1533 | -6.9681 | 0.0000 | -1.0000 | 0.0000 |
| A016 | -0.0040 | 通过 | 1.0000 | -1.0000 | 70.8620 | 102.1500 | -6.2729 | 1.0000 | 0.0000 | 0.0040 | 0.0000 | 70.8620 | 102.1540 | -6.2729 | 0.0000 | -1.0000 | 0.0000 |
| A017 | -0.0038 | 通过 | 1.0000 | -1.0000 | 70.1274 | 102.1500 | -5.2808 | 1.0000 | 0.0000 | 0.0038 | 0.0000 | 70.1274 | 102.1538 | -5.2808 | 0.0000 | -1.0000 | 0.0000 |
| A018 | 0.0609 | 通过 | 1.0000 | -1.0000 | 65.7182 | 96.2921 | -5.2431 | 1.0000 | 0.0212 | 0.0000 | -0.0570 | 65.7393 | 96.2921 | -5.3001 | 0.3482 | 0.0000 | -0.9374 |
| A019 | -0.0012 | 通过 | 1.0000 | -1.0000 | 66.7451 | 96.2164 | -5.8616 | 1.0000 | 0.0011 | 0.0000 | 0.0004 | 66.7462 | 96.2164 | -5.8612 | -0.9469 | 0.0000 | -0.3214 |
| A020 | -0.0028 | 通过 | 1.0000 | -1.0000 | 66.8694 | 96.3000 | -5.9706 | 1.0000 | 0.0000 | -0.0028 | 0.0000 | 66.8694 | 96.2972 | -5.9706 | 0.0000 | 1.0000 | 0.0000 |

图 7-19 对比分析报告

3. BIM 在钢结构现场安装阶段的应用

针对钢结构工程现场安装阶段的组织难度大、工期紧张并且精度要求高的问题，在钢结构安装前编制合理的方案，可以利用 BIM 技术进行方案模拟，进而优化方案，使之更为科学严谨。现场使用的设备机械经过计算满足需求，按照现场进度进场，组织节约高效的流水施工。最后，在构件安装过程中，做好测量监测和精度控制，确保工程质量，保证施工安全。

（1）技术及方案应用

钢结构技术方案的编制需考虑项目资源投入、工期计划、技术措施和深化设计、现场构件运输、安装流程、机械设备选型等因素。现场施工条件复杂，通过利用 BIM 技术对大体量钢结构工程进行分析，确定钢结构的安装顺序、结构划分、技术措施、吊装设备选型及布置、拼装方案、现场运输道路等，可以提高钢结构安装方案的可行性、高效性、安全性。钢结构方案优化示例见表 7-10。

**钢结构方案优化** **表 7-10**

| 钢结构方案优化 | | |
|---|---|---|
| 某会展综合体项目（北块）总承包工程（二标段）优化案例分析 | | |
| | 优化前 | 优化后 |
| 图示 | | |
| 安装方案优化 | 三角管桁架分段多，施工效率慢 | 减少钢结构分段，从而减少吊次，合理利用吊装机械，提高了施工效率 |
| 现场焊接 | 分段多，现场焊接量大，施工过程易造成结构的变形 | 减少分段同时焊接量减少，桁架变形程度减小，整体稳固性更强 |
| 技术措施实施方案 | | |
| 某体育中心项目柱顶工装案例分析 | | |
| | BIM 方案 | 实施情况 |
| 图示 | | |
| 说明 | 利用 Tekla 软件进行钢结构深化，得到格构柱的标准加工图以及柱顶工装、柱底转换平台的节点详图。以柱顶工装为例：采用 20mm 刀板，长度 300～500mm，卸载时以千斤顶顶紧，分步割除，直至脱离 | |

（2）安全控制应用

不同类型钢结构工程的安装过程都存在吊装作业、高空焊接等安全问题，这也是钢结构工程施工中主要的安全问题。针对钢结构安装的安全控制，利用数字化模拟分析，对不同吊装工况进行分析，设计符合现场高空焊接的操作平台等，并辅以人员安全教育、安全交底等措施保证现场施工安全。安全控制案例见表 7-11。

**安全控制案例**　　　　**表 7-11**

| 某项目弧梁吊装案例分析 | |
|---|---|
| 图示 | 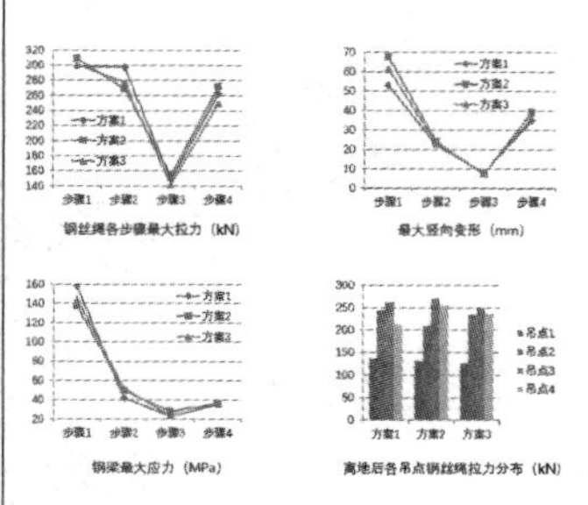   各方案计算结果对比 |
| 说明 | 主钢梁具有尺寸大、重量大、弧度大、位置高等安装难点。现采用重型履带式起重机进行吊装，并借助 MIDAS、ABUQUS 及 XSTEEL 软件对施工过程进行模拟分析，确定最佳方案，保证施工安全 |

| 方案 | 钢丝绳拉力极值 | 各点拉力差值 | 竖向变形 | 钢梁应力 | 综合判断 |
|---|---|---|---|---|---|
| 方案1 | 中等 | 中等 | 最小 | 最大 | 一般 |
| 方案2 | 最大 | 最大 | 最大 | 最小 | 较差 |
| 方案3 | 最小 | 最小 | 中等 | 中等 | 最优 |

（3）质量控制应用

钢结构工程中桁架结构、网架结构等结构类型，跨度大、变形大，不同区域结构变形规律有异，同时为满足钢结构运输要求，此类结构多以散件运输至现场进行拼装，拼装后在满足吊装要求的前提下进行整体吊装。因此，钢结构施工质量控制主要体现在结构变形、现场拼装、焊接、构件表面处理等方面。为了保证钢结构现场施工的质量，针对不同的情况采取相应质量保证措施。质量控制案例见表 7-12。

**质量控制案例**　　　　**表 7-12**

| 某体育场馆钢结构变形控制案例分析 | |
|---|---|
| 图示 | 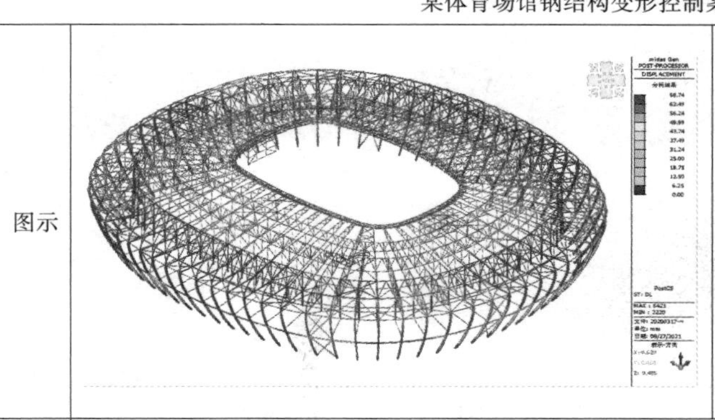 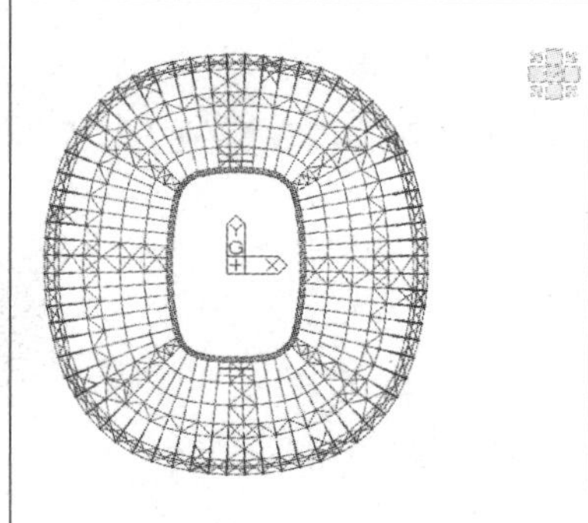 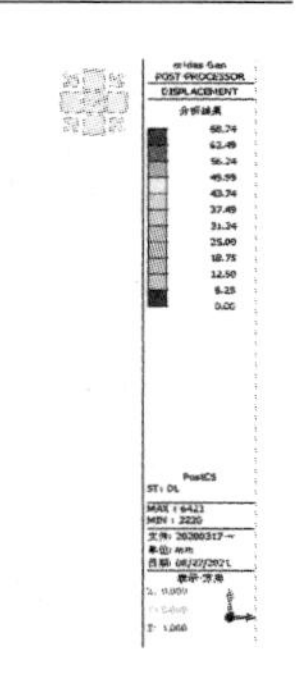 |
| 说明 | 通过 BIM 模型对施工全过程进行模拟分析，计算出构件的变形值，在深化阶段注明构件的预留长度和预变形值，以此保证体育场馆钢结构施工时在外界条件作用的影响下整体结构安装的质量控制 |

续表

<table>
<tr><td colspan="3">钢结构现场拼装案例分析</td></tr>
<tr><td></td><td>基于 BIM 的拼装方案</td><td>实施情况</td></tr>
<tr><td>图示</td><td></td><td></td></tr>
<tr><td>说明</td><td colspan="2">通过 BIM 模型制订详细的焊接工艺及焊接顺序以控制吊装单元现场拼装精度，保证拼装质量</td></tr>
</table>

(4) 进度控制应用

钢结构工程进度控制有主要以下特点（进度控制案例见表 7-13）：

1) 影响钢结构工程进度的因素很多，如设计、材料、设备、施工工艺、操作方法、管理水平、技术措施以及气象、地形、地质等。

2) 承包合同中，安装进度受工程总进度制约，受土建施工进度的影响。

3) 安装进度受钢构件制作和材料供应影响大，物资供应进度是控制重点。

4) 钢结构工程可工业化施工，速度快，如果组织得当可以适当缩短工期。

**进度控制案例** **表 7-13**

<table>
<tr><td></td><td colspan="3">某国际航空服务中心 X-1 地块项目案例分析</td></tr>
<tr><td>1</td><td></td><td></td><td></td></tr>
<tr><td>2</td><td></td><td>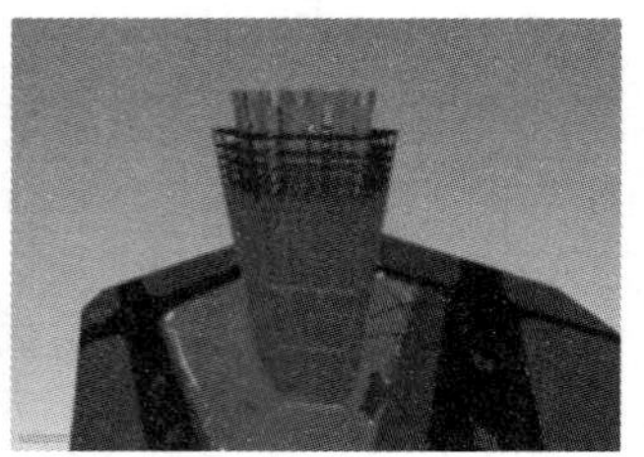</td><td></td></tr>
<tr><td>说明</td><td colspan="3">针对钢结构工程进度控制的特点，考虑影响钢结构工程进度的因素，通过 BIM 技术对现场每层钢结构安装时间进行合理排布，模拟安装流程，并与土建结构进度结合，保证工程总体进度</td></tr>
</table>

### 7.4.4 应用评价

在传统钢结构工程管理中，往往通过文件、邮件等方式完成企业内部或设计单位与加工制作单位之间的图纸和信息传递，效率受到很大影响；同样，企业内部为更好地完成钢结构生产组织，必须依靠人工分拣、人工摘料和人工输入等手段来完成图料信息源的收集，继而完成材料采购清单、构件清单、零件清单、下料工清单、工艺路线、板材排版等信息的收集和计算，使得钢结构工程实施过程冗长繁琐、数据不精确。通过BIM技术在钢结构中的实践应用，最终实现以下目标：

（1）模型快速建立：钢结构工程中每个钢构件所选用的材料、构件所处的位置、构件选用的截面型材和构件材质等信息都在该构件的信息库中有存储，整个建模过程结束以后，建模人员通过按结构实际需要将各构件组合成体，提高后期的项目管理和施工统计效率。

（2）结构三维模型分析：对整体模型施加外部荷载进行结构受力分析，在软件分析后将分析结果输出，通过关键数据及色谱图判断结构合理性，并利用输出的结果在不同类型的BIM软件上交互进行数据分析，以验证输出的分析数据和结果是否准确。

（3）细部设计与自动出图：通过BIM软件图纸管理器功能按类别、用途、功能快速为各种图纸分类，方便绘制人员对各类工程图纸管理，缩减绘图时间，提高图纸的精准度。在细部节点中输入尺寸初值，根据在节点数据库中已经预设好的运行参数，BIM软件按照节点的预设要求完成节点的拼装成型，通过软件不断优化模型，提升模型细部设计的质量；利用软件的自定义节点实现构件的复杂空间关系简化处理，提高节点在制作加工时以及现场安装时的精度要求。

（4）工程量统计：在统计工程量时，由于钢结构工程中使用的各类材料品种繁多，需要区分截面形式和构件类别。在建模初期为模型定义相应的工程量信息，在模型建成后再一并汇总各项需要统计的信息。利用软件报表输出功能预先设置，将需要的工程信息分类输出，可以降低错误率并缩短工程量的汇总时间。

（5）结构碰撞检测：钢结构工程中的节点是复杂多样的，实际工程安装过程中会出现节点零件之间发生碰撞，与混凝土组合部分或与管道搭接时也有可能发生碰撞。应用软件的碰撞检测功能检测整个钢结构工程及节点的合理性，工程整体施工安装的效率会有明显提高。

综上，利用BIM技术以提高钢结构构件制造的产业化程度为主要目的，可以使项目管理更有效率，降低钢结构深化设计错误率，减少出图工作量，并直观表达建筑的外观，便于招标投标的进行以及制造计划的编制，准确计算工程总量。

## 7.5 机电施工中的BIM应用

### 7.5.1 现状分析

机电安装工程包括通风采暖空调、给水排水、强弱电等多个专业，各专业又细分为不同的功能系统。为了满足人们对高大空间的追求和舒适性体验，作为载体的机电系统日益复杂庞大，而可用于安装的空间则被逐步压缩。

目前机电施工存在以下问题：

(1) 传统的管线综合排布依赖于平面CAD，将多个专业叠加后，在脑海中对大量管线在空间中的相对位置进行想象和排布，难度大、沟通效率低；

(2) 受到空间、现场情况的限制，各类机电管道及其支吊架的安装难度大，缺少安装操作空间，标高控制困难；

(3) 机电施工还有现场交叉作业多、机械化程度低、现场质量难于控制的问题。施工质量依赖于工人的操作水平和现场管理。

### 7.5.2 应用流程

机电施工BIM技术应用流程如图7-20所示。

### 7.5.3 应用内容

常见的机电施工BIM应用有机电深化设计、辅助施工方案优化、辅助装配化施工、三维激光扫描、基于BIM的工程算量以及基于BIM的全过程质量管控等。

1. 基于BIM技术的机电深化设计

机电深化设计是施工图设计的延续补充和细化。在设计模型基础上，依据合同的技术要求、相关施工规范、图集等文件要求创建机电深化设计模型，并结合现场实际情况完成机电多专业模型综合，校核系统合理性，输出工程量清单、机电深化设计图纸和相关专业配合条件图等。

深化设计过程中，应在BIM模型中补充或完善设计阶段未确定的设备、附件、末端等模型构件。BIM管线综合布置完成后应对系统参数进行复核，检查是否符合设计要求。机电深化设计BIM成果主要包括机电深化设计模型、深化设计图纸、设备材料统计表、碰撞检测报告等内容。机电深化设计图纸主要包括管线综合图、专业图、机房详图、管井详图、预留预埋图、支架详图、设备安装详图等。

机电管线深化设计对从业人员有很高的专业技术要求，需要多方面的综合性知识和丰富的经验积累。机电深化设计需要知道一定的设计知识，如此才能在深化设计时充分理解设计意图，在进行深化设计时，既不会畏首畏尾不敢对管线路由做改变调整，也不会无知无畏，将原设计原则和理念修改得面目全非；机电深化设计需要掌握丰富的施工知识，理解现场的施工工序，熟悉各类管道设备安装所需要的操作空间，预判到现场可能产生的问题，让手中的模型和图纸能真正指导施工；机电深化设计需要了解一定的运维知识，了解常见设备的检修方式，从而为检修频率高的设备和阀门设置方便的检修口和检修通道，提高后期运营维护的效率和质量。

(1) 深化设计准备

机电安装单位收到设计资料后首先需要对图纸或模型进行会审，对图纸进行查错补缺。系统和管径核对无误后，分专业进行模型创建和更新。在深化设计初期难免有部分设计条件不足的情况，这时需要梳理深化区域内将来可能造成影响的空间和其他专业的影响因素，并做好预留，以免后期增加管线或确定吊顶后对整个管线排布带来颠覆性影响。常见的比较容易滞后的信息有招标较晚的弱电和通信运营商信息、大型设备选型信息、需要精装修的二次深化区域信息等。

(2) 管线综合排布

当完成各专业的模型创建后，需要借助BIM技术将传统二维平面设计方式转变为三维可视化的设计过程，对各机械设备及专业管线安装后的实际效果提前进行模拟，测试实

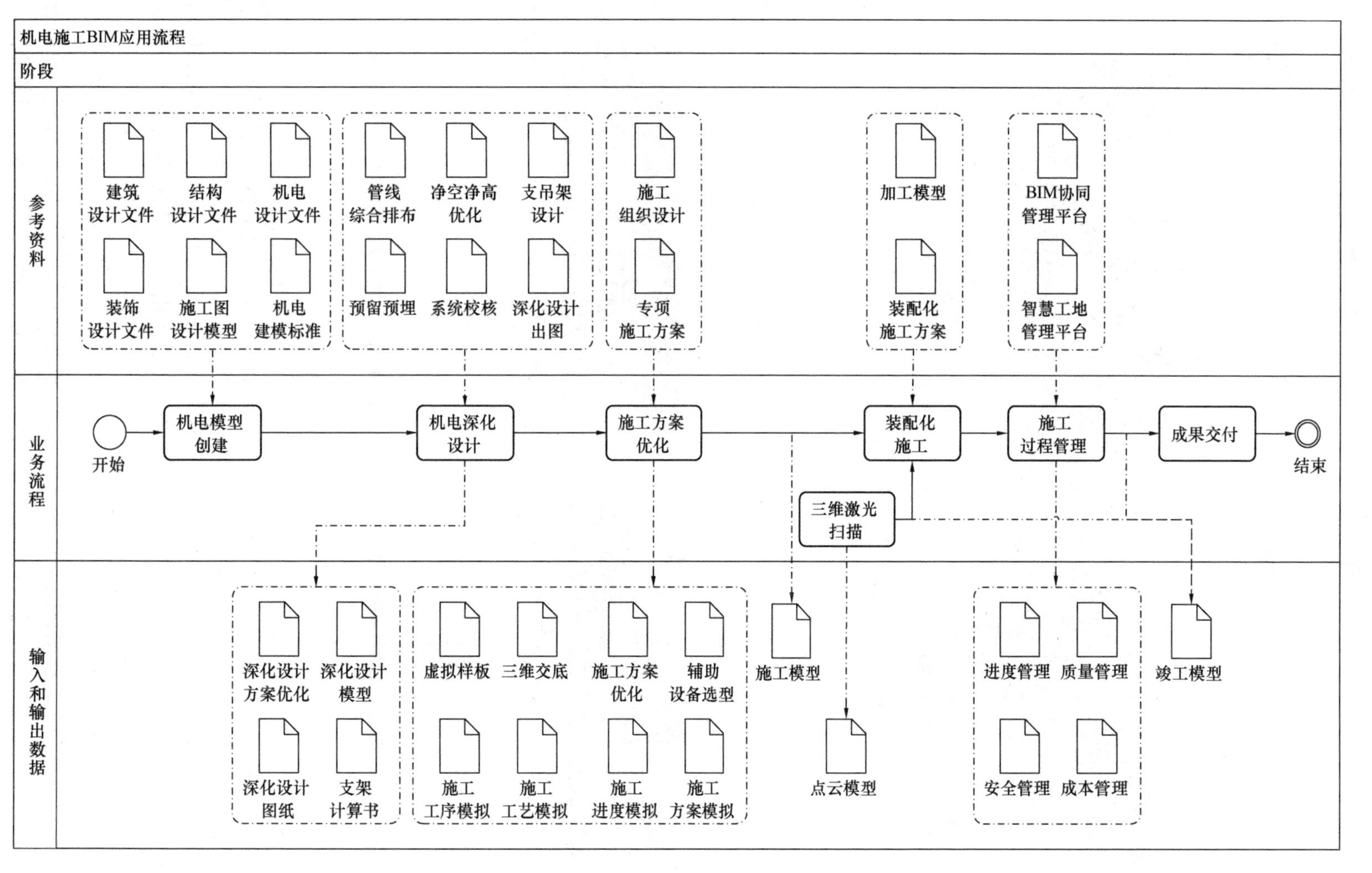


图7-20 机电施工BIM技术应用流程

际安装后是否满足系统调试、检测及维修空间的要求；分析、评估设备与管线布局的合理性，可以实现机电安装工程施工前的“预拼装”。此外，通过碰撞检查快速查找各专业管线间的位置冲突、标高重叠等问题，并在施工前加以解决，进而达到控制成本、提高质量的目的。管线综合排布本质上是在有限的空间内对各种管道设备进行布置，使之满足便于施工安装、节省材料、有利于后期运营维护的要求。管线综合排布效果如图 7-21 所示。

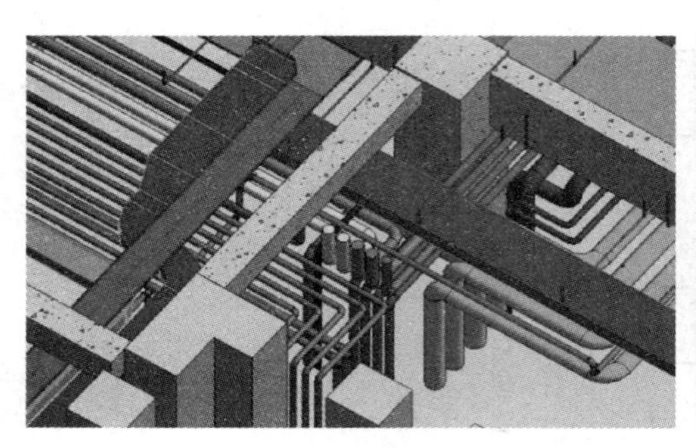

图 7-21　基于 BIM 的管线综合排布效果

（3）净空、净高优化

在管线综合排布过程中，要结合装修及建筑各区域标高控制要求，利用 BIM 技术对净高和净空不满足要求的区域进行优化调整，使建筑物达到原设计使用功能的要求。净高优化前后效果对比如图 7-22 所示。

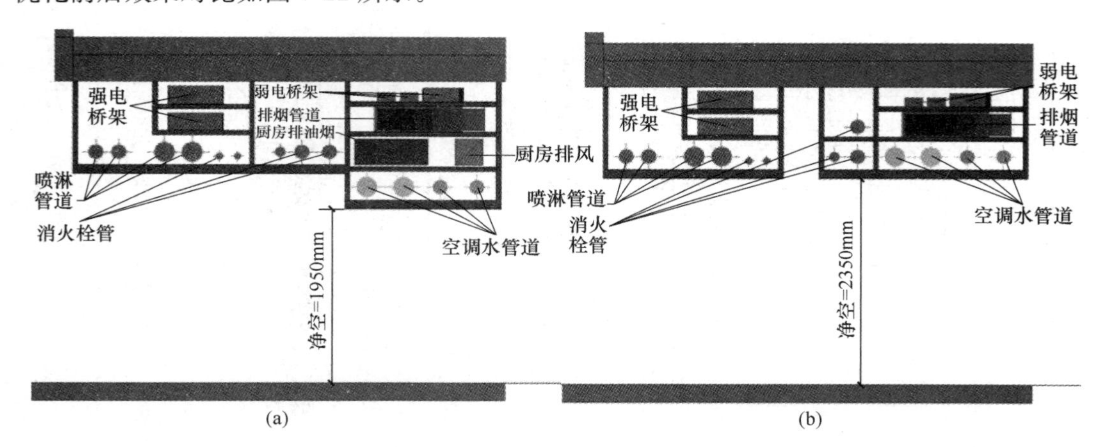


图 7-22　净高优化前后效果对比

（a）优化前下方被管排遮挡，最低处吊顶影响人行通道；

（b）优化后中间留出上人空间方便安装与检修，最低处满足人行通道要求

净空和净高的优化能大大提高建筑的品质，本来空间狭小的区域，经过优化后可以达到方便安装和检修的效果；本来空间充裕的区域，经过优化后可以增加额外的可利用建筑面积，为建筑带来额外的价值。

（4）支吊架设计与应用

管线综合排布时，同时预留支吊架布置空间。根据排布完成的机电管线综合模型进行支吊架设计，准确定位支吊架安装位置，特别是对于节点复杂、剖面无法剖切的部位，在

BIM 模型中都可以形象具体地进行展示。此外，对于多专业集中通过的管廊部位，在满足各专业规范要求及现场施工条件的基础上合理排布，充分采取综合支吊架的设计方式，达到节省空间、方便检修、美观整洁的目的。支吊架布置时，应对支吊架的受力做计算分析，确保支吊架使用安全。综合支吊架设计与应用如图 7-23 所示。

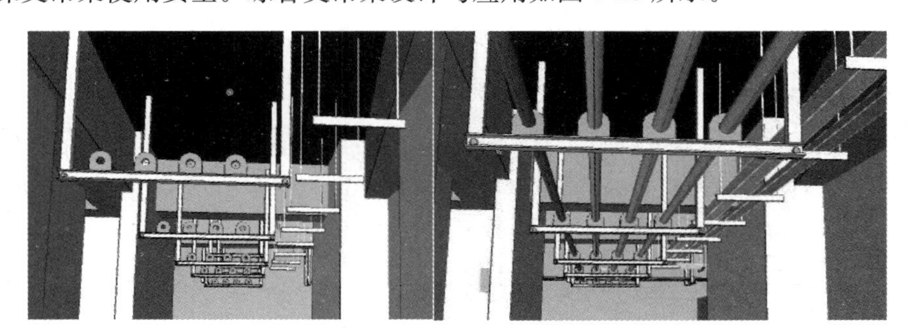

图 7-23 综合支吊架设计与应用

(5) 施工管线洞口预留预埋

管线综合排布完成后，借助 BIM 软件的洞口开洞功能自动完成墙体预留洞口的设计与定位，既保证预留洞口位置的准确性，又确保预留洞口施工图纸提供的时效性，减少土建与机电交叉等待时间。此外，还可以指导套管的加工、制作与安装，保证质量，节省工期。预留洞口自动开洞如图 7-24 所示。

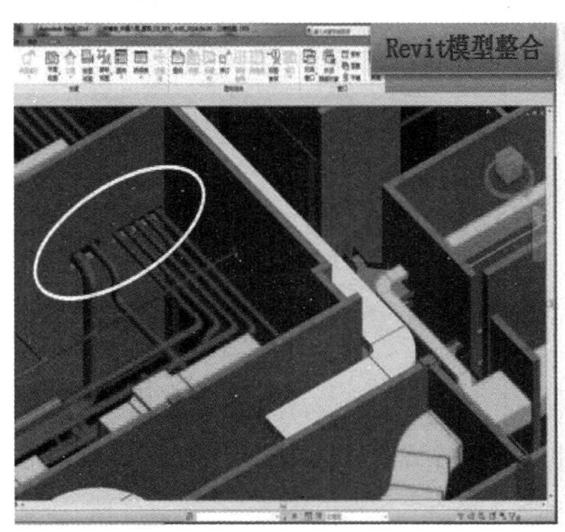


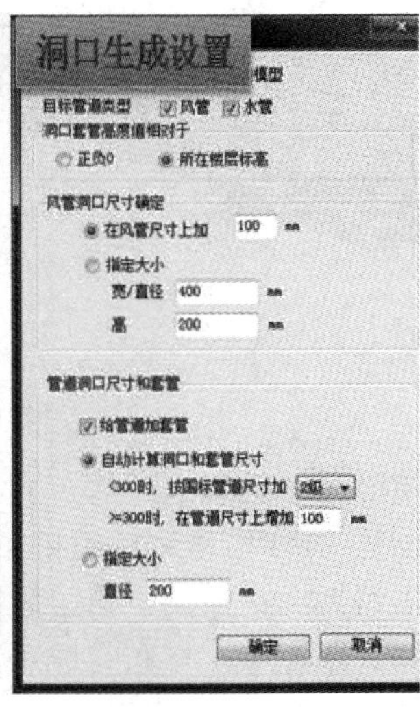


图 7-24 预留洞口开洞

(6) 系统校核

机电深化设计的过程是一个不断调整管道设备的过程。为了优化出更合理的安装和检修空间，管道路由会进行合理避让，风管的管径在截面积不变的前提下可以调整长宽比，这些都会使管道内介质的阻力发生变化，这时需要重新计算系统最不利路径上各处的阻力，校核原设计设备参数合理性。对选型偏小的设备进行放大，满足系统功能需求；对选型偏大的设备进行优化，可以减少初期投入成本和后期运维成本。

2. BIM技术辅助施工方案优化

在对项目实施条件及设计文件充分了解的基础上，在保证质量、工期、安全的前提下，利用BIM对施工方案进行优化，形成新的更完善、更先进、更合理的方案，确保经济效益最大化。方案优化流程如图7-25所示。

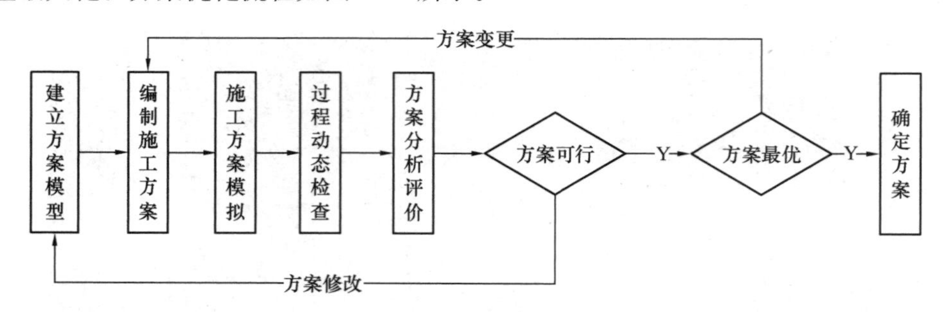


图7-25　方案优化流程

(1) 方案比选

建立施工方案模型，利用BIM可视化和参数化的特点对不同方案的系统性能、美观布置、成本造价等方面进行比较分析，综合考虑技术性、经济性、安全性、可操作性，最终选择最优设计方案，方案比选如图7-26所示。

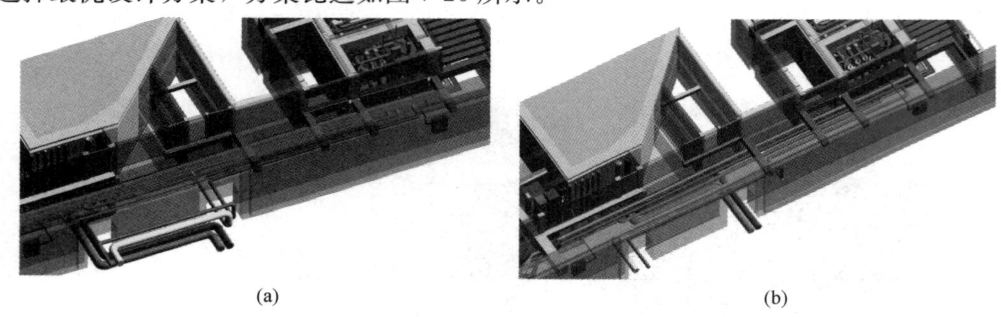

(a)　(b)

图7-26　方案比选

(a) 优化前方案；(b) 优化后方案

(2) 辅助设备选型

通过创建BIM模型，模拟排布管线，确定设备选型及排布方案的可行性，例如风机、水泵的进出口方向；空调机组、风机盘管的左式或右式；大型设备、水箱的接口位置；对设备的限高、限宽等。排布完成后，将参数要求提资给设备厂商进行提前沟通。

(3) 施工工艺/工序模拟

在施工中，使用基于BIM模型的可视化软件对新工艺、新材料的施工方法进行施工工艺模拟、吊装运输路线模拟，能够提高项目施工管理风险预判能力与管理水平，吊装运输模拟如图7-27所示。对多专业交叉作业的重点部位进行施工工序模拟，可以对各专业施工工序提前安排，提前沟通，确保施工生产的顺利进行。

(4) 基于BIM的虚拟样板和可视化交底

借助BIM模型进行三维施工技术交底代替了传统二维平面交底，使交底内容的编制变得更加容易，交底内容更贴近实际，理解起来更加通俗易懂。可视化交底如图7-28所示。

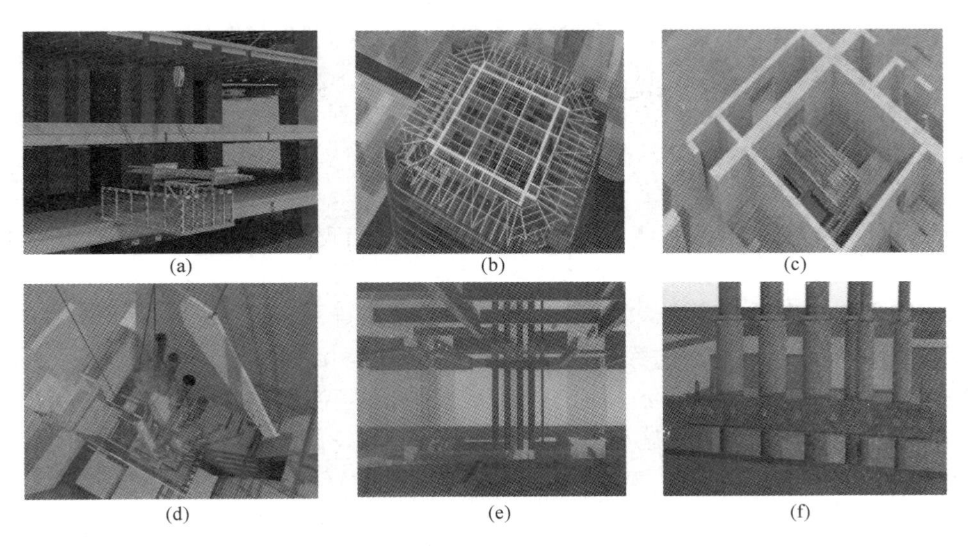


图 7-27 吊装运输模拟
(a) 吊至卸料平台；(b) 运到吊装位置；(c) 平台就位；
(d) 起吊、转立；(e) 下放安装；(f) 转立就位

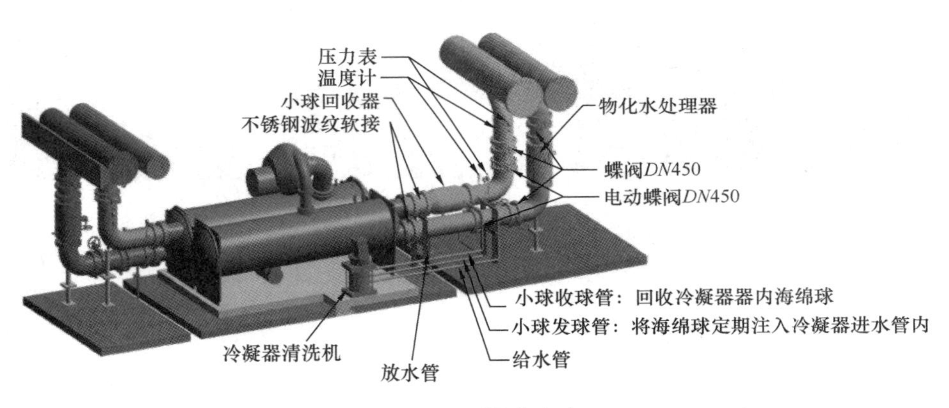


图 7-28 可视化交底

3. BIM技术辅助装配化施工

BIM技术辅助机电安装装配化施工的优点主要体现在以下六个方面：

(1) 场外工厂化预制，提升加工质量

依据精度更高的加工图，通过场外的工厂对管道、支架等进行预制加工。构件加工时有更大的加工空间和平台，有更高效便捷的设备，加工厂工人操作技能相对稳定可靠。

(2) 场外工厂化预制，有利于环境保护、节约资源

常规做法在现场进行管材切割后，多余的管材多数情况下只能报废，造成工地垃圾的堆积和额外的垃圾清运。场外工厂预制可以对零星材料进行再利用，避免了现场资源浪费的问题。

(3) 场外工厂化预制，有利于现场安全管理

传统作业现场有大量的工人，通过把大量现场作业移到工厂，使得现场只需留小部分

工人，现场焊接和高空作业减少，从而大大减少了现场安全事故发生。

（4）现场装配式施工，有利于减少环境污染和垃圾清运，绿色环保

采用现场装配式作业后，传统机电现场施工时的切割、打磨、焊接、油漆等工序大大减少，从而减少了现场的噪声污染、光污染和气体污染。

（5）有利于缩短工期

当现场不具备施工条件时，工厂可以先期作业或与现场同步作业，从而加快了工程进度。

（6）可实现机电各专业管线的集成施工，提高美观度

采用 BIM 综合管线排布的深化设计，可以在部分区域将暖通、给水排水、消防、电气等各个机电专业管道一体化预制加工，形成模块，避免现场各专业交叉作业引起的纠纷。由于各个专业采用统一的施工工艺，现场整齐美观，做到建筑机电的精细化施工。机电模块化施工如图 7-29 所示。

(a)

(b)

图 7-29 机电模块化施工

（a）管道模块；（b）设备模块

4．三维激光扫描技术应用

三维激光扫描仪用马达作水平和垂直方向的旋转，激光作为光源进行测距，按空间极坐标原理计算出扫描的激光点在被测物体上的三维坐标，由此获取各种实体或实景的三维数据，得到被测物体表面的采样点集合“点云”。将“点云”数据模型与机电施工 BIM 模型在质量分析软件内进行拟合，分析“点云”模型和 BIM 模型之间的偏差，根据偏差大小采取纠偏措施，提升施工质量。三维激光扫描在机电施工中的应用流程如图 7-30 所示。

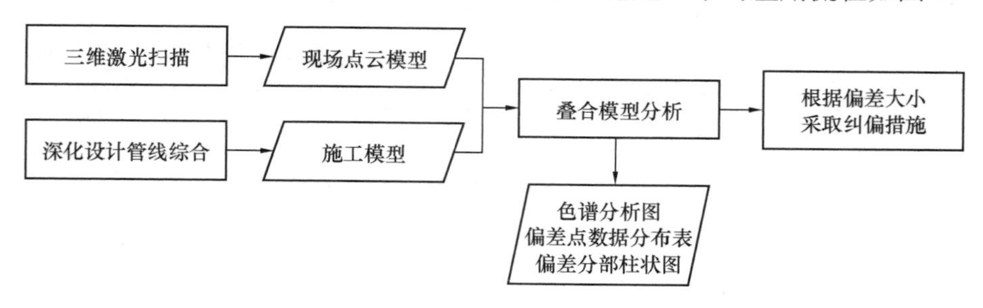


图 7-30 三维激光扫描在机电施工中的应用流程

机电施工中的三维激光扫描技术主要应用在以下几个方面：

（1）在机电安装之前对建筑结构进行复核

对管线密集而空间狭小的区域、安装精度要求高的区域、需要采用装配化施工的区域可以采用三维激光扫描技术对现场实际情况进行复核，解决了传统方式进行土建结构实测实量时随机性大、人工复核精度不高、复核时间长等问题。

使用三维激光扫描仪对需要复核的区域进行扫描，得到与现场一致的点云模型，再将点云模型与深化设计模型同时载入分析软件中进行自动识别比对，将偏差的程度通过不同的色彩展示出来，生成偏差色谱分析图和各类偏差数据分析表。通过对比分析，可以快速地发现现场实际情况和设计的偏差，据此来采取不同的纠偏措施，提前改正以避免返工。

（2）在机电施工之后对机电管线设备进行复核

施工现场条件复杂且受限于设计图纸和模型精度，现场竣工情况很难保证与图纸完全一致。为了提高竣工模型质量，方便后期物业维护和检修，在机电施工后，吊顶封闭前，采用三维激光扫描技术得到现场点云模型，将点云模型与深化设计模型在建模软件中叠合并比对，逐步修改模型直至得到与现场一致的竣工模型。点云模型与深化设计模型叠合如图7-31所示。

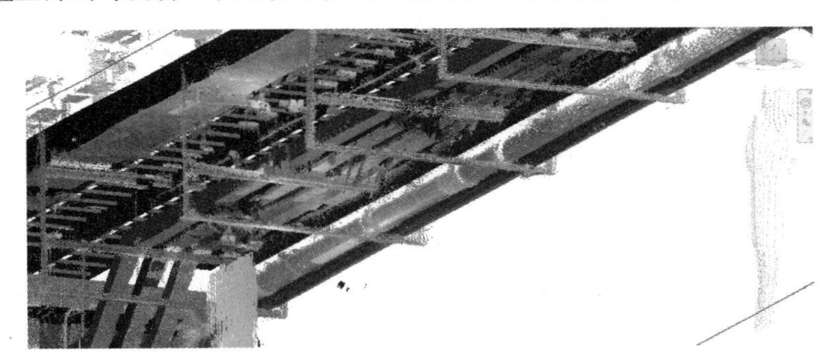

图7-31　叠合的点云模型与深化设计模型

（3）储罐罐体质量复测

在石油化工领域，储罐的施工质量尤为关键。通过三维扫描点云技术的应用能及时发现储罐施工误差，避免罐体施工问题的出现。施工完成后，通过对罐体的扫描复核施工误差，制定整改方案，保障使用功能的实现。

以某项目储罐为例，储罐排水过程中出现浮船偏移现象，通过现场扫描发现罐壁施工存在较大误差，导致排水过程中浮船偏移。通过三维扫描点云技术完成扫描报告，可对罐体误差进行详细精准的显示。

5. 基于BIM技术的工程算量

由于现代建筑造型独特、结构复杂，传统的手工算量的方式已经无法精确、快速地统计工程量。通过三维模型创建，在模型创建阶段将建筑构件材质、尺寸、成本等数据信息录入BIM模型中，通过工具软件内置各种算法、规则和各地定额价格信息库，可以准确和高效地解决复杂建筑的工程量计算问题。

基于模型统计的各专业工程量可用于校核施工过程中传统工程量计算的准确性；作为项目决策、期中支付及竣工结算中相应工程计量的辅助参考；为施工过程的物资采购提供数据信息，确保物资采购的时效性；根据工程进展程度，评估项目材料用量及资源损耗情况，为后期施工管控提供指导。典型 BIM 软件算量流程如图 7-32 所示。

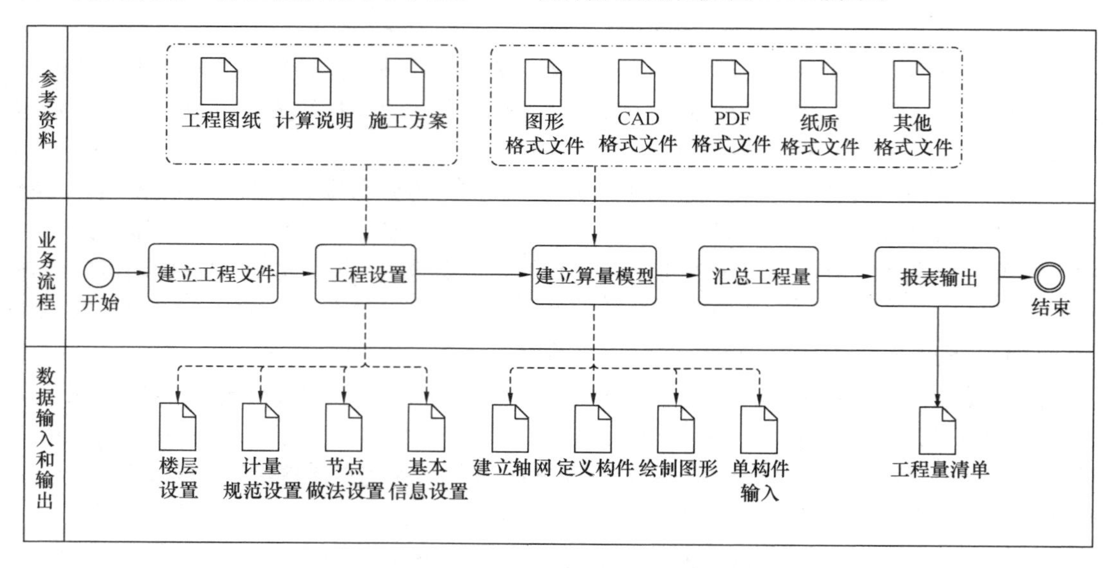


图 7-32 典型 BIM 软件算量流程

6. 基于 BIM 的机电施工质量管控

BIM 技术从设计、施工及验收三个维度辅助进行质量管控。

(1) 设计质量管控

基于 BIM 模型三维可视化的优点，由建设单位、设计单位、施工单位、各类顾问等各方对模型进行充分讨论协调和审核，使参建各方从不同角度对模型进行优化，从设计上提高模型的质量。

(2) 施工质量管控

在施工之前对现场工程师及班组长就复杂区域进行三维模型交底，并与现场施工随时保持紧密联系，及时纠正因现场条件导致的模型无法施工的问题。同时，对现场劳务队加强管理，严格要求按图、按模型施工，合理安排工序，禁止为了自身方便随意施工而影响其他专业，从施工管理上提高了施工质量。

(3) 验收质量管控

为确保模型与现场的一致性，在施工过程中，由各参建方代表组成联合巡检，手持移动设备查看 BIM 模型，比对模型与施工现场的一致性。对于发现模型与现场不一致处，根据实际情况要求现场整改或模型整改以保持两者一致。移动端浏览模型如图 7-33 所示。

图 7-33 手持移动端浏览模型核对现场

除人工巡检外，在机电安装完成后，采用三维激光扫描技术对现场进行还原，在软件中对模型和现场进行对比。通过人工和三维扫描技术复核，提高了竣工模型质量。

### 7.5.4 应用评价

目前基于BIM技术的深化设计在机电施工中应用最为成熟。在工程实践中，利用BIM技术协同工作和三维可视化的优点大大提高了深化设计的速度和质量；通过轻量化的三维模型极大提高了沟通效率，使各参建方能够更多地将精力集中在方案的优化上。这些对提升建筑的品质，如净高控制、检修通道设置等，起到了关键作用。

利用BIM技术辅助施工方案的优化和表达进行三维交底，模型集成多种信息，使得设计意图能从上游畅通无阻地传达到末端施工安装环节。这些应用已经普及到了各类工程项目，通过这类BIM应用有效地减少了信息传递过程中的误差和遗漏。

国务院办公厅以国办发〔2016〕71号文的形式发布了《关于大力发展装配式建筑的指导意见》，提出力争用10年左右的时间，使装配式建筑占新建建筑面积的比例达到30％。目前国内的装配化已经起步，机电安装专业的装配式施工还没有做到全面推进，主要集中在设备机房、管道井、走廊以及卫浴、厨房等设备、器具和管线密集的场所，其中预制装配化机房、预制立管已积累了不少应用案例。

三维激光扫描技术在国内还处于发展阶段，更适合对精度要求比较高的场景，在复核竣工模型与现场误差时有很好的表现。

## 7.6 装饰工程中的BIM应用

### 7.6.1 现状分析

装饰工程是用建筑材料及其制品或用雕塑、绘画等装饰性艺术品，对建筑物室内外进行装潢和修饰的工作总称。

在宏观环境高质量发展和市场环境消费升级双重作用下，目前装饰业转型升级的步伐在不断加快，信息化与工业化的深度融合正在稳步推进，不少企业已开始了“总包EPC＋装饰EPC”新模式的探索，“营销网络化、管理信息化、设计BIM化、预控健康化、生产工业化、施工装配化、应用智能化”正在成为新型数字企业的发展模式。

装饰行业使用BIM技术进行数字化转型升级虽取得一定成果，但仍然存在一些问题有待摸索和探究：一是装饰工程中BIM技术的应用处在初步阶段，业内领军企业对BIM技术应用的分享不够全面，大部分停留在原有成功经验上，很少提及遇到的困难与解决办法和教训；二是装饰行业在BIM技术应用工具上缺乏装饰行业专业软件，Autodesk、Robert McNeel、Adobe、Trimble等大型软件公司开发的软件并没有装饰专业专用软件，装饰专业异形造型多的特点未能得到较好支持，而使用非专用软件又相应加大了学习成本，增加了工作强度。

在建筑室内外装饰的过程中，碰撞检查、施工模拟、生成材料表等的基础BIM技术应用在室内装饰中有了初步的应用，而在室外装饰工程中，尤其是外幕墙的BIM应用则更是有了进一步拓展。基于BIM的数字化信息技术作为复杂异形幕墙的解决方案已逐渐成为一种市场趋势。BIM技术作为行业的新兴技术，其在幕墙工程行业的应用还处于探索和尝试阶段，未能在工程中幕墙专业各个阶段形成成熟的技术体系。基于幕墙的复杂性，BIM 技术的发展针对幕墙专业深化设计和施工阶段重点解决以下问题：传统幕墙二维技术受土建施工影响的幕墙深化设计和下料；幕墙工程量精确统计；辅助项目管理和施工指导，确保工程质量与工期进度。

### 7.6.2 应用流程

在项目准备阶段组建 BIM 团队，根据 BIM 实施目标及计划对设计模型进行优化。通过深化设计模型完成施工方案、进度计划及节点位置优化，实施过程中实现基于 BIM 的技术、进度、成本、协调等管理，最终提交给业主实现后期运维管理的竣工运维模型及数据信息。装饰专业 BIM 应用流程如图 7-34 所示。

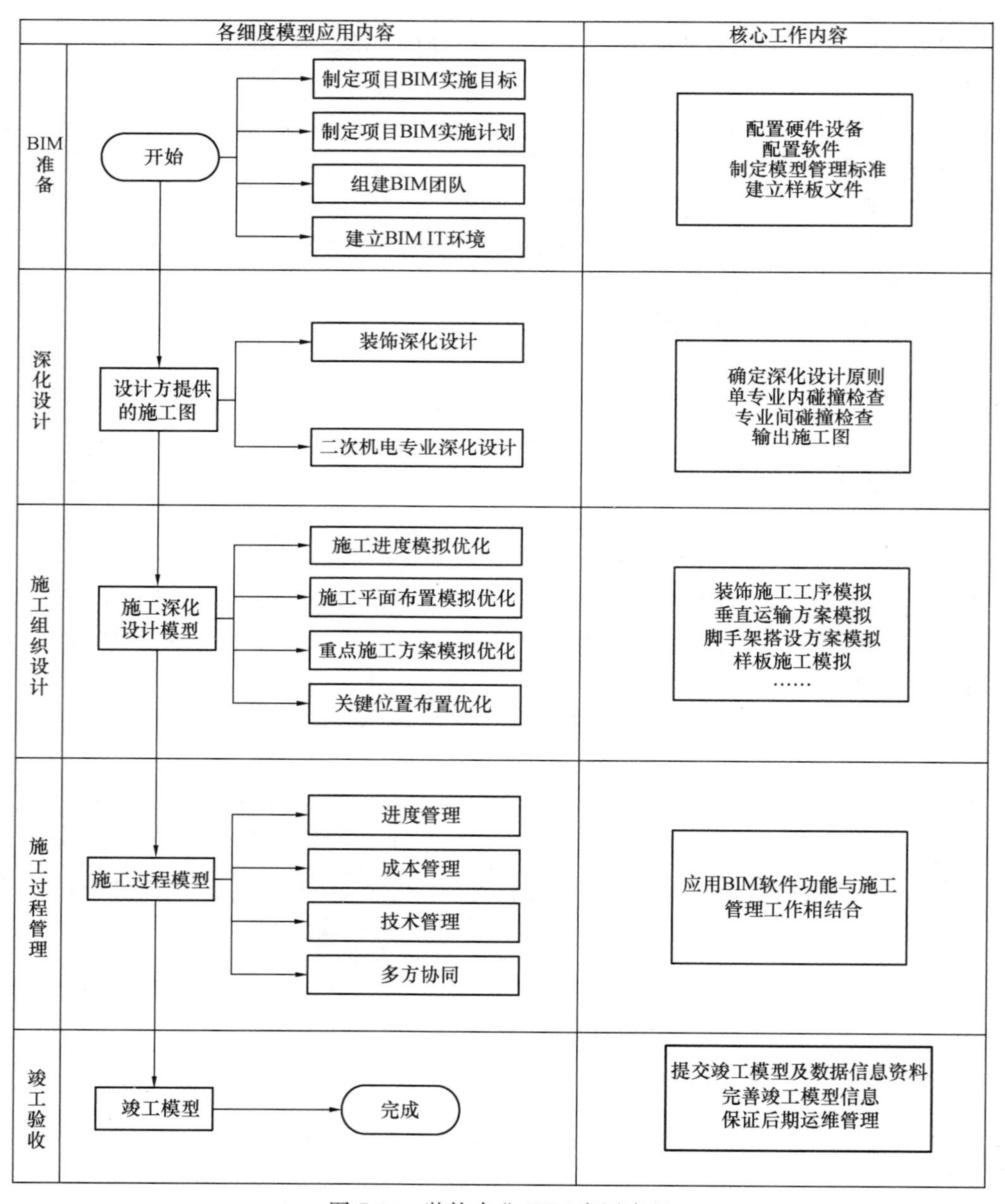


图 7-34 装饰专业 BIM 应用流程

### 7.6.3 应用内容

BIM技术在装饰工程中的应用主要有以下几点：

1. 可视化应用

(1) 实施效果图应用

利用BIM技术可将二维施工平面图转换为三维建筑装饰装修信息模型，在设计阶段立体地呈现整个装饰工程的实施效果。模型不仅仅包含描述几何形状的视觉信息，还包含保温层、饰面层的拟定厚度及相应材质等大量非几何信息，在设计阶段就能清晰直观地表达装饰工程的细部工艺流程和需要用到的材料。实施效果图如图7-35所示。

图7-35　实施效果图

(2) 构件信息直观表达

通过BIM数字化模型的协同工作，不仅可以在三维模型中查看具体构件的位置，更可以查看该构件的尺寸、重量、出场信息、安装时间等重要信息，还可以导出为文本或者CAD图纸。这不仅为设计提供了更便捷的信息查询和反馈的途径，也使技术交底变得更全面直观，表达更精确，使厂家对于工程中的一些艺术构件有了文本和图纸无法表达出来的感性认识。BIM模型构件信息表达如图7-36所示。

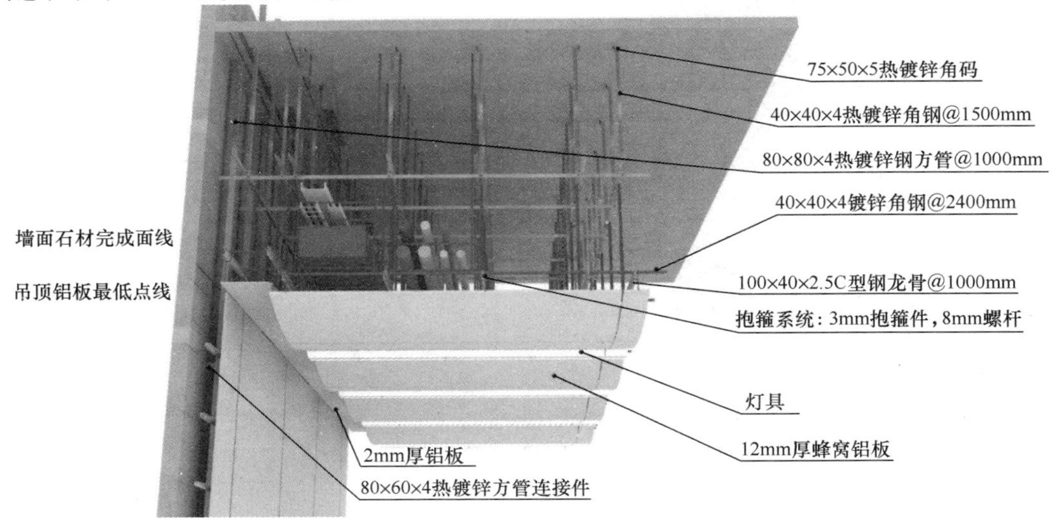


图7-36　BIM模型构件信息表达

（3）碰撞检查应用

在设计阶段进行三维空间管线的模拟碰撞检查，优化净空和管线排布方案消除硬碰撞，能为装饰施工留出更多空间和可能性。

（4）施工模拟

基于 BIM 的三维施工工序模拟可以有效地辅助现场质量交底和技术交底工作的开展。施工工艺动画模拟如图 7-37 所示。

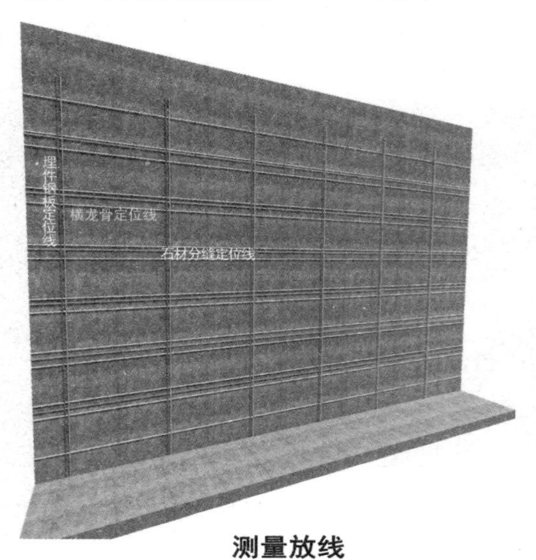


测量放线

(a)

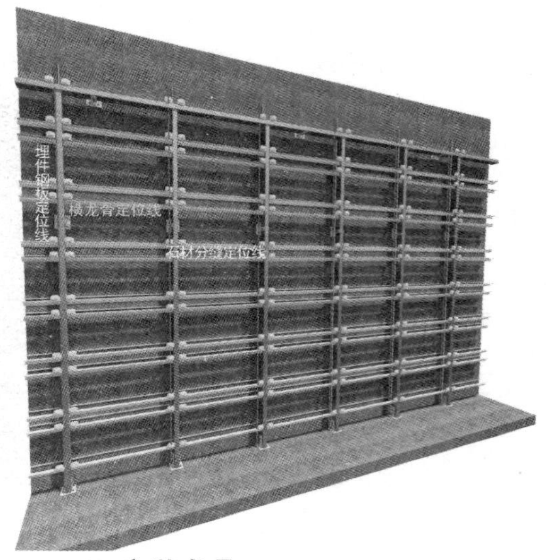


安装龙骨 (单位：mm)

竖向龙骨规格：60mmX120mmX5mm 矩形钢管，间距1500

横向龙骨规格：50镀锌角钢

(b)

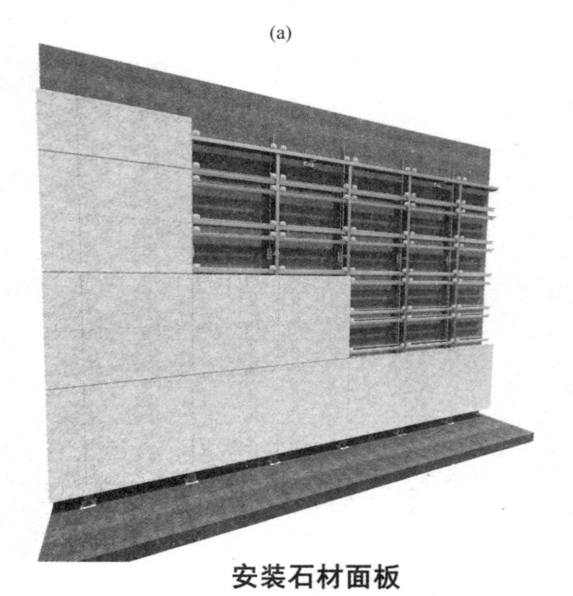

安装石材面板

(c)

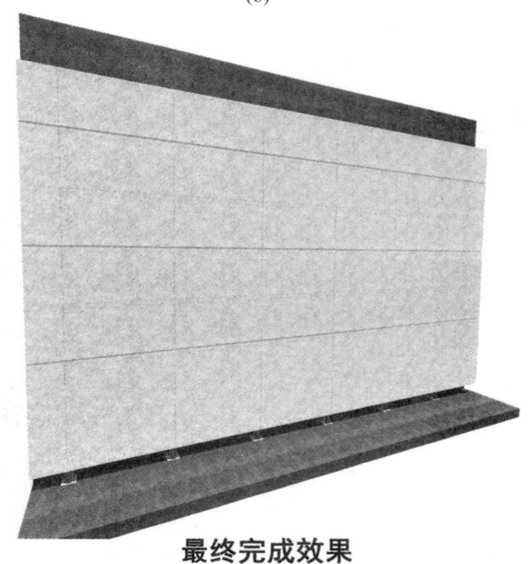

最终完成效果

(d)

图 7-37　施工工艺动画模拟

(a) 放线；(b) 龙骨焊接和安装；(c) 石材镶贴；(d) 整体完成效果

2. 深化设计应用

传统的幕墙深化设计不能完整表达幕墙构造，通过数字化信息技术创建幕墙深化模型可以完整地表达传统模式下遗漏或者二维无法直观表达的部位。通过全局的幕墙建模可以直观表达幕墙深化设计重难点，并可以直接导出所需要的二维图纸及相关三维图纸。通过数字化信息技术能有效避免传统二维图纸表达的不完整、图纸无法对应以及与建筑结构不能协调统一的问题，大大地提高了幕墙深化图纸的准确性和完整性及幕墙深化工作的效率。幕墙深化模型如图 7-38 所示。

图 7-38　幕墙深化设计模型

3. 三维激光扫描应用

通过三维激光扫描仪扫描得到的点云数据与 BIM 模型进行比对，校核装饰墙面、顶棚平直度、外幕墙结构龙骨偏差分析等参数，对正机电管线末端点位，检查工程施工质量，保证竣工模型的准确度。三维激光扫描应用中的外幕墙结构龙骨偏差分析如图 7-39 所示。

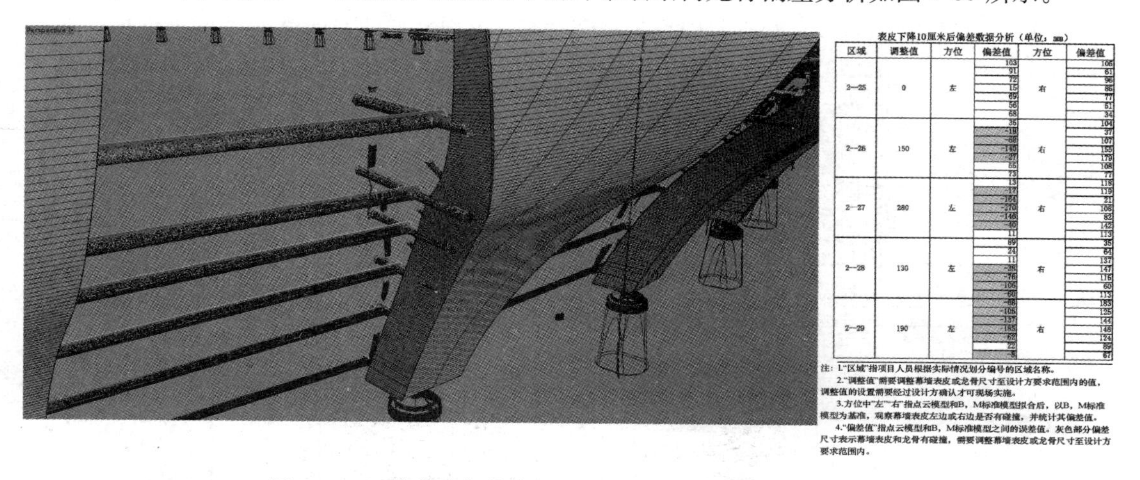

表皮下降10厘米后偏差数据分析（单位：mm）

| 区域 | 调整值 | 方位 | 偏差值 | 方位 | 偏差值 |
|---|---|---|---|---|---|
| 2—25 | 0 | 左 | 103 | 右 | 106 |
| | | | 91 | | 61 |
| | | | 72 | | 96 |
| | | | 15 | | 86 |
| | | | 69 | | 77 |
| | | | 56 | | 51 |
| | | | 68 | | 34 |
| 2—26 | 150 | 左 | 35 | 右 | 104 |
| | | | -18 | | 37 |
| | | | -68 | | 107 |
| | | | -140 | | 155 |
| | | | -27 | | 179 |
| | | | 55 | | 108 |
| | | | 73 | | 77 |
| 2—27 | 280 | 左 | 13 | 右 | 118 |
| | | | -17 | | 119 |
| | | | -164 | | 21 |
| | | | -270 | | 108 |
| | | | -146 | | 82 |
| | | | -40 | | 142 |
| | | | 11 | | 173 |
| 2—28 | 130 | 左 | 89 | 右 | 35 |
| | | | 24 | | 64 |
| | | | 11 | | 137 |
| | | | -38 | | 147 |
| | | | -76 | | 116 |
| | | | -106 | | 60 |
| | | | -60 | | 113 |
| 2—29 | 190 | 左 | -68 | 右 | 183 |
| | | | -106 | | 125 |
| | | | -137 | | 144 |
| | | | -185 | | 148 |
| | | | -62 | | 124 |
| | | | 22 | | 89 |
| | | | -5 | | 67 |

注：1."区域"指项目人员根据实际情况划分编号的区域名称。

2."调整值"需要调整幕墙表皮或龙骨尺寸至设计方要求范围内的值，调整值的设置需要经过设计方确认才可现场实施。

3.方位中"左""右"指点云模型和B，M标准模型拟合后，以B，M标准模型为基准，观察幕墙表皮左边或右边是否有碰撞，并统计其偏差值。

4."偏差值"指点云模型和B，M标准模型之间的误差值。灰色部分偏差尺寸表示幕墙表皮和龙骨有碰撞，需要调整幕墙表皮或龙骨尺寸至设计方要求范围内。

图 7-39　三维激光扫描应用中的外幕墙结构龙骨偏差分析

4. 运输及安装进度管理应用

在施工过程中，通过把每日的材料记录反馈到数字化信息模型中，实现实时跟踪幕墙材料的安装管理情况，使用数字化信息模型颜色的差别可更方便地实时对材料运输、安装及竣工位置进行检验。幕墙材料安装进度应用如图 7-40 所示。

5. 工程量精确统计

通过 BIM 模型导出的精确工程量清单，根据进度、区域、施工班组等条件可进行项目

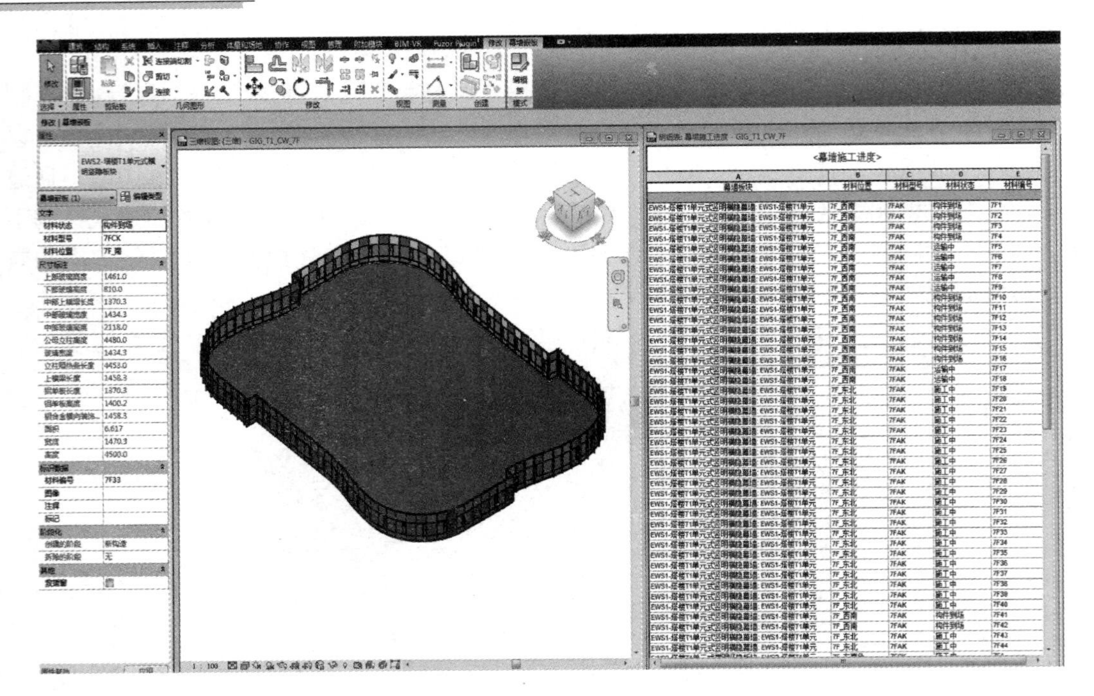

图 7-40　幕墙材料安装进度图

材料用量的精确统计，基于 BIM 的装饰专业工程量提取如图 7-41 所示。管理人员可以基于 BIM 模型随时随地调取工程所需任何数据，跟踪控制主材的采购量，对班组实行限额领料，大大减少了材料的浪费，有利于对项目资金的调配及安排，减少资金积压和成本浪费。

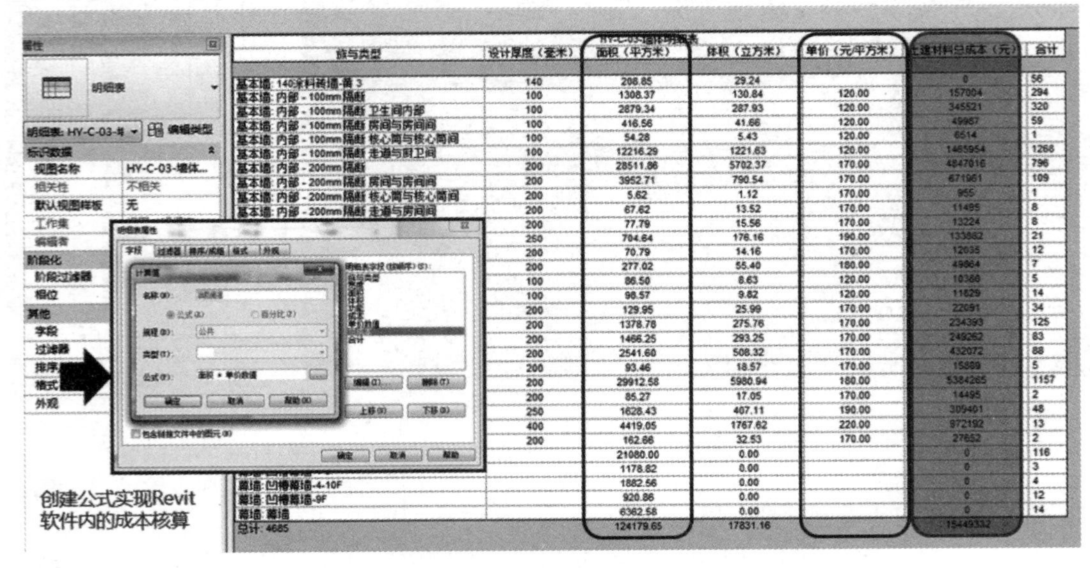


图 7-41　装饰专业工程量提取

6. 工程资料管理

将工程资料与 BIM 模型进行关联，浏览 BIM 模型的同时也可查看构件相关工程资料，特别是对隐蔽工程资料的查看。工程资料与 BIM 模型关联如图 7-42 所示。

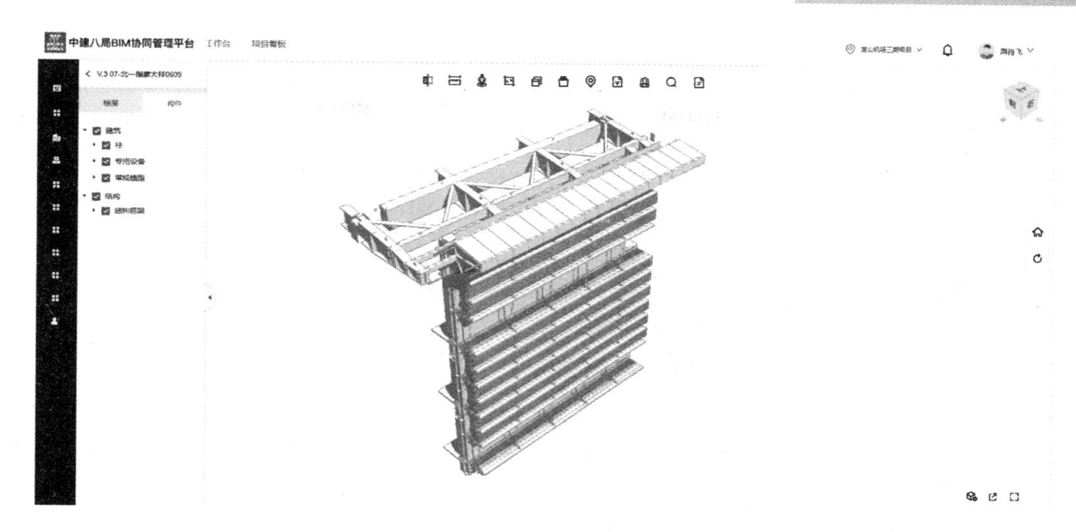

图 7-42 工程资料与 BIM 模型关联

### 7.6.4 应用评价

BIM 技术的出现一定程度上解决了装饰工程中遇到的问题。通过快速搭建精细化管理平台，使项目从粗放型管理模式向信息化、精细化管理模式转变，其海量数据管理、工作协同、造价管控等优势得到充分利用，有效提升项目和企业的管理水平；利用 BIM 和云大物移智（云计算、大数据、物联网、移动互联网、人工智能）等信息技术创建一体化云平台，结合先进的精益建造理论方法，集成人员、流程、数据、技术和业务系统，实现建筑的全过程、全要素、全参与方的数字化、在线化、智能化，可以构建项目、企业和产业的可控可调平台生态新体系；三维模型的直观、全面、准确和精细化特点有效地实现了从设计到施工的过程中传统二维表现所不能达到的效果，能更好更专业地表达设计意图，也使非专业人员能更好地理解，大大提高了与业主的沟通效果，为用户全程提供更个性化、专业化的产品和服务。由此可见，“数字装饰”将成为装饰行业转型升级的核心驱动。

## 7.7 竣工验收与交付阶段 BIM 应用

### 7.7.1 现状分析

基于 BIM 的竣工验收与传统的竣工验收不同。基于 BIM 的竣工验收需项目的各参与方根据施工现场的实际情况将工程信息实时输入 BIM 模型中，并各方须对自己输入的数据负责。工程信息的输入实际是指将分部、分项工程的质量验收资料、设计变更单、工程洽商等各类工程资料以数据的形式存储并关联到 BIM 模型中，同时，各方需对工程信息进行过滤筛选，使其不包含冗余的信息，以符合交付规定要求。

施工方在竣工后需对 BIM 模型进行必要的测试和调整再向业主提交，这样运营维护管理方不仅能得到设计和竣工图纸，还能得到包含了施工过程记录、材料使用情况、设备的调试记录以及状态等资料且反映真实状况的 BIM 模型。如此，以 BIM 模型为载体，将建筑物空间信息、设备信息和其他信息有机地整合起来，可以更好地发挥竣工模型的作用，为运维管理做好准备，尽可能减少运营过程中的突发事件。

现阶段的工程实践表明，无论是管理层人员还是实操层人员都对施工阶段的BIM技术应用价值更为认可，而运营维护阶段的BIM技术应用价值还有待显现。因此，竣工验收与交付环节对竣工验收资料形成的软件方案、竣工验收BIM模型的细度、数据信息的管理以及竣工验收的BIM成果交付的要求也都不尽相同。

### 7.7.2 应用流程

工程过程资料及竣工资料，包含立项审批、设计勘察、招标投标、合同管理、监理管理、施工技术、施工现场、施工物资、施工试验、竣工验收、竣工备案等信息，涵盖了工程从立项、开工到竣工备案所有的工程信息。

工程验收及竣工交付工作流程如下：隐蔽工程验收→检验批验收→分项工程验收→分部（子分部）工程验收→单位（子单位）工程验收→竣工备案→工程交付使用→竣工资料（包括竣工图）交付存档。

工程竣工验收BIM模型是工程竣工BIM模型在分部（子分部）工程BIM模型基础上进行整合及文件链接后形成的，其流程如图7-43所示。

工程竣工验收BIM模型完成后，由建设单位组织设计、监理、施工、模型汇总等相关单位对工程竣工验收BIM模型进行验收。验收合格后移交给建设单位，施工单位可自留，形成模型移交记录。

### 7.7.3 竣工验收与交付阶段BIM应用的实现

1. 竣工验收资料形成的软件方案

工程信息的实时性是基于BIM的工程资料特点，项目的各参与方应根据施工现场的实际情况将工程信息实时地输入模型中，并遵循“谁输入，谁负责”的原则，对自己输入的信息进行检查并负责到底。所以在工程进行过程中，有设计、施工阶段的各类文件等都要按照交付规定，进行过滤筛选，再以数据的形式存储并关联在模型中去。目前市场主流的基于BIM形成竣工验收资料的软件以欧特克BIM360、建科研C－Pad、广联达为主，它们的竣工资料形成过程各有特点。

基于BIM的竣工资料形成需要建立在数据库的基础上，因此，竣工验收BIM应用需要创建相匹配的数据库，以保证竣工资料数据库系统的正常运行和服务质量。

2. 竣工验收BIM模型的细度要求

根据交付要求，建筑、结构（包含钢结构）、机电等各专业需要制定不同的竣工BIM模型细度要求，在模型元素的基础上添加相关的几何或非几何信息以满足不同专业竣工验收模型的要求。几何信息一般为模型元素的几何尺寸、定位信息，非几何信息一般为交付要求中规定的相关工程资料信息。

数据模型信息主要包含：设计模型信息、施工模型信息、设备材料信息、业主提供的信息等一系列有效信息。设计模型信息包括设计参数信息、设备技术参数信息材料信息等相关信息，此类信息具有开放性和可编辑性；施工模型信息包括施工资料、深化设计、设计变更、工程洽商及设备进场信息；设备材料信息包括选定的设备材料的主要技术参数信息、国家行业规范规定的重要材料、设备厂家、复检信息、维保单位信息等，此类信息具有开放性；业主提供的信息一般包括立项决策、建设用地、勘察设计、招标投标及合同、开工、商务、竣工验收等备案的相关信息。

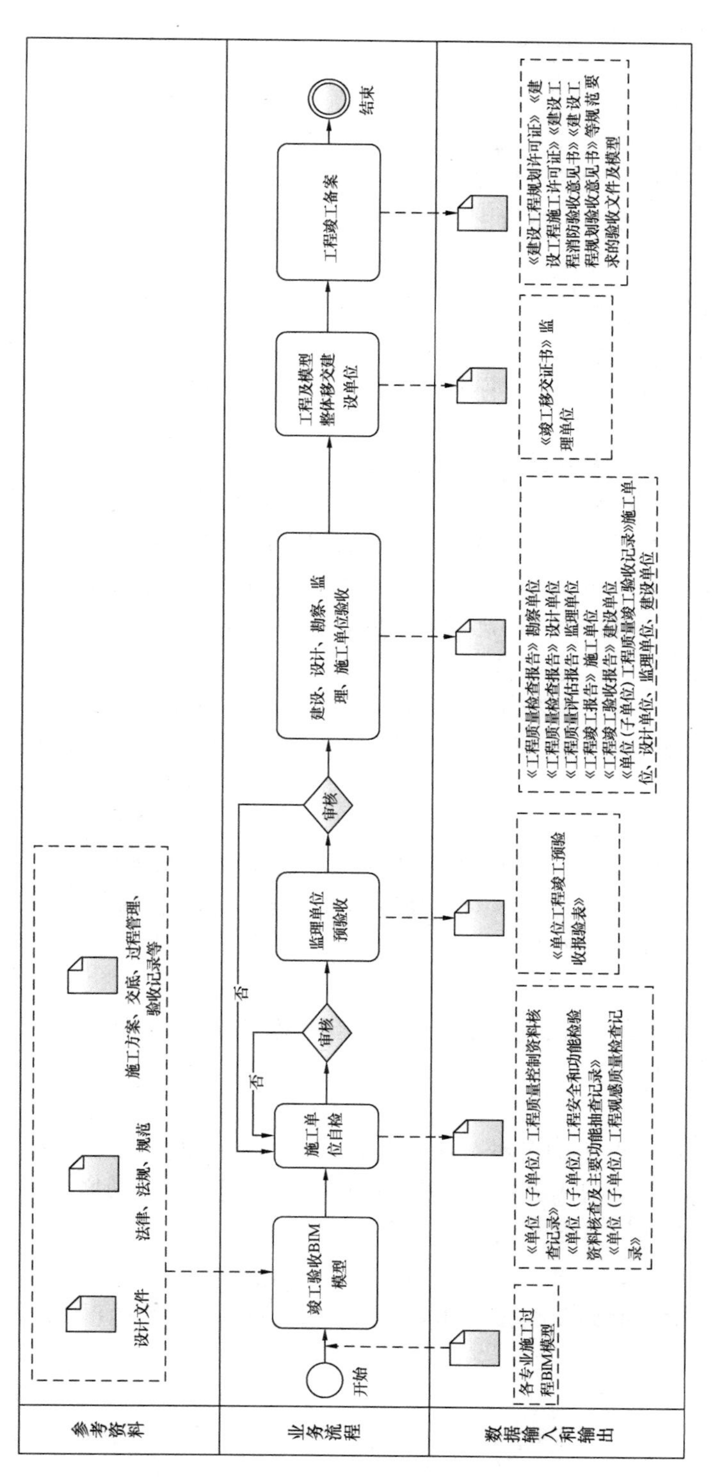


图7-43 工程竣工验收BIM模型创建流程

3. 数据信息的管理

对于竣工验收模型信息的管理，应做到以下几点：

（1）竣工验收产生的信息应符合国家、行业、企业的相关规范、标准要求，且需按照合同约定的方式进行分类。

BIM竣工验收模型中涉及的信息需满足国家现行标准《建筑工程资料管理规程》JCJ/T 185—2009、《建筑工程施工质量验收统一标准》GB 50300—2013中要求的质量验收资料信息及业主运维管理所需要的相关资料要求。

（2）竣工验收模型信息应保证与传统纸质竣工图、工程实际竣工情况相吻合。设计变更、工程洽商等信息在竣工验收模型中需进行差异化标记以区别基础设计模型，同时需保证模型的安全性。

（3）竣工验收模型的信息形式可以是表格信息、文档信息、图片信息、多媒体信息、虚拟现实信息等。

（4）信息整合及验收，需遵循相关流程的要求。

一般各专业承包商需和模型整合单位办理相关模型移交手续并提交本专业竣工验收模型，同时进行模型使用说明的书面交底。模型整合单位同样需向建设单位提交整合后的竣工验收任务信息模型，办理相关模型移交手续，并进行模型使用说明的书面交底。最后，竣工验收模型提交单位或整合单位需随同竣工验收模型一并提交竣工验收模型管理目录等文件，同时进行电子签章。

（5）整合后的竣工验收模型数据的输出需采用规定的标准格式。

（6）模型文件与文档文件通过模型软件建立外部链接，满足模型中各构件实时资料调用和查看的需求。

4. 竣工验收BIM成果交付

由于模型与竣工信息进行了有效关联，竣工信息最终可以BIM模型的方式进行交付。信息交付一般由接收方负责确定和核对，最终形成模型信息交接清单。清单包括模型文件、文档格式、图形文件、动画文件。

（1）模型文件

模型文件主要是指建筑、结构、机电、钢结构和幕墙等专业所创建的BIM模型，以及各专业整合后的综合模型。

（2）文本文件

BIM技术应用过程中产生的各种分析报告等。可由Word、Excel、PowerPoint等文本文件是指软件生成的各类格式文件，在交付时根据交付要求统一转换为规定格式，一般为pdf格式。

（3）图形文件

图形文件主要是指按照施工单位要求，针对指定位置经图形渲染软件渲染生成的图片，格式一般为jpg。

（4）动画文件

动画文件是指BIM技术应用过程中按照施工项目要求，基于动画渲染软件生成的漫游、模拟视频文件，一般为avi、mp4格式。

竣工验收BIM成果交付针对企业、业主、档案馆有不同的交付需求。交付给企业的

BIM成果一般包括：各专业BIM模型的最终版本及整合后的BIM模型。模型信息按照《建筑工程资料管理规程》要求，主要为C类资料。交付给业主的BIM成果一般包括：各专业BIM模型的最终版本及整合后的BIM模型。模型信息主要为A类、B类及部分C类资料，以及用于运维管理的相关资料。交付给档案馆的BIM成果一般包括：各专业BIM模型的最终版本及整合后的BIM模型。模型信息主要为A类及部分B类、C类资料。

### 7.7.4 应用评价

从竣工验收BIM模型的创建到应用上来看，BIM竣工模型可应用于建筑物的整个生命期。竣工资料的数字化可以避免数据散佚，确保数据完整性与连贯性，节省传统竣工验收过程中数据必须重制的人力成本与时间，并减低人为错误的可能，最终降低后期运维的风险。BIM竣工模型对建筑使用方日后的运维起到了至关重要的作用。

## 7.8 小结

本章主要介绍了工程总承包管理中BIM技术的应用内容。从工程总承包BIM应用的策划，施工图设计中的BIM应用，土建、钢结构、机电、装饰施工中的BIM应用技术以及竣工验收与交付阶段BIM应用几个层面详细讲解。希望同学们可以通过本章的学习了解BIM技术在工程总承包项目中具体的应用现状及应用流程，熟悉不同阶段、不同专业中BIM技术的应用内容。

## 思考与练习题

1. 通过制定BIM策划，项目团队可以实现哪些目标？
2. BIM应用策划通常应包含哪些内容？
3. 总包单位和分包单位如何进行协同BIM工作？
4. 设计企业的BIM应用环境，应实现哪几个方面的条件？
5. 施工图设计中进行专业综合时，应重点检查哪几类问题？
6. 施工单位在接收设计单位的BIM成果时应进行哪些审核？
7. 协同的方法有哪几种？理论上最好的是哪一种？详细说一下它的优缺点。
8. 土建工程中的BIM技术应用可以用在哪些常见的主体工程中？
9. 钢筋工程BIM技术主要应用哪几个阶段？简述这几个阶段BIM技术应用的方法。
10. 钢结构的特点是什么？
11. 钢结构BIM模型深化创建流程是什么？
12. 钢结构专业深化阶段BIM模型控制的要点及深化阶段模型的作用是哪些？
13. 钢结构工程中的碰撞检查有哪几种？
14. BIM在钢结构预制加工阶段的应用有哪些？
15. 说说什么是基于BIM的机电深化设计？
16. 基于BIM辅助机电深化设计的主要应用有哪些？
17. 想一想BIM带来的三维可视化优点在机电施工上有哪些优势？
18. 基于BIM技术的装配化施工有哪些优点？
19. 机电施工中的三维激光扫描技术主要应用在哪些方面？
20. 装饰工程的BIM应用中，在BIM准备阶段需要准备哪些内容？
21. BIM技术在装饰工程中可视化应用有哪几种？

22. 基于 BIM 技术的幕墙深化设计的价值有哪些?
23. 装饰工程中三维激光扫描技术可以用在哪些方面?
24. 工程验收及竣工交付工作的流程是什么? 工程竣工 BIM 模型是如何形成的?
25. 竣工验收 BIM 模型的数据信息主要包含哪些?
26. 竣工验收模型的信息形式主要包含哪些?
27. 竣工验收中是如何进行信息整合及验收的?
28. 竣工验收 BIM 成果交付针对本企业、业主、档案馆的不同交付需求是什么?

## 参 考 文 献


[1] 刘俊. 基于 BIM 的钢结构数字化制造[J]. 环球市场，2017(6)：1.

[2] 陈斌. BIM 技术在钢结构工程中的应用研究[J]. 居舍，2017(29)：1.

[3] 王月栋，南东亚，等. 钢结构模拟预拼装技术研究与开发[J]. 钢结构，2018(4)：4.

[4] 陈安龙. TeklaStructures 在化工建设领域中的应用综述[J]. 石油化工建设，2015(03)：30-32.

[5] 茹高明，戴立先，王剑涛. 基于 BIM 的空间钢结构拼装及模拟预拼装尺寸检测技术研究与开发[J]. 施工技术，2018(15)：5.

[6] 丁峰，陆华，李文杰. 信息化预拼装在钢结构成品检验中的应用[J]. 土木建筑工程信息技术，2012(01)：56-60.

[7] 刘楠. BIM 技术在建筑工程施工中的综合应用研究[J]. 建材与装饰，2018(12)：2.

[8] 刘谦. 数字装饰，拥抱装饰行业数字化变革[EB/OL]. 广联达造价圈，2018-10-25.

[9] 郑开峰. BIM 数据获取在装饰施工中的应用[J]. 土木建筑工程信息技术，2019，11(4)：77-82.

[10] 刘继满. BIM 技术在建筑装饰装修设计中的应用研究[J]. 城市建设理论研究(电子版)，2019(10)：93.

[11] 陈达非，谢明泉，马云飞，等. BIM 竣工模型交付应用研究[J]. 建筑技术，2019(4)：458-460.

[12] 中建《建筑工程施工 BIM 应用指南》编委会. 建筑工程施工 BIM 应用指南[M]. 2 版. 北京：中国建筑工业出版社，2017.

# 8　运维管理 BIM 应用

**本章要点及学习目标**

本章主要介绍了 BIM 技术在工程项目运维阶段的使用，剖析了国内运维阶段 BIM 技术应用遇到的问题及发展现状，详细讲解了一般运维管理 BIM 应用的流程，以及目前运维管理的基本应用内容。

本章学习目标主要是了解 BIM 技术在工程项目运维阶段使用的现状，掌握运维管理 BIM 应用的流程，熟悉运维管理 BIM 应用的内容。

## 8.1　现　状　分　析

BIM 运维管理是将 BIM 技术与运营维护管理系统相结合，对建筑的空间、设备资产等进行科学管理，预防可能发生的灾害危险，以降低运营维护成本。

工程项目到达运维阶段，周期更长，涉及参与方多且杂，目前国内一体化的设备运营管理系统及可借鉴的使用经验还很少。因此，基于 BIM 技术的运维管理应用发展比较缓慢。

在现阶段，国内一些公司已经基于 BIM 模型开发了运维管理中的局部功能。具体实施中，通常将物联网、云计算技术等与 BIM 模型、运维系统、移动终端等结合起来应用，最终实现如设备运行管理、能源管理、安保系统、租户管理等的运维阶段功能应用。

因此，将 BIM 技术引入运维阶段中使用将给运维管理带来深刻变革。

## 8.2　应　用　流　程

### 8.2.1　模型处理

模型是整个运维平台的支撑和基础，运维阶段 BIM 模型需要符合运维阶段的模型精度要求，需在设计、施工阶段模型的基础上做相应的处理，甚至需要重新创建运维模型。在运维阶段，BIM 模型对水、电、暖通设备设施的模型精度要求较高，但对结构、外观模型要求较低。运维模型的处理流程如下：

（1）模型检查：模型检查是模型处理前的一项重要工作。检查的重点按照建筑各专业分项进行逐一查缺检漏，确认模型的完整性。

（2）模型轻量化处理：在运维实际应用中，模型中的每个参数并不都对运维管理有价值，因此，需要对模型轻量化处理，剔除建筑结构等非变动性参数信息，导入运维管理需要的参数，使模型能减小到计算机可以自由调用的程度。

（3）模型分组：模型处理的过程中，还要对模型进行分组处理，按照模型的不同专业类型（如：建筑、楼层、房间、系统等）及管理功能应用要求进行拆分、排列、命名、组合关联等一系列处理工作，保证在后续管理应用中能正常操作模型。

### 8.2.2 数据对接

系统的功能可根据需要建设各种子系统，如智能化系统、机电系统、能源系统等，这些系统建设完成后，对系统数据进行接入，以实现对设备状态的监控及部分设备的控制。

数据对接需要设备供应商提供完整的数据接口及通信协议，如：TCP/IP、BACnet等协议方式，保证数据对接的可行性、完整性和稳定性。

### 8.2.3 系统平台软硬件搭建

根据业主不同需求，结合处理后的模型及实际的管理流程进行功能构件的定义，形成一套满足于项目自身管理需求的管理系统，最终完成系统的软硬件搭建。

系统平台软硬件搭建包括硬件平台搭建和软件系统搭建两部分。硬件平台搭建是系统运行的硬件支撑，包括：传感器设备安装、现场表具安装、网络硬件安装、硬件安装等。而软件平台搭建则是系统运行的核心。目前，用于运维管理的BIM＋FM（Facility Management，设施管理）系统建设主要有三种方式，见表8-1。

**运维管理的BIM＋FM系统建设** **表8-1**

| 序号 | 建设方式 | 技术方案 |
|---|---|---|
| 1 | 采购成熟商业FM平台＋BIM模型 | 一般为应用国外成熟的FM平台和BIM模型。以ARCHIBUS的FM＋BIM系统为例，功能极为强大和完善，功能模块包括应需维护、计划性维护、资产管理门户、基础平台、BIM模型集成 |
| 2 | 已有FM平台，集成BIM应用 | 1）一般为已有FM平台，通过与BIM图形引擎或平台集成方式，实现基于BIM的运维应用；<br>2）在BIM图形引擎或平台方面，一般应用成熟的商业引擎或自主研发 |
| 3 | 基于BIM图形引擎或平台开发FM平台 | 1）以成熟BIM图形引擎或平台作为研发平台；<br>2）FM平台从零开始研发 |

### 8.2.4 资料录入

根据运维需求进行统一、详细的资料梳理，如消防设备、给水排水泵、电梯等设备信息及房屋、租户、缴费、管理等空间信息的统一梳理。

### 8.2.5 数据验证

在系统的运行过程中，数据的准确性、实时性、稳定性尤为重要。此项工作在项目伊始已经开展，前期对系统的各个实施点和分包的功能模块进行数据分析和设备点位信息获取。资料完备后，通过专用工具或者二次开发程序将各个功能模块对接至BIM系统中，待数据正常接入后，方才进入数据验证阶段。在此阶段，持续进行数据的不间断发送，系统在接收数据时，应确保接收到的数据完整、无差错。验证方式包括远程数据校对、断点续传校对等。

## 8.3 应用内容

为方便业主及物业部门对部分小业主提供服务和统一管理，在提前营业区域验收时将同时交付此区域的 BIM 竣工模型，模型完善程度应达到使用要求，同时对 BIM 竣工模型进行二次处理，为物业部门提供一套基于 BIM 的可视化智慧运维系统。目前市场上出现的运维管理系统较少，以下介绍其中一种针对医院项目的运维系统。运维系统界面如图 8-1 所示。

图 8-1　运维系统界面

### 8.3.1　运维系统中的环境管理

（1）首页：汇总显示环境参数情况及探测设备的使用情况，方便管理人员对医院内环境进行整体把控；

（2）数据浏览：根据实时环境参数值，对检测区域进行颜色渲染，以折线图的形式显示检测区域的数据趋势变化，如图 8-2 所示；

（3）历史环境回放：在建筑三维空间模型中以颜色变化形式显示环境参数历史事件变化趋势状态。

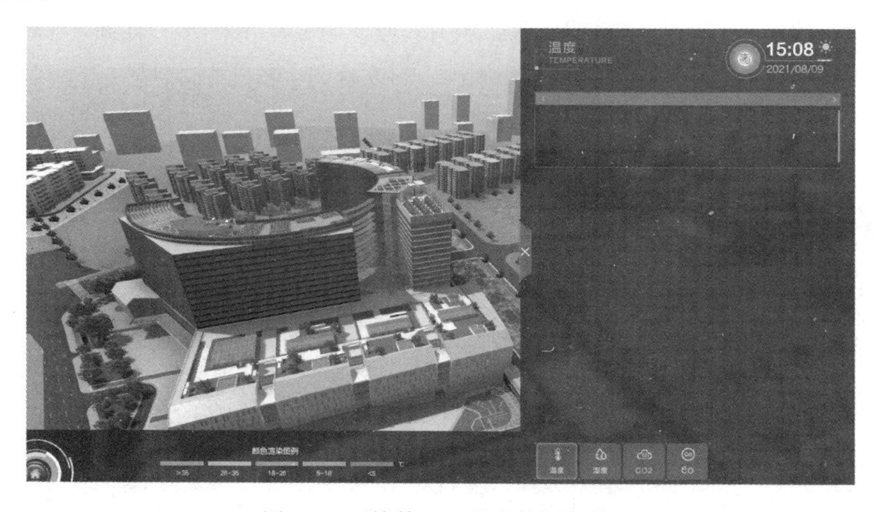


图 8-2　环境管理（温度数据浏览）

### 8.3.2 安防安保管理

（1）首页：汇总显示建筑内安防相关数据，使用者可以直观看到整体安防情况，并在点击相关功能后直接进入该功能页；

（2）视频监控：显示监测区域监控摄像头的分布情况，定位监控摄像头的位置，点击弹出实时的监控画面，如图 8-3 所示；

（3）门禁：可对建筑内门禁进行选择性查看，点击一个门禁，系统定位到门禁的位置并显示门禁的开关状态信息。

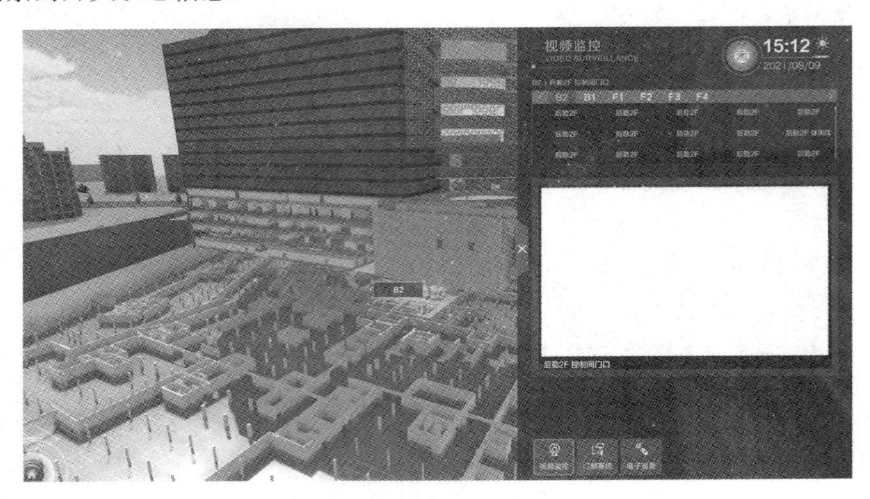


图 8-3 视频监控

### 8.3.3 报警管理

（1）环境异常：当环境参数超过阈值区间时报警并显示报警信息；

（2）能耗超标：第一时间显示报警信息并提醒相关管理人员，定位报警点位置，给管理人员提供决策的依据；

（3）设备故障：对设备故障进行监测预警，减少设备的故障率，如图 8-4 所示。

图 8-4 设备故障报警管理

### 8.3.4 备品备件管理

对医院内的备品备件进行统一管理，通过建议安全定额、入库、申请、处理申请对备品备件进行闭环式管理，辅助管理人员进行管理，如图 8-5 所示。

图 8-5 备品备件管理

### 8.3.5 电梯管理

对医院内的电梯进行统一管理，全面监控医院内电梯运行状况，定位电梯位置，详细显示电梯设备的设备台账、实时状态及运行参数，如图 8-6 所示。

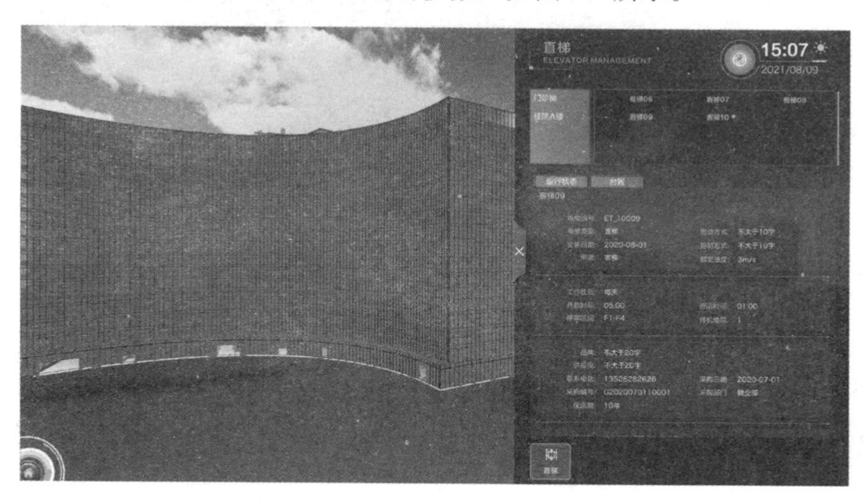


图 8-6 电梯管理

### 8.3.6 管网管理

对医院内的风网、水网、消防管线进行汇总管理，在建筑三维模型中显示其相互位置关系，为隐蔽工程改造提供管道可视化的建议，如图 8-7 所示。

### 8.3.7 能源管理

实时监测医院内水电冷热等各类能耗数据，并通过能耗对比、节能诊断、节能改造、定额管理、分户管理对医院内能耗进行精细化管理，从而达到提高能源利用率、降低成

图 8-7 管网管理

本、节能减排的管理目标，如图 8-8 所示。

图 8-8 能源管理

### 8.3.8 人员管理

对医院内的相关管理部门的责任人、人员排班、流程进行集中管控，管理人员可以通过系统对人员、排班情况进行查询、修改，为物业管理的有序性和高效性提供保障，如图 8-9 所示。

### 8.3.9 设备管理

对医院内的设备进行统一管理，全面监控医院内设备运行状况，定位设备位置，详细显示设备的设备台账、实时状态及运行参数，如图 8-10 所示。

### 8.3.10 维修维保管理

对医院内设备的日常维修和维护保养进行整合，帮助管理人员快速了解设备的维护和保养情况是设备安全使用的前提和基础，如图 8-11 所示。

图 8-9 人员管理

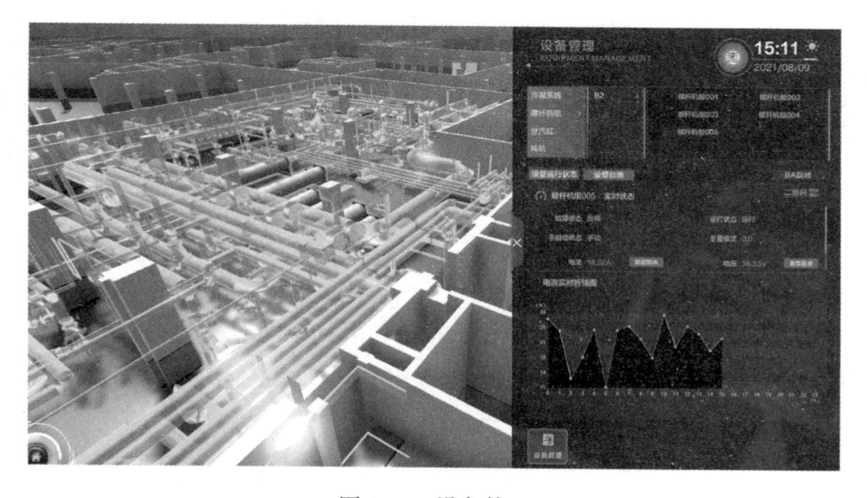


图 8-10 设备管理

图 8-11 维修维保管理

### 8.3.11 消防管理

对医院内的消防设备和消防器材进行数据整合及消防日常管理，并对消防设备进行全面监控，定位消防设备位置，详细显示消防设备的设备台账、相关文档及检修记录，如图 8-12 所示。

图 8-12 消防管理

### 8.3.12 应急管理

对医院内的应急物资和避难场所进行数据整合及应急日常管理，同时支持对消防演练及应急预案的方案管理，帮助管理人员进行应急保障物资的维护及应急预案的管理，达到“预防为主，防消结合”的目的，如图 8-13 所示。

图 8-13 应急管理

## 8.4 应用评价

在基于BIM技术的运维管理应用中可实现运维的可视化管理。运维BIM管理系统的三维可视化将过去的二维CAD图纸以三维模型的形式展现给用户，当设备发生故障时，运维BIM系统可以帮助设施管理人员更加直观地查看设备的位置及设备周边的情况并提供预演功能。

通过基于BIM的运维管理平台可快速直观定位人与设备，及时了解周边环境，也可方便地追溯相关人员工作过程。通过手机端访问BIM模型，随时查询空间信息与隐蔽工程信息，方便现场作业，实现数据随身携带，再现隐蔽工程。

基于物联网+可视化技术的运维管理平台可实现对各类运维信息的完整集成和统一管理。在竣工模型基础上，通过数据共享将各个系统高度集成，实现每个系统间的互联互通，最终将数据汇集到BIM运维管理系统中，还可以通过接入新的系统不断进行扩展。BIM运维系统和现有的系统不产生冲突，而是在现有系统的基础上提供更高层次的数据交互和场景应用。

通过BIM可以高效集成各类智能系统数据，联通信息孤岛与碎片，通过交叉分析、发掘信息的多维度价值，实现数据的增值。同时，BIM也提供了高效的物业协同工作环境。以BIM为基础可以建立全生命期数字资料库，能够做到无缝对接设计、施工阶段BIM信息，高效管理模型、图纸与信息，完整集成运营阶段内全部数据进行数字化管理，方便查找与分析。根据BIM运维的经验与成果，甚至可以反向优化建筑设计方案，并对建筑施工过程提出优化建议。

## 8.5 小结

本章主要从国内工程项目运维阶段BIM技术的应用现状讲起，介绍了BIM技术在工程项目运维阶段的应用流程、应用内容。希望同学们能对运维阶段的BIM技术应用有一个基本的了解，熟悉工程项目运维阶段的BIM应用流程，了解现有运维管理BIM应用的内容，并且思考在运维阶段还存在哪些基于BIM的应用。

### 思考与练习题

1. 基于BIM技术的运维管理应用流程是什么？
2. 在运维管理中有哪些应用内容？
3. 基于BIM技术的运维管理在预防性维护及设备维护中的优点有哪些？
4. 基于BIM技术的运维管理在应急管理中的作用是什么？

### 参考文献

[1] 李钦，罗远峰. 基于BIM的可视化运维系统应用研究[J]. 山西建筑，2016(27). 149-158.
[2] 中国BIM门户网站[EB/OL]. www.ChinaBIM.com.
[3] 胡康. 基于BIM的智慧园区运维管理信息系统研究[D]. 合肥：合肥工业大学，2017.
[4] 张月梦甍. BIM技术在楼宇自动化管理中的研究与应用[D]. 西安：西安建筑科技大学，2015.

[5] 汪再军. BIM 技术在建筑运维管理中的应用[J]. 建筑经济，2013(9)：95-98.
[6] 王建民，周海强，于飞，等. 浙江大学医学院附属第四医院建筑信息模型(BIM)技术运维应用研究[J]. 浙江建筑，2018.
[7] 殷大江. BIM 在铁路站房运维管理中的应用研究[D]. 北京：北京交通大学，2018.
[8] 姜铭. 基于 BIM 技术的住宅项目运维管理研究及应用[D]. 天津：天津工业大学，2019.
[9] 田金瑾. 基于 BIM 的大型商业建筑设施管理系统研究[D]. 郑州：郑州大学，2019.
[10] 谢海东. 基于 Forge 技术的商用建筑设施管理研究[D]. 天津：天津工业大学，2019.

# 9 未来已来——BIM+数字建造技术探索与实践

**本章要点及学习目标**

本章主要介绍了基于BIM+的数字建造技术的探索与实践。从BIM软件的二次开发情况到基于BIM+的精密测控技术在工程建造中的应用，BIM与建筑机器人的融合应用，以及工程建造中针对机器学习和人工智能新方法的研究探索均作了基本讲解。

本章学习目标，要求了解工程建造中针对机器学习和人工智能新方法的应用，熟悉BIM软件二次开发案例，以及BIM+精密测控技术、建筑3D机器人在工程建造中的应用。

## 9.1 BIM软件二次开发

这里以国内市场占有率最高的Autodesk Revit为例对BIM软件二次开发进行介绍。本章中，对于软件二次开发的步骤与实现方法不做详细讲述，具体实现方法读者可参阅软件二次开发相关的书籍。本章重点围绕国内外基于Autodesk Revit的BIM软件二次开发现状介绍、施工企业BIM二次开发案例等方面进行讲解。

### 9.1.1 国内外基于Autodesk Revit的BIM软件二次开发现状介绍

本小节从建筑企业进行BIM软件二次开发的成因分析、建筑企业进行BIM软件二次开发的方式分析、国内外基于Autodesk Revit的BIM软件二次开发现状介绍等方面进行讲解。

1. 建筑企业进行BIM软件二次开发的成因分析

众所周知，BIM技术已经成为工程建设行业的研究热点与应用趋势。近年来，国内外众多IT技术厂商相继推出了多种成熟、稳定的BIM插件、软件和平台。在这一背景下，建筑企业为何要进行BIM软件二次开发，释其成因体现在如下几个方面：

（1）即使是成熟、稳定的BIM软件，也不同程度存在着一定的技术局限性。一款成熟、稳定的商业化软件是在最大限度满足行业内“大多数”建筑企业的需求的前提下，兼顾行业内技术储备、人才储备、经济发展尚不成熟地区的建筑企业的需求开发而成。对于特大型的设计企业与施工企业而言，多数成熟、稳定的商业化软件无法全面满足其持续保持行业内“超前引领”对技术的要求。因此，多数特大型建筑企业往往不满足于现有的成熟、稳定的商业化软件的功能和性能，需求在其现有功能的基础上进行一定程度的拓展开发。例如，对于BIM项目管理平台类产品，很多特大型建筑企业会在选用在一款成熟、稳定的商业化软件的基础上，将其特有的组织架构、标准化工作与审批流程、任务表单通过程序化嵌入的方式，定制开发出满足其自身管理需求的产品。

（2）现有商业化软件，尤其是BIM模型创建类软件，基本上是通过工程技术人员

“一笔一画”的“手工”方式实现BIM模型的创建。这一过程耗时费力且效率低下，工程实践显示：工程技术人员绝大部分工作时间都消耗在了低技术含量的BIM模型创建与更新维护工作中，已经没有精力和热情去做更为重要的BIM技术辅助现场管理工作了。因此，如何通过二次开发使程序替代“人工”完成低技术含量的BIM模型创建与更新维护工作就显得尤为重要。目前，各类快速建模技术、参数化族库技术就是面向这一类需求而衍生出的BIM软件二次开发成果。

(3) 目前，从市场占有率层面看，国内BIM软件市场份额几乎被国外技术厂商所垄断。这些技术产品在设计、开发与更新过程中不会考虑我国的设计BIM标准、施工BIM标准；不会考虑我国的设计规范与施工规范。因此，国外技术产品只能在一定程度上满足国内建筑企业的需求，无法实现BIM技术的深度应用。目前，以设计成果合规性审核为代表的设计BIM插件和以BIM工程算量技术为代表的施工BIM插件就是面向这一类需求而衍生出的BIM软件二次开发成果。

2. 建筑企业进行BIM软件二次开发的方式分析

建筑企业进行BIM软件二次开发，其目的不是跨界取代IT技术厂商，而在于通过科技创新助力企业技术与管理转型升级、在于通过技术辅助市场营销等方式对行业内不做、不深入做BIM软件二次开发（科技创新）的同质类企业继续保持核心竞争力。在具体实现上大体可以包括如下两种方式：

(1) 通过并购、招募，形成建筑企业自有的IT技术团队

这种方式的优势在于：在核心数据的安全性、核心技术知识产权、重大科技创新成果的保密等角度具有优势，使建筑企业能够真正意义上和工业与制造企业一样，以“生产一代、研发一代、预研一代、储备一代”的方式实现建筑企业在科技创新领域的中长期科学规划与合理布局。

这种方式的不足在于：自有的IT技术团队其成员在工作成果量化、职业晋升等方面的考核评价体系与建筑企业现有的评价考核体系不相符合；同时与专业化的IT技术厂商相比，建筑企业自有的IT技术团队其“自我造血”的成本较高。

(2) 选取适宜的外部IT技术团队，以长期合作的方式进行BIM软件二次开发

这种方式的优势在于：对建筑企业传统的岗位设置、评价考核体系不产生直接影响；外部IT技术团队自行担负其“人才更新与造血”的成本。对于建筑企业而言，其整体的成本投入较低。

这种方式的不足在于：在核心技术知识产权、重大科技创新成果的保密等方面具有一定的风险。

3. 国内外基于Autodesk Revit的BIM软件二次开发现状介绍

由前述可知，理解和掌握BIM软件二次开发技术对于充分发挥BIM软件的潜在价值将起到重要的作用。在这一趋势下，Autodesk逐年加大了面向Revit的二次开发接口数量，由2014年的12000个左右增加到了2017年的16000个左右，助力了定制化设计插件、定制化施工插件的开发与实现。

目前，在Autodesk官网应用程序店里积累了大量基于Revit的BIM软件二次开发工具，如图9-1所示。

目前，基于Revit的BIM软件二次开发工具大体可以分成两大类别。

图 9-1　基于 Revit 的 BIM 软件二次开发工具

（1）数据接口类

这类小工具主要针对 Revit 数据原生态的尺寸属性、几何属性进行解析与重构，用于实现各类通用数据格式之间的直接、微损乃至无损转换以及数据体量的显著性压缩等用途。

（2）功能拓展类

这类小工具主要针对 Revit 现有功能进行完善与拓展，如基于二次开发使软件能够替代“人工”实现一些耗时费力的软件操作；由于基于常用设计规范、施工做法进行二次开发，使 Revit 在功能上更加贴近定制化设计、定制化施工的需要。

### 9.1.2　施工企业 BIM 二次开发案例——基于 BIM 数据的工程量计算技术探索与实践

以某大型施工总承包企业自主研发的基于 BIM 数据的工程量计算技术为例进行介绍。

对施工企业来讲，工程量的快速、精准计算是工程项目管理中的核心内容之一，它贯穿于工程项目从前期的可行性分析、投资决策、设计、施工直至竣工这一工程建设全过程所涉及的工程建设费用的确定、控制、监督和管理工作。

国内工程建设行业的工程量计算经历了从早期的人工绘图算量到现阶段通过计算机技术基于设计图纸进行工程量计算的演进过程。可以说，随着技术水平的日趋完善，工程量计算方法也日趋成熟。但同时也应注意到，现有的基于设计图纸进行工程量计算这一工作方法也存在着工程量计算速度较慢、工程量计算和工程项目管理其他工作（如生产管理、技术管理、质量管理、安全管理）之间还存在着一定的“孤岛效应”等亟待解决的问题。虽然已经有大量的企业在基于 BIM 技术的工程项目管理方面进行了创新研究并形成了一系列研究成果，但是这些研究成果往往集中在生产管理、技术管理、质量管理、安全管理领域。BIM技术，尤其是基于BIM数据的工程量计算技术在工程项目管理中应用仍处于探索阶段。如何从技术层面打通工程技术人员和预算人员之间的"技术壁垒"，实现BIM数据在工程项目管理中的"互通式"应用，更加充分发挥BIM技术在工程建造中的应用价值，已经引起了企业界和学术界的日益重视。在这一背景下，伴随着BIM二次开发技术的不断完善，上述问题可以通过一种全新的途径来解决。

(1) BIM数据创建方法对工程量计算的影响分析

下面以构件的具体画法和构件之间的扣减规则对工程量计算的影响为示例进行分析。

1) 构件的具体画法对工程量计算的影响分析

在众多的BIM数据创建工具中，Revit是一款操作灵活的技术产品，它可以通过多种方法完成相同的功能，即实现"一题多解、殊途同归"式的BIM数据创建方法。但是，不同的BIM数据创建方法对于工程量计算的精准度有着不同的影响。这里仅以复合墙的BIM数据创建为示例进行分析。

目前，在Revit中复合墙有2种具体画法。其一是"独立式"画法，即将复合墙中的核心墙、装饰面层作为2种独立墙体，分别进行创建，如图9-2 (a) 所示。其二是"整体式"画法，即将核心墙、装饰面层视为同一墙体的不同面层，整体进行创建，如图9-2 (b) 所示。

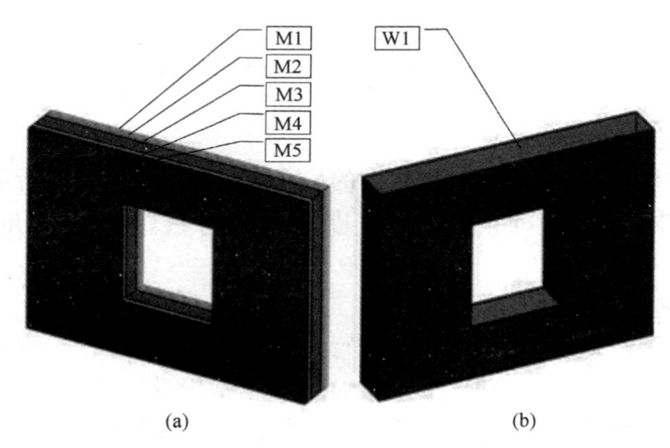


图9-2 复合墙的"独立式"画法 (a) 及"整体式"画法 (b) 示例

基于这2种画法创建的BIM数据的工程量计算结果见表9-1、表9-2。

**"独立式"画法的工程量计算结果** **表9-1**

| 类型 | 面积 ($m^2$) | 体积 ($m^3$) |
|---|---|---|
| M1 | 5 | 0.25 |
| M2 | 5 | 0.25 |
| M3 | 5 | 1 |
| M4 | 5 | 0.25 |
| M5 | 5 | 0.25 |
| 总计 | 25 | 2 |

**"整体式"画法的工程量计算结果** **表 9-2**

| 类型 | 面积（$m^2$） | 体积（$m^3$） |
| --- | --- | --- |
| W1 | 5 | 2 |
| 总计 | 5 | 2 |

从上面 2 个表可以看出，2 种画法的复合墙的体积计算结果完全一样，但复合墙的面积计算结果相差甚远。

工程实践显示："独立式"画法更适合于细部做法的技术交底应用，"整体式"画法更符合工程量计算的要求。因此，在 BIM 数据创建中，应针对具体的应用领域选择最适合的 BIM 数据创建方法。

2）构件之间的扣减规则对工程量计算的影响分析

除构件的具体画法会对工程量计算将产生影响外，构件之间的扣减规则对工程量计算同样会产生影响，它决定了当两个构件发生重叠时应该对哪一个构件的工程量进行扣减。基于工程实践，一个适用于建筑、结构构件工程量计算的扣减优先顺序见表 9-3，构件优先级从 1 到 6 依次降低，当两种类型的构件重叠时应扣除优先级较低构件的工程量。

**适用于建筑、结构构件工程量计算的扣减优先顺序** **表 9-3**

| 优先级 | 1 | 2 | 3 | 4 | 5 | 6 |
| --- | --- | --- | --- | --- | --- | --- |
| 构件名称 | 结构墙 | 结构板 | 结构柱 | 梁 | 建筑墙 | 建筑柱 |

（2）适合于工程量计算的 BIM 数据映射编码技术

工程量计算必须依据一定的清单计算规则进行。因此，BIM 数据能否实现和清单计算规则之间的映射编码是其能否成功用于工程量计算的基础。

通过开发面向 BIM 数据和清单之间的映射编码接口可以实现 BIM 数据和清单计算规则之间的匹配。具体功能如下：

1）在映射编码接口左侧的树形结构中，首先对工程量计算插件所支持的清单计算规则进行了集中显示。工程技术人员通过选择左侧的树形结构中的"算量类型"即可明确将对哪类工程量进行计算。

2）映射编码接口的右侧有"属性""识别规则""清单编码"3 个对话框。

3）"属性"对话框（图 9-3）用来对 BIM 数据中的构件进行自动识别并对其 BIM 数据属性进行自动读取。

4）构件及其 BIM 数据属性被自动识别成功后，其族名称将被自动读入"识别规则"，如图 9-4 所示。

5）"清单编码"对话框中给出了用于工程量计算的清单编码、名称、计算公式的设置。如图 9-5 所示，TJ 表示计算体积，MBMJ 表示计算矩形梁模板面积。映射编码接口会自动识别 TJ/MBMJ 这些关键字段并进行工程量计算。

图 9-6 展示了一道梁的 BIM 数据和清单计算规则之间的映射编码接口示例，其算量类型是"混凝土梁"、算量子类型是"矩形梁"、族名是"混凝土-矩形梁"、族类型名是"F4-WKL4-300×600"，则这道梁的混凝土体积和模板面积将会依据《建设工程工程量清单计价规范》GB 50500—2013 中对应的计算规则进行计算。

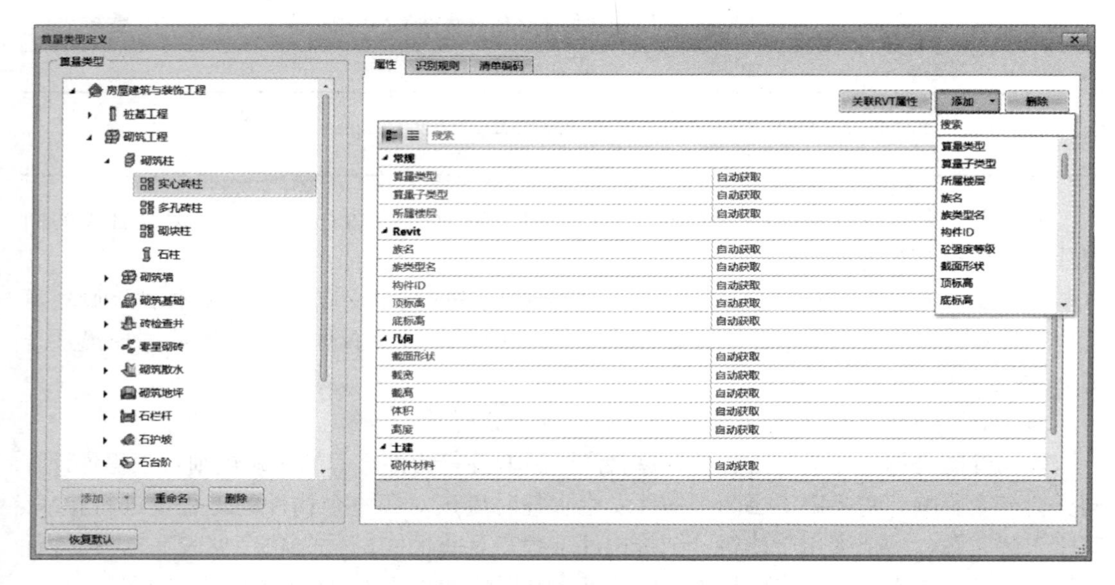


图 9-3 “属性”对话框示例

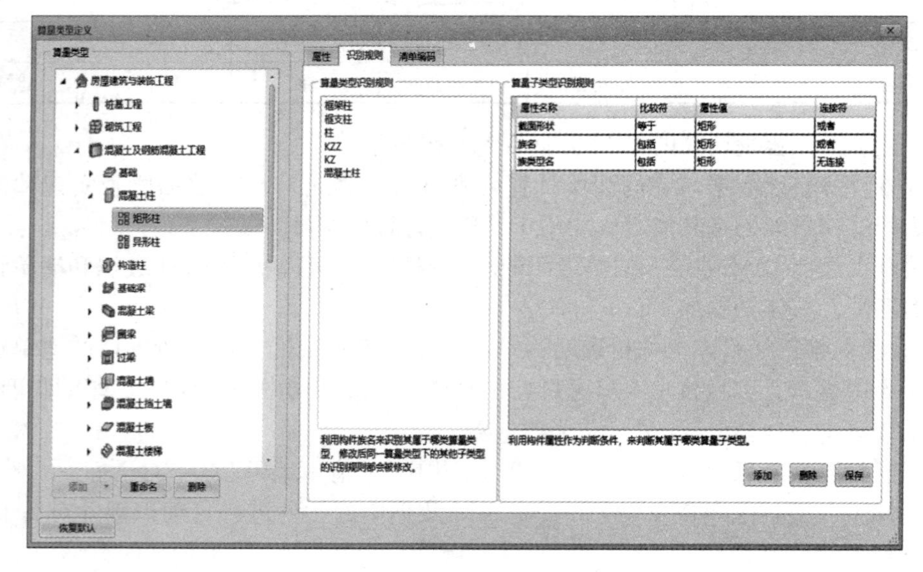


图 9-4 BIM 数据和清单计算规则之间的映射编码接口示例

(3) 基于 BIM 数据的工程量计算技术

在完成 BIM 数据和清单计算规则之间映射编码的基础上，对基于 BIM 数据的工程量计算插件进行了开发。具体实现步骤如下：

1) 确定需进行工程量计算的 BIM 数据的范围。

2) 完成 BIM 数据和清单计算规则之间的映射编码。

3) 基于《建设工程工程量清单计价规范》GB 50500—2013 中的计算规则对 BIM 数据中各构件的工程量进行计算，如图 9-7 所示。

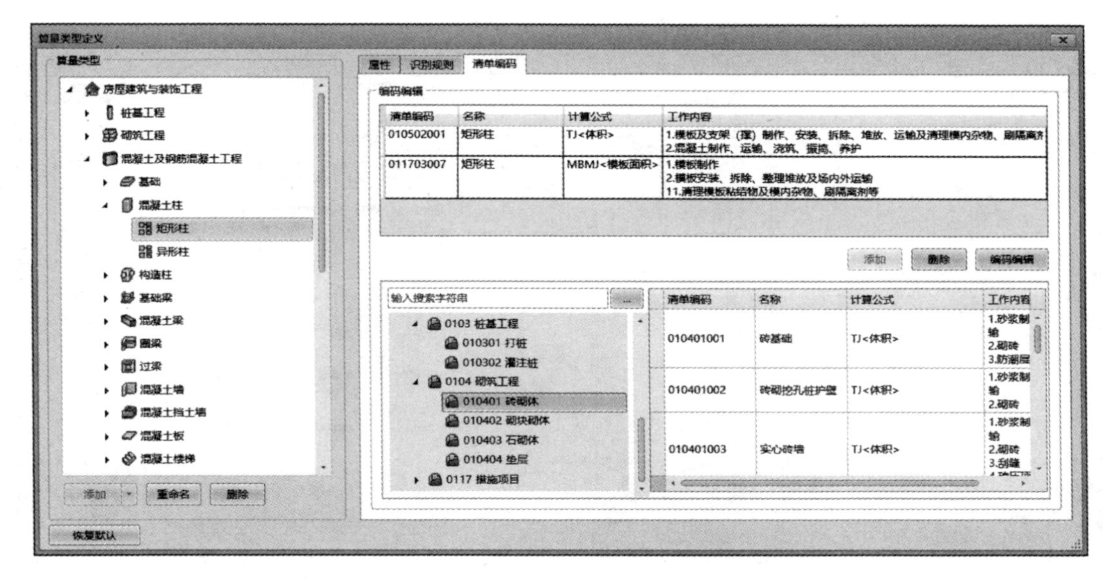


图 9-5 清单编码示例

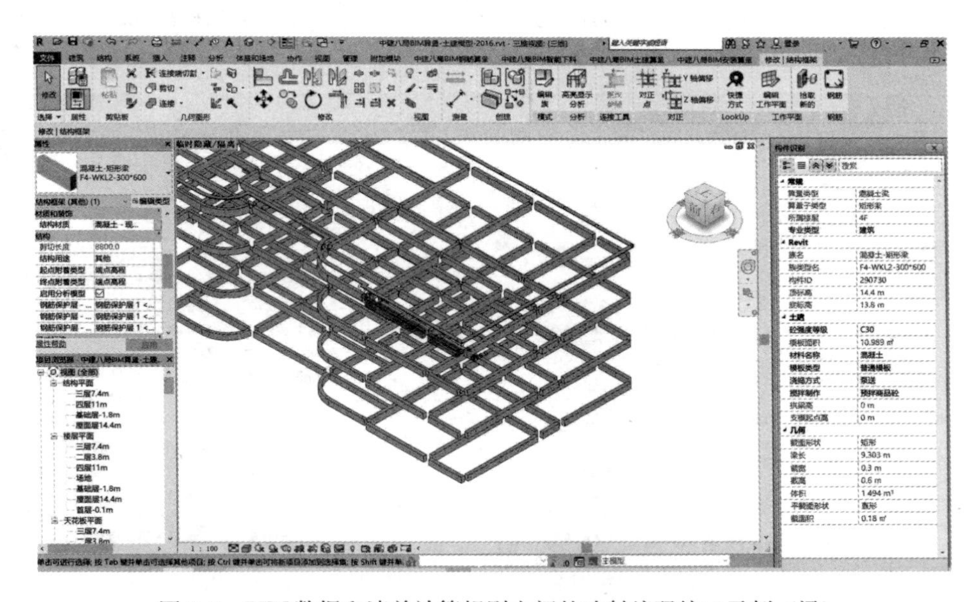

图 9-6 BIM 数据和清单计算规则之间的映射编码接口示例（梁）

4）对工程量计算结果进行汇总统计，如图 9-8 所示。

至此，完成 BIM 数据从映射编码到工程量计算的全过程。

（4）工程实践验证

作为一款创新的、高效的、易于使用的成本估算软件，G 成本估算软件是目前国内应用最广泛的成本估算软件之一。因此，本教材以 G 方法（即基于 G 成本估计软件的工程量计算，以下简称 G 方法）为基准，依托多个在建工程项目，对基于本文方法得到的工程量计算结果与基于 G 方法得到的工程量计算结果进行了比对，结果见表 9-4～表 9-8。

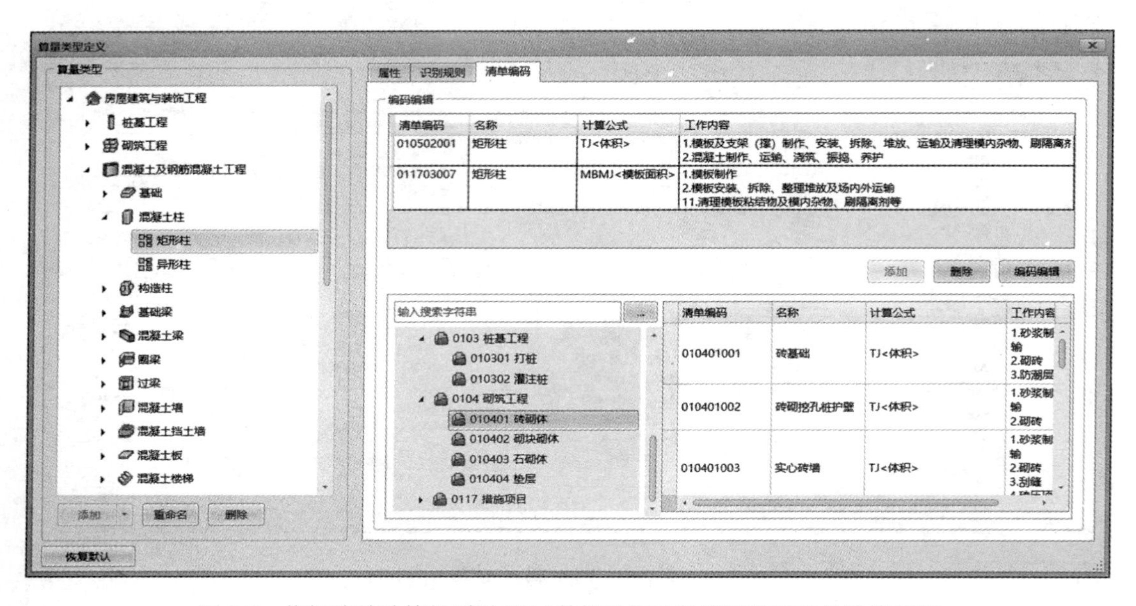


图 9-7　依据清单计算规则对 BIM 数据进行映射编码和工程量计算示例

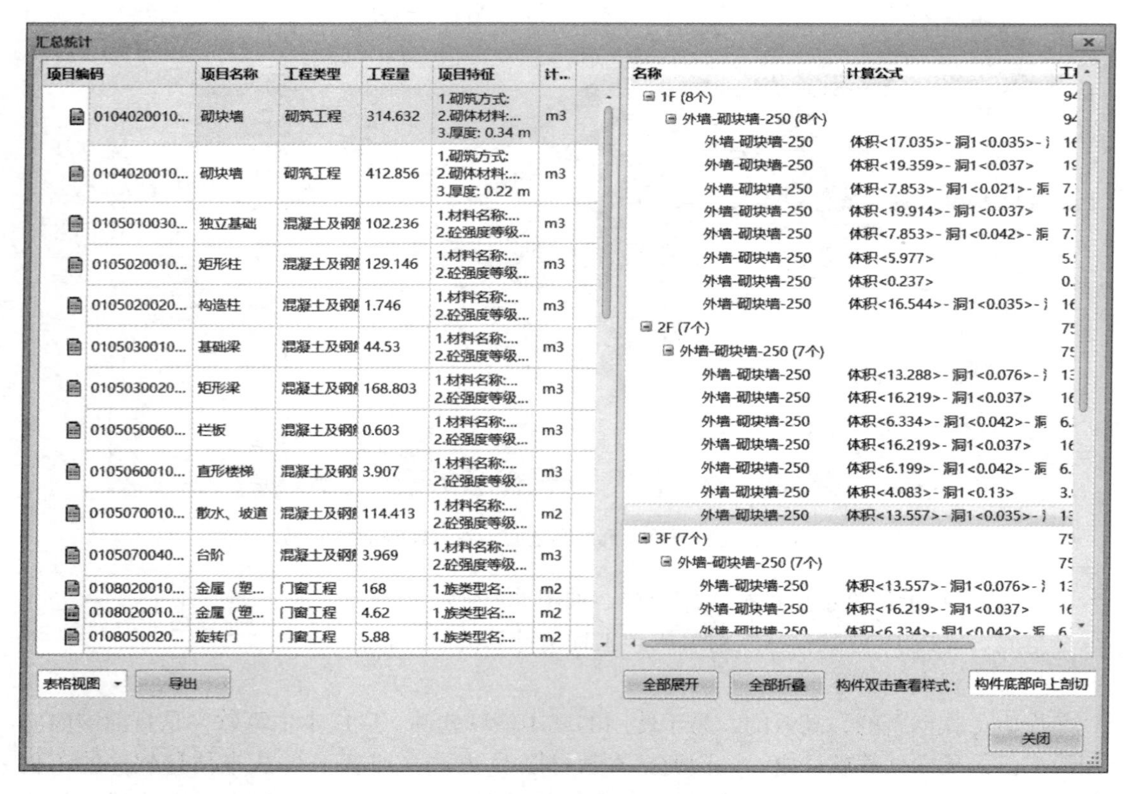


图 9-8　工程量计算结果的汇总统计

工程量计算结果比对（预制方桩）　　表 9-4

| 工程量计算类型 | 本教材方法 | G 方法 | 误差 |
|---|---|---|---|
| 混凝土体积（$m^3$） | 203.35 | 203.36 | 0% |

工程量计算结果比对（桩承台）　　表 9-5

| 工程量计算类型 | 本教材方法 | G 方法 | 误差 |
|---|---|---|---|
| 混凝土体积（$m^3$） | 139.10 | 137.92 | 0.86% |
| 模板面积（$m^2$） | 311.98 | 309.96 | 0.65% |

工程量计算结果比对（矩形柱）　　表 9-6

| 工程量计算类型 | 本教材方法 | G 方法 | 误差 |
|---|---|---|---|
| 混凝土体积（$m^3$） | 198.05 | 198.05 | 0% |
| 模板面积（$m^2$） | 1154.78 | 1161.91 | −0.61% |

工程量计算结果比对（矩形梁）　　表 9-7

| 工程量计算类型 | 本教材方法 | G 方法 | 误差 |
|---|---|---|---|
| 混凝土体积（$m^3$） | 316.36 | 318.94 | −0.81% |
| 模板面积（$m^2$） | 2551.08 | 2542.92 | 0.32% |

工程量计算结果比对（有梁板）　　表 9-8

| 工程量计算类型 | 本教材方法 | G 方法 | 误差 |
|---|---|---|---|
| 混凝土体积（$m^3$） | 1128.95 | 1127.44 | 0.13% |
| 模板面积（$m^2$） | 3228.87 | 3223.15 | 0.18% |

经多个工程实践验证显示，基于本文方法得到的工程量计算结果与基于 G 方法得到的工程量计算结果相比，混凝土体积和模板面积的整体误差不超过 0.9%，证明了本文工程量计算方法的精确程度较高。

## 9.2 BIM+精密测控技术在工程建造中的应用

### 9.2.1 现状分析

精密测控技术是测量仪器精密化、集成化、智慧化的一种发展趋势。建筑行业的智慧建造是在数学、热学、力学、电学、磁学、核物理、声学、光学等学科基础上，结合太空、大气、地面、地下、太阳活动、气象环境、山体及建构筑物、岩土、水文、地下空间等相关空间条件下的一个综合性交叉学科。因此，智慧建造涉及了电测技术、光测技术、测绘技术、遥感技术、摄影测量技术、探测技术、软件、电子、通信等诸多技术领域，可以看出智慧建造的核心过程就是测控过程。

现阶段，测控技术在工业生产制造、航空航天、农业、软件开发、远程测控、医疗等领域中都有所应用。在工程建造领域，由于施工过程技术复杂，使用、维护、管理专业性强，需要综合性的测控技术以方便工程全方位高效管控，最终目的是为了实现工程项目的精细化管理，提升质量、安全及现场管理水平。目前在施工阶段，精密测控技术多为三维激光扫描仪、无人机以及其他智能化工程机械设备的技术使用。随着技术的不断进步，精密测控技术正朝着高速度、高精度、便携式的方向快速发展。

**9.2.2 应用内容**

在建筑工程中，基于各类测控设备的精密测控技术尤其适用于环境复杂、结构复杂工程的辅助设计、施工建造过程。

1．“虚实匹配”辅助现场规划、设计验证

在公路工程、桥梁工程的改扩建中常需要结合现场周边的建筑、道路、人流和车流状况进行实际分析。基于精密测控技术，采用无人机等设备进行现场周边进行扫描重建，将重建后的周边环境模型与设计BIM模型进行“虚实匹配”，能够辅助完成现场规划、施工组织规划、物流进场计划、施工进度计划等工作的编制与优化，如图9-9所示。

图9-9 辅助现场规划

这种“虚实匹配”的应用还可以对设计方案的可施工性进行辅助验证。对三维激光扫描仪设备测量出的点云模型进行重建，形成的三维模型与设计BIM模型进行匹配，对现场环境进行虚拟施工和预测，验证施工可实施性，如图9-10所示。

2．施工过程中工程质量的动态管理

（1）辅助基坑挖填方量计算

在基坑施工中，基于精密测控技术，采用三维激光扫描仪设备可以用于基坑范围、体积的快速扫描、重建、测量与计算。在后处理软件的辅助下，还可用于基坑中任意横断位置处的挖填方量的测量与计算。在基坑挖方和强夯过程中，精密测控技术还能够用于超挖、欠挖、土方夯实度的测量与分析，如图9-11所示。

（2）构件加工比对分析

工程技术人员可基于扫描点云数据完成实际构件加工状况和设计图纸之间的对比分

图 9-10 可施工性辅助验证

图 9-11 辅助基坑挖填方量的计算

析，极大简化了传统的“先测量、再对照设计图纸、最后进行误差分析”这一较为繁冗的构件加工质量监管程序，显著提升了施工质量管理中的自动化程度。某项目进行工程质量的动态管理如图 9-12 所示。

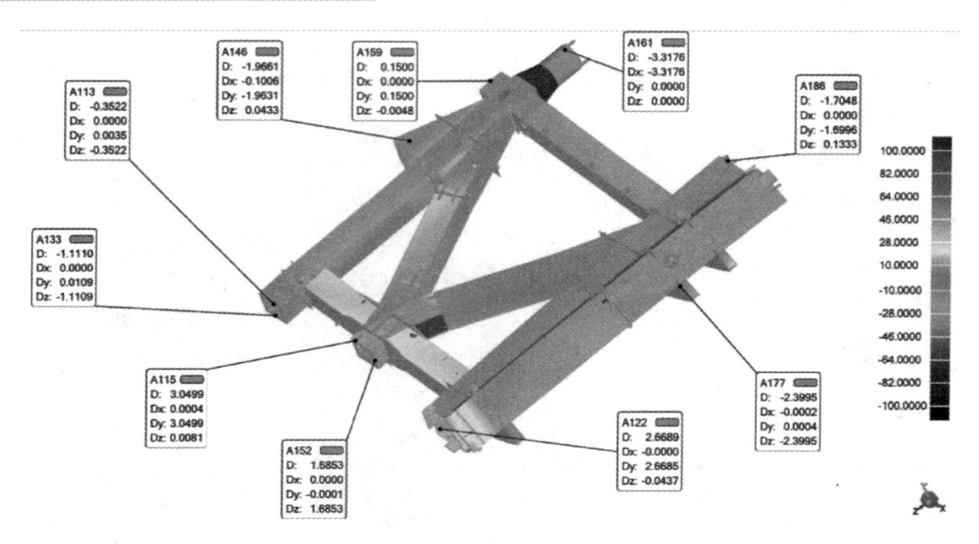


图 9-12 构件比对分析

注：其中右侧色谱代表不同误差值所对应的颜色，在 BIM 模型与点云数据模型拟合好后，选择所需点进行标注：$D$ 表示误差值，$D_x$、$D_y$、$D_z$ 分别表示该点在 $x$、$y$、$z$ 三轴上的误差值。

(3) 结构质量动态管理

基于精密测控技术，每间隔一定时间对现场进行扫描与重建，通过将历次扫描与重建的数据和初始数据进行比对，能够对施工过程中的结构位移、变形、沉降等现象进行监测。某项目施工过程中的结构变形监测如图 9-13 所示。

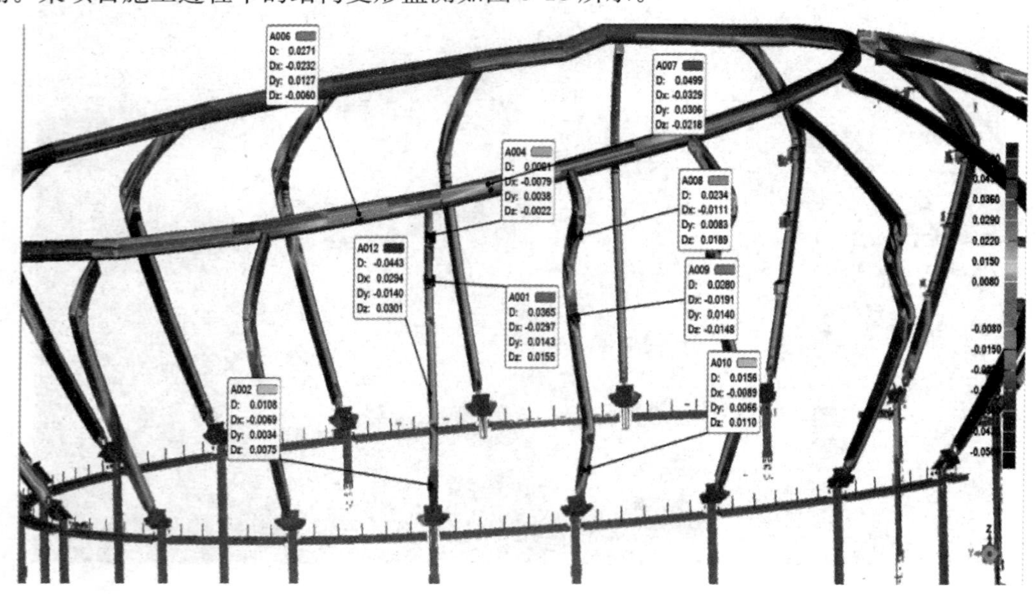


图 9-13 施工过程中的结构变形监测

3. 施工数据的采集与竣工 BIM 模型的辅助创建

针对施工过程中的每个施工节点，工程技术人员基于精密测控技术对现场状态进行扫描与重建，辅助指导、完成施工 BIM 模型的持续更新与最终竣工 BIM 模型的创建。某项目施工数据的采集与竣工 BIM 模型的辅助创建如图 9-14 所示，其中管道模型为从点云数据创建的。

图 9-14　施工数据的采集与竣工 BIM 模型的辅助创建

4. 辅助施工现场安全管理

建筑施工现场的安全管理也越来越多地使用智能化的工程机械设备。将精密测控技术与工程机械设施结合在一起使用能更好地辅助施工现场的安全管理。目前使用较多的智能化机械设施有施工塔吊、卸料平台、施工电梯等。这些施工机械多在设备相应部位放置各类传感器，结合主控机、摄像机等设备对机械设施使用中的有效参数进行实时监测、控制，预防安全事故的发生。智能塔吊如图 9-15 所示。

图 9-15　智能塔吊设备

### 9.2.3　应用评价

在建筑行业内，精密测控技术可以更精确地测量、检测建筑施工过程中所需点的位置、高程、外观形状等参数。无论是设计还是施工需要用到精密测控技术的方面还有许多，未来势必会发掘更多能提高建筑安全性，建造效率、质量等的精密测控技术应用点。

## 9.3 BIM与建筑机器人

### 9.3.1 现状分析

BIM作为模型信息的载体，能将设计、施工、运维等的建筑全生命期内信息汇集在一个平台上展示应用，实现数据的汇总与管理。智能机器人的中央处理器可以按照需求形成计算方法，编写相应的程序，使得机器人具有某些功能从而完成一定的操作。因此，将BIM技术结合机器人技术进行融合创新是建筑施工智能化发展的必然方向。现阶段，国内建筑机器人以程控机器人居多，是通过机器替代或协助人类的方式先期达成改善建筑业工作环境，提高工作效率的目的，最终实现建筑物营建的完全自动化。

### 9.3.2 应用内容

建筑机器人以其施工的安全、高效、低造价等优势，解决了建筑施工中的“危、繁、脏、重”问题。因此，它的应用将给项目带来巨大的好处。目前国内一些建筑施工单位也都自行研发了适用于工程项目施工过程的建筑机器人，现介绍以下几种建筑机器人：

1. 智能喷筑机器人

传统墙体施工质量不易控制，施工效率低，智能喷筑机器人可替代传统喷墙工人，减少墙体施工人员，降低劳动用工量及工人施工强度，施工稳定性和效率均高于人工操作。智能机器人喷涂抹灰的喷涂压力一般在0.5MPa以上，压力大、附着力强、粘结牢固，没有空鼓、脱皮等现象，合格率接近100%，优良率达50%以上。它可以更精确地控制墙体喷筑厚度，保证施工质量。相比传统复杂的施工工艺，智能喷筑机器人操作简单，可以实现智能精准控制，从底完全抹到顶，门、窗、立柱、阴角、阳角喷涂均粉刷自如，无死角、无裂缝。智能喷筑机器人如图9-16所示。

图9-16 智能喷筑机器人

2. 橡塑保温板下料机器人

橡塑保温板广泛应用于建筑安装行业各种管道的保温，传统保温方式为人工切割下料，这种方式不但耗费大量人工，且效率低、切割质量难以保证。借助于可自动进行橡塑保温板下料的机器人，保温板通过传送带、输送机构及伺服电机动力机构可平稳向前输送，并通过铣削机构进行切割下料，效率高、省时省力、切割质量高。橡塑保温板下料机器人如图9-17所示。

3. 全自动楼板钻眼机器人

全自动楼板钻眼机器人通过红外线激光放线仪可自动行进至预作业位置，定位精准，可避免人为测量误差产生的两孔不成一条直线的现象；通过液压升降杆上升至指定位置钻眼，通过红外线测距仪自动判定钻眼深度，可避免人工登高作业安全隐患以及钻眼深度不足导致的支吊架受力隐患；通过集尘罩可自动收集钻眼产生的灰尘，有效地保护环境，避免扬尘污染。全自动楼板钻眼机器人如图9-18所示。

图 9-17　橡塑保温板下料机器人

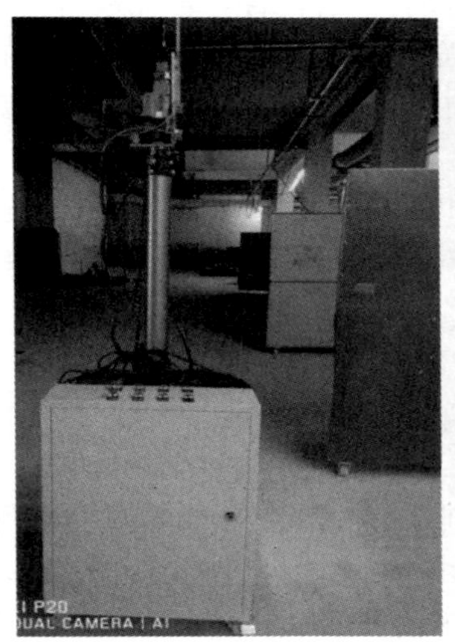

图 9-18　全自动楼板钻眼机器人

4. 建筑 3D 打印机器人

建筑 3D 打印机器人（3D 打印）是以集成计算机、数控、材料成型及施工等技术，采用材料分层叠加原理，以建筑信息模型（BIM）为基础，通过对其进行一定的层片处理，然后将层片文件生成数控程序，最后由数控系统控制机械装置按照指定路径运动实现建筑物或构筑物的自动建造技术。

在施工阶段，建筑 3D 打印技术主要应用在建筑物结构、装饰等的异形构件打印，经拆分后的装配式模块打印以及整体式建筑物打印上。建筑 3D 打印技术与传统建筑技术相比，在施工自由度、个性化创造、原材料利用率、节省工时人力等多方面存在有效价值。

(1) 构件级3D打印

1) 建筑装饰构件的3D打印

GRC(玻璃纤维增强混凝土)、SRC(钢骨混凝土构件)等高档建筑装饰构件其造型复杂,采用传统的制造方式成本较高。建筑3D打印技术不需要模具等辅助设备,可以直接打印GRC、SRC等高档建筑装饰构件。

2) 异形构件的3D打印

一些放置于公园社区或公共区域的雕塑小品,外形新颖、充满创意,但其建造成本高,且传统建造方式达不到异形构件的精度造型要求。采用建筑3D打印技术可以实现设计数据的无损传递,使最终的成型实体与设计图纸完全一致,实现异形构件的精准打印。

(2) 简单造型建筑物的3D打印

一些造型简单的建筑物,如景观亭、城市卫生间等一系列公共设施,可采用建筑3D打印技术,能发挥快速建造、绿色环保的优势,还可以应用于地震、台风、泥石流、海啸等自然灾害发生后的快速灾后安置与重建工作。

(3) 拆分模块的3D打印

对装配式建筑物进行拆分,分模块打印建筑物各组合部件,再完成装配。在建筑3D打印技术的第一阶段,可广泛应用于别墅建造。充分采用建筑3D打印技术的特点,打造出造型奇特和复杂的别墅,并在打印过程中不断改进技术、降低成本,推动其进一步发展。

在技术相对成熟的情况下,基于建筑3D打印技术速度快、性能优越的技术优势,修建以经济适用房和廉租房为主的多层住宅,在短时间内可以建造出大量的低成本房屋,改善居住条件。

(4) 整体式建筑物3D打印的辅助建造

当建筑3D打印技术发展成熟时,可以对建筑物进行整体式、全尺寸打印。我国农村住宅多为2~3层的多层自建住宅,不仅成本高,而且设计、施工均不规范,抵抗地震等灾害的能力较差。如果建筑3D打印技术能够做到降低成本,采用软件工程学的方法将设计规范和施工标准与建筑3D打印技术进行融合,能够在农村地区得到迅速推广,这对我国的新型城镇化建设和农村地区的发展将起到不可估量的作用。

目前,建筑3D打印技术主要处于研发和技术探索阶段,在打印材料、打印方式、打印设备、结构体系、设计方法、施工工艺和标准体系方面仍然存在着一系列的问题。现在已经能够打印一些建筑构件以及一些结构、形状简单的建筑。在实际工程应用阶段还需要不断探究和摸索。

### 9.3.3 应用评价

上述几类机器人的应用极大地提高了施工现场的生产效率,保证了施工质量,还很大程度地促进了施工现场的安全文明施工。从中可以看出,建筑机器人的研究具有鲜明的“应用为先”特色,建筑机器人多数都是针对建筑施工所面临的技术难题和实际需求,通过对现有机器人技术的集成、改造和创新来实现建筑机器人的有效使用价值。建筑机器人是一个具有极大发展潜力的技术,它作为建筑工具的一种,其进步和发展是建筑行业跨越式发展的重要标志,建筑机器人有望实现更安全、高效、绿色、智能的信息化营建,建筑机器人未来在我国必将取得长足的发展。

## 9.4　工程建造中的机器学习与人工智能新方法

### 9.4.1　现状分析

自20世纪60年代以来，设计师将智能算法运用到建筑设计领域以优化空间布局。2017年7月国务院印发《新一代人工智能发展规划》体现了国家在战略层面对于人工智能技术的高度重视。经过60余年的发展，建筑行业对人工智能开展了广泛的探索，在设计、施工、运维领域均有成效。从衍生式设计到施工阶段通过人脸识别、传感器等技术收集施工现场的各类数据，从后期运维管理中简单的人脸识别、指纹开锁到扎克伯格著名的智能家居系统，人工智能已经成功地在日常生活中为我们提供越来越便捷的服务。

人工智能是研究、开发用于模拟、延伸和扩展人的智能的理论、方法、技术及应用系统的一门新的技术科学。人工智能已经渗透到无数领域，但在建筑领域中的运用仍处于起步阶段，却大有前景。而将人工智能融入设计软件里，则代表着一种新的人机交互的方式的产生——衍生式设计。衍生设计技术是能通过一种算法或一种构成规则，根据参数的变化生成不同的输出结果的设计过程。其构成特性意味着它可以通过大量的设计操作和迭代来获得最优的解决方案。

在建筑行业，将人类或动物的某些思维过程或智能行为用计算机来模拟实现，则出现了人工智能的一种表现方式——仿生施工机器人。仿生机器人即为“机器学习”的初始应用。这类“机器学习”对“经验”的依赖性比较强。计算机需要不断从解决一类问题的经验中获取知识，学习策略，在遇到类似的问题时，运用经验知识解决问题并积累新的经验。可以将这样的学习方式称之为“连续型学习”。现阶段，仿生施工机器人在建筑行业的应用已初现端倪。

### 9.4.2　应用内容

1. 衍生式设计

目前在衍生式设计的应用中，设计师只需设定：“约束条件和目标函数”，通过程序计算来分析并找出一切可行的设计方案。同时，通过多次迭代优化，得到最优的设计方案。

约束条件是不可更改的，设计结果必须满足“约束条件”。以某办公室设计过程为例，办公楼设计过程中的“约束条件”包括：大、小会议室、公共空间、工位在数量和空间上的要求。

办公楼的设计过程中还包括和建筑性能有关的“目标函数”，如采光效果、声学性能、是否易于协同工作等。设计结果必须在满足“约束条件”的同时，使“目标函数”达到最优。衍生式设计的具体过程包括：

（1）初始设计的条件设定

即告知程序设计的必要条件，设计结果必须满足“约束条件”，也就是必须能容纳这么多的员工办公、必须有这么多的会议室等。在初始设计的基础上，选择一个待设计的区域，同时，绘制一些中心线用于区分不同部门的工作区域，圈定的区域表示设计已经确定无需优化，而其他区域是需要进行优化的。设计师可以把其他区域细化为若干个功能小块，确定在每个功能小块中的大、小会议室、公共空间、工位的最佳放置地点。

(2) 目标函数计算

工程设计问题，往往有许多种可行的设计方案，在设计中能最好地反映该设计所追求的特定目标是最终目的。这些目标可以表示成设计变量的数学函数，这种函数称为目标函数。因此，基于一定的算法对“目标函数”进行计算，才能获得最优方案，可见，算法是人工智能的核心。办公楼的设计中对采光、声学性能等工作环境的要求都用算法来体现，以实现对“目标函数”的计算。衍生式设计中的算法通常是“目标函数”取得的最大值或最小值。

(3) 衍生、迭代过程

自动生成满足“目标函数”的所有可能的设计结果。

(4) 寻优

各专业的设计师可浏览所有可能的设计结果，结合自己的经验并确定最优的设计方案。

以上即衍生式设计方法的具体过程。目前衍生式设计在装配式建筑设计中进行了初步应用，主要用于实现装配式建筑中的构件、组件、部品乃至户型的最优化设计过程。

2. 仿生施工机器人

“仿生施工机器人”日渐成为未来的研发方向。“仿生机器人”是指记录并模仿人类行为、通过算法学习，能够对人类或动物的行为进行高精度的模拟，从而辅助乃至替代人类工作。比如钢构件的快速焊接机器人常用于异形钢筋的焊接。它通过摄像头对人类的行为进行记录和分析，基于算法对不重要的行为动作进行忽略，对关键行为动作进行重复学习，最终对人类的行为进行高精度的模拟重现。仿生施工机器人如图 9-19 所示。

图 9-19　仿生施工机器人

### 9.4.3 应用评价

机器学习与人工智能新方法在建筑领域中的应用已经初现端倪，在建筑设计、建筑结构以及建筑施工管理中均有涉及。但目前，人工智能研发成本、使用成本高，对建筑从业人员的要求也较高，在普及应用上存在极大的局限性，并且人工智能在建筑行业具体的使用方面还有很大的提升空间，其应用深度的研究还有很长的路要走。

## 9.5 小　结

本章主要介绍了基于 BIM+的数字建造技术探索与实践。从基于 BIM 的二次开发到精密测控技术、建筑机器人的应用到衍生式设计、仿生施工机器人的探索，我们期待通过这些 BIM+数字建造技术的探索与实践，能将建筑行业碎片化、粗放式、劳动密集型的生产方式，转化升级成集成式、精细化、技术密集型的生产方式，这对建筑行业来说，将是一场前所未有的颠覆。

## 思考与练习题

1. 精密测控技术的应用内容有哪些？
2. 基于精密测控技术辅助现场规划的基本方法描述是什么？
3. 能实现精密测控技术的设备有哪些？
4. 三维激光扫描仪可以实现哪些应用？
5. 全自动楼板钻眼机器人的基本工作原理是什么？
6. 建筑 3D 打印机器人的概念是什么？
7. 橡塑保温板下料机器人的特点有哪些？
8. 施工阶段，建筑 3D 打印机器人的主要应用点是哪些？
9. 衍生式设计技术的定义是什么？
10. 衍生式设计的具体过程是什么？
11. 衍生式设计初始设计的条件设定包含哪些？
12. 仿生机器人的概念是什么？

## 参考文献


[1] 罗勤元，杨雪莲. 浅谈人工智能在建筑行业中的应用[J]. 风景名胜，2019，356(1)：115.

[2] 陈亮亮. 人工智能对建筑行业的影响分析[J]. 建筑工程技术与设计. 2017(04)：1204.

[3] 梁宴恺. 人工智能在建筑领域的应用探索[J]. 智能城市，2018，4(16)：14-15.

[4] 晋浩栋. 测控技术与仪器的智能化技术应用[J]. 电子技术与软件工程，2020，4(9)：81-82.

[5] 庞海涛，董海明，胡洁. 试论测控技术与仪器的智能化应用研究 [J]. 山东工业技术 ，2018，12(20)：141.